Agile Teams lösungsfokussiert coachen

Veronika Kotrba, MC, arbeitet seit 2006 selbstständig und mit Begeisterung als Coach, Trainerin für lösungsfokussiertes Coachen und Führen, Moderatorin von Teambildungsprozessen und als Beraterin und Begleiterin von Change-Prozessen in unterschiedlichen Industrien. Dabei integriert sie ihre Erfahrungen, die sie in den Jahren als Pädagogin, als Point of Sales-Trainerin in einem Großkonzern und in ihrer Coaching-Praxis gesammelt hat. Sie ist Mitbegründerin des Austrian Solution Circle. Zudem engagiert sie sich im Bereich der Potenzialfokussierten Pädagogik, wo sie Führungspersönlichkeiten aus Schule und Kindergarten ausbildet und Teams in ihrer Zusammenarbeit begleitet.
Kontakt: *kotrba@sinnvoll-fuehren.com*

Dr. Ralph Miarka, MSc, arbeitet als selbstständiger Coach, Berater und Trainer. Er führt Unternehmen und deren Teams seit Jahren zu einer erfolgreichen agilen Arbeitsweise. Zuvor war er bei der Siemens AG Österreich als Projektmanager, Projektberater und Abteilungsleiter im Support-Center-Projektmanagement tätig. In eigenen Projekten konnte er sich und seine Kunden von den Vorteilen des agilen Arbeitens überzeugen. Ralph ist ausgebildeter Business-Coach mit Masterabschluss. Es begeistert ihn zu beobachten, wie sich eine Gruppe von Menschen zu einem Team wandelt, das gemeinsam ein Ziel erreichen möchte. Gerne teilt Ralph auch seine Erkenntnisse und Erfahrungen mit anderen auf Konferenzen, bei Workshops und in Trainings.
Kontakt: *miarka@sinnvoll-fuehren.com*

Gemeinsam leben sie in Wien. Als *sinnvollFÜHREN* treten sie im Zeichen des Pinguins auf und möchten Menschen dabei unterstützen, ihre Führungsarbeit mit Leichtigkeit und mehr Wirksamkeit erfüllen zu können. Seit 2012 tragen sie den lösungsfokussierten Ansatz in die agile Gemeinschaft. Sie treten als Redner und Workshop-Moderatoren bei zahlreichen Konferenzen und Agile Coach Camps auf. Außerdem waren und sind sie bei der Organisation der XP 2013, der Agile Coach Camps Österreich 2014–2018 und der EBTA 2015 führend beteiligt.
Kontakt: office@sinnvoll-fuehren.com

Veronika Kotrba · Ralph Miarka

Agile Teams lösungsfokussiert coachen

3., überarbeitete und erweiterte Auflage

dpunkt.verlag

Veronika Kotrba
kotrba@sinnvoll-fuehren.com

Dr. Ralph Miarka
miarka@sinnvoll-fuehren.com

Lektorat: Christa Preisendanz
Copy-Editing: Alexander Reischert, Redaktion ALUAN, Köln/Ursula Zimpfer, Herrenberg
Satz: Birgit Bäuerlein
Herstellung: Stefanie Weidner
Umschlaggestaltung: Helmut Kraus, www.exclam.de
Titelfoto von Liam Quinn, Macaroni Penguins at Cooper Bay, South Georgia, Januar 2011,
siehe: https://www.flickr.com/photos/liamq/5892415211.
Druck und Bindung: M.P. Media-Print Informationstechnologie GmbH, 33100 Paderborn

Bibliografische Information der Deutschen Nationalbibliothek
Die Deutsche Nationalbibliothek verzeichnet diese Publikation in der Deutschen Nationalbibliografie; detaillierte bibliografische Daten sind im Internet über http://dnb.d-nb.de abrufbar.

ISBN:
Print 978-3-86490-614-5
PDF 978-3-96088-608-2
ePub 978-3-96088-609-9
mobi 978-3-96088-610-5

3., überarbeitete und erweiterte Auflage 2019

Wieblinger Weg 17
69123 Heidelberg

5 4 3 2 1 0

Für Lisa-Marie und Viktoria

Vorwort zur 3. Auflage

Wir freuen uns sehr, Sie zur Lektüre dieser nun schon dritten Auflage des Buchs »Agile Teams lösungsfokussiert coachen« begrüßen zu dürfen. Schön, dass Sie es zur Hand genommen haben. Wir hoffen, dass Sie darin hilfreiche Anregungen für Ihre Praxis finden.

Als die erste Auflage im August 2015 erschienen ist, konnten wir nicht ahnen, wie viel positive Resonanz uns erwarten würde. Manche Exemplare, die wir gesehen haben, sind voll mit persönlichen Notizen der Leserinnen und Leser und unter den Mitarbeitenden des dpunkt.verlags hat dieses Werk mittlerweile sogar den liebevollen Spitznamen »Das Pinguinbuch« erhalten.

Immer wieder erreichen uns Fragen, Anregungen sowie Hinweise für nützliche Ergänzungen und wir haben viele davon in diese neue Ausgabe eingearbeitet. Dafür bedanken wir uns an dieser Stelle herzlich bei allen bisherigen Leserinnen und Lesern und bei den Seminarteilnehmenden, die die Inhalte in ihrer Praxis auf Herz und Nieren prüfen.

Auch unsere Welt hat sich in den letzten 21 Monaten weitergedreht. Wir durften wieder viele tolle Menschen kennenlernen und sie ein Stück des Weges zu mehr Lösungsfokus begleiten. Außerdem gibt es seit September 2018 die erste sinnvollFÜHREN-Coaching-Ausbildung mit zwölf engagierten Teilnehmenden. In den Trainings und im Lehrgang kreieren wir neue Übungen für die Teams und Gruppen, mit denen wir arbeiten dürfen. Zusätzlich schenken uns die Teilnehmenden Ideen für Team-Interventionen – Danke dafür!

Die wohl folgenschwerste Erkenntnis für uns ist die Umdeutung des Begriffs »Selbstorganisation«. Wenn – und wir glauben daran – Selbstorganisation in lebenden Systemen immer stattfindet, was ist es denn dann, das agile Teams besonders auszeichnet? Wir denken, es ist die spezielle Form der Zusammenarbeit miteinander, mit vorhandenen Führungspersönlichkeiten und den Kunden. Damit diese Zusammenarbeit aller sinnvoll funktioniert, braucht es gelingende Kommunikation – und die möchten wir weiterhin mit Lösungsfokus fördern.

Agilität ist aus unserer Sicht kein Selbstzweck, sondern ein Weg zu einem Ziel. Welches das ist, muss in jedem Unternehmen durch seine Menschen und in Zusammenarbeit mit seinen Kunden erarbeitet werden.

Erst, wenn die Kommunikation zwischen den handelnden Personen funktioniert, kann Agilität erfolgreich entwickelt werden – ähnlich wie die Geburt eines Kindes nur eine zuvor glückliche Partnerschaft bereichern kann. Deshalb wollen wir Ihnen Lösungsfokus als agilen Enabler ans Herz legen.

Wir wünschen viel Freude beim Lesen, zahlreiche Erkenntnisse beim Anwenden und sind gespannt auf Ihre Rückmeldungen zu dieser dritten Auflage.

Veronika Kotrba und *Ralph Miarka*
Wien, im November 2018

Vorwort zur 2. Auflage

Nun sind schon ungefähr 1 1/2 Jahre vergangen, seit dieses Buch erstmals erschienen ist. Im agilen Umfeld sind 18 Monate eine lange Zeit, in der viele Weiterentwicklungen stattfinden. So auch bei uns. Wir haben weitere Erfahrungen gesammelt, Konferenzen und Workshops besucht, neue Interventionen erfunden und in der Praxis ausprobiert, Teams und Einzelpersonen gecoacht und zahlreiche Rückmeldungen sowie auch Fragen zum Buch erhalten. All dies veranlasste uns, Überarbeitungen und Erweiterungen für die hier vorliegende zweite Auflage vorzunehmen. Einige dieser Ergänzungen können Sie auch auf unserer Website einsehen und herunterladen unter: *www.sinnvoll-fuehren.com.*

Wir möchten uns ganz herzlich bei jenen bedanken, die den Mut hatten, die Anregungen aus dem Buch in ihrer Praxis anzuwenden, und sich die Mühe machten, ihre Erfahrungen und offenen Fragen anschließend mit uns zu teilen. An dieser Stelle wollen wir Sie, liebe Leserin und lieber Leser, herzlich dazu einladen, es ihnen gleich zu tun. Wir beginnen schon jetzt mit der Sammlung für die dritte Auflage und sind dabei für Fragen, Hinweise und ergänzende Ideen dankbar. Sie erreichen uns gerne und jederzeit per E-Mail und gelegentlich per Telefon. Sämtliche Kontaktdaten finden Sie auf der sinnvollFÜHREN-Webseite.

Im letzten Jahr hatten wir das Glück, wieder drei für uns wichtige, unseren Ansatz ergänzende Denkrichtungen kennenlernen zu dürfen. Großer Dank geht an Werner Motzet für die Empfehlung des Buches *Still* und an Linda Rising für ihren Vortrag zum Thema »Agile Mindset«, der uns zum Buch *Mindset* geführt hat. Die dritte Ergänzung verdanken wir Olaf Lewitz und seinem Tipp, *Clean Language* näher unter die Lupe zu nehmen.

Diese zweite Auflage möchten wir gerne Lisa-Marie und Viktoria widmen. Sie sind unsere ersten und konsequentesten Trainingspartnerinnen, wenn es um das tägliche lösungsfokussierte Denken und Handeln geht. Sie zeigen uns in ungeschminkter Härte, was funktioniert und was nicht. Erst wenn wir die Hürden mit den beiden erfolgreich meistern konnten, wagen wir uns mit diesen Ideen zu unseren Kunden. So profitieren auch Sie jederzeit vom doppelten Qualitätsmanagement bei den hier vorgestellten Interventionen und Tools.

Und nun wünschen wir Ihnen, liebe Leserin und lieber Leser, viel Freude mit der Lektüre der zweiten Auflage von »Agile Teams lösungsfokussiert coachen«. Mögen Sie einige positive Aha-Momente erleben, Lust bekommen, einen neuen Blick auf gewohnte Situationen zu werfen, und Spaß daran entwickeln, vieles auch tatsächlich umzusetzen.

Veronika Kotrba und *Ralph Miarka*
Wien, im Februar 2017

Vorwort zur 1. Auflage

Auf dem Cover dieses Buches sehen Sie Pinguine, die gemeinsam einen steinigen Weg überwinden. Und auch wenn dies kein Buch über diese Tiere ist, so passen sie thematisch doch gut hierher, wie wir finden. Sie sind teamfähige Einzelkämpfer. Wenn es um das Überleben in den eisigen Wintermonaten geht, um die Sicherheit des Nachwuchses und um das Organisieren von Nahrung, halten sie eisern zusammen. Dann sind sie *ein Team*. Ein Team, das sich aufeinander blind verlässt – egal, was passiert. Jeder kennt dabei seine Aufgabe und nimmt seine Verantwortung im vollen Ausmaß an.

Pinguine haben unglaubliche Talente! Sie sehen auf den ersten Blick zwar vielleicht aus, als wären bei ihrer Konstruktion ein paar schwerwiegende Fehler unterlaufen – untersetzte Statur, viel zu kleine Flügel, dazu weder Hals noch Knie –, doch wenn so ein Pinguin ins Wasser springt, bewegt er sich geschmeidig, elegant und pfeilschnell fort [Hirschhausen 2009, S. 355 ff.]. Er kann – wochenlang dem eisigen Wind trotzend – auf das Schlüpfen seiner Nachkommen warten, ohne dabei Nahrung zu sich zu nehmen. Und er verliert dabei nie die Zuversicht, dass seine Partnerin rechtzeitig von ihrer Nahrungssuche zurückkommen wird, um ihn abzulösen. Pinguine stehen im Schneesturm dicht beisammen, um sich gegenseitig zu wärmen. Dabei wechseln sie in vollendeter Selbstorganisation ständig ihre Positionen, damit jeder einmal in der Mitte steht, um sich aufzuwärmen, und dann wieder außen, um die anderen zu schützen.

Auch wenn sie im Sprint gegen den Jaguar keine Chance haben und auch nie die Krone eines Baumes erreichen können: Pinguine sind von Natur aus zäh, vertrauensvoll, engagiert und teamfähig. Sie schaffen es gemeinsam und mit klarer Aufgabenteilung, den Anforderungen des Lebens gerecht zu werden. Das ist es, was uns an diesen Tieren beeindruckt. Sie können in vielerlei Hinsicht als Vorbilder für Teams stehen und auch dafür, dass man besser genau hinsieht, bevor man vorschnelle Urteile über Kollegen, Mitarbeiter oder auch Chefs fällt.

Das Element des Pinguins ist das Wasser. Dort braucht er keine Knie, um geschmeidig und wendig durch die Wellen seines Lebens zu gleiten. Wenn die Mitglieder eines Teams in ihrem jeweiligen Element und auf ihre eigene Weise tätig sein dürfen, können sich ihre Potenziale entfalten und zu einem gemeinsamen Teamerfolg beitragen. Coaching kann dabei unterstützen, dass sowohl die Entfaltung Einzelner als auch deren Zusammenwirken erleichtert wird.

Danksagungen

Gut, dass es üblich ist, einen Abschnitt für Danksagungen in einem Buch vorzusehen. Anderenfalls hätten wir diese Idee wohl etablieren müssen. Es ist gar nicht leicht für uns, alle jene Personen aufzuzählen, die uns bei der Entstehung des Buches in vielfältiger Weise geholfen haben. Dennoch möchten wir hier einen Versuch wagen:

Zuerst bedanken wir uns bei Marc Löffler. Er hatte uns eingeladen, einen Beitrag für sein Buch *Retrospektiven in der Praxis* zu schreiben [Löffler 2014]. Und weil dieses Kapitel bei den Lesern gut angekommen ist – es geht darin um lösungsfokussierte Retrospektiven –, ist der Verlag auf uns zugekommen mit der Idee, ein eigenes Buch zu verfassen. Irgendwie ist Marc also »schuld« daran, dass wir dieses Buch geschrieben haben.

Danke auch an alle unsere Kunden, an die Teams und Einzelpersonen, mit denen wir bisher ein Stück des Wegs gemeinsam gehen und von denen wir bis heute schon so viel lernen durften. Sie sind es, die die Inhalte maßgeblich beeinflusst haben. Es sind ihre Geschichten, die wir erzählen.

Wir bedanken uns bei Rolf Dräther, der sein sprachliches Talent wie auch seine Fachexpertise als lösungsfokussierter *Agile Coach* zur Verfügung gestellt hat und für die hoffentlich gute Lesbarkeit mitverantwortlich ist. Rolf hat unter anderem darauf geachtet, dass alle sprachgebräuchlichen österreichischen Ausdrücke hier verschwunden sind.

Besonderer Dank geht auch an die drei Scrum Master Christoph Hornfischer, Silvan Schär und Sebastian Kübeck, die wertvolle Rückmeldungen zu Praxistauglichkeit und Verständlichkeit beigesteuert haben.

Danke an Klaus Schenck, der mit seiner großen lösungsfokussierten Expertise unsere Inhalte wie auch die Referenzliste maßgeblich bereichert hat. Dank ihm ist unser Bücherregal wieder um einige spannende Werke voller geworden.

Danken möchten wir auch Frau Preisendanz vom dpunkt.verlag, die uns mit Engelsgeduld, vielen Tipps und großer Offenheit auf dem Weg zu unserem Erstlingswerk begleitet hat. Wir sind durch sie heute um einige wesentliche Erfahrungen reicher.

Wir richten – unbekannterweise – auch ein herzliches Dankeschön an alle Reviewer, die sich auf Anfrage des Verlags freiwillig dazu bereit erklärt haben, dieses Buch zu studieren. Ihre Anmerkungen und Kommentare waren großteils gute Hinweise darauf, wo wir noch Korrekturen, Schärfungen und kleine Zusätze einfügen sollten.

Und nun zu unserer Familie: Wir danken Ernst Miarka, der mit Adleraugen und viel Fingerspitzengefühl wahrscheinlich alle Tipp-, Rechtschreib- und Kommafehler für uns entdeckt hat, bevor wir das Manuskript anderen zum Review gegeben haben.

Besonderer Dank gilt auch unseren anderen Elternteilen. Mechthild Miarka hat ebenso wie Maria und Erwin Jungwirth viel Zeit mit den Kids verbracht und damit für uns wertvolle Freiräume für die Arbeit an diesem Buch geschaffen.

Und zuletzt bedanken wir uns bei Lisa-Marie und Viktoria. Die beiden haben viel Verständnis dafür gezeigt, dass sie ihre Freizeit oft ohne uns verbringen mussten. Wir hoffen, dass sie, wenn sie älter sind, vielleicht auch einmal von den Inhalten profitieren können.

Veronika Kotrba und *Ralph Miarka*
Wien, im Mai 2015

Inhaltsübersicht

1	Einleitung	1
2	Lösungsfokussiertes Coaching	15
3	Fragen und mehr	37
4	Die Lösungspyramide	63
5	Einzelcoaching – das Team und seine Individuen	87
6	Teamentwicklung	107
7	Konflikte im Team	135
8	Meetings lösungsfokussiert gestalten	171
9	Tipps für den Coach	223
Anhang		237
A	Hokuspokus Lösungsfokus	239
B	Quellenverzeichnis	243
C	Werkzeugverzeichnis	257
	Index	259

Inhaltsverzeichnis

1 Einleitung 1

1.1 Wozu dieses Buch und für wen? 1

1.2 Wovon handelt dieses Buch? 2

1.3 Der Aufbau 3

1.4 Geschichte des lösungsfokussierten Arbeitens 4

1.5 Lösungsfokus und agile Welt 5

1.6 Das agile Team 7

1.7 Der Agile Coach 8

1.8 Teamcoaching 11

2 Lösungsfokussiertes Coaching 15

2.1 Problem und Lösung 16

2.2 Sechs grundlegende Coaching-Haltungen 17

2.2.1 Die Haltung des Nicht-Wissens 17

2.2.2 Jeder ist Experte für sich selbst 18

2.2.3 Geduld und Zuversicht 22

2.2.4 Ressourcenfokus 23

2.2.5 Allparteilichkeit 26

2.2.6 Vertraulichkeit 27

2.3 Acht bedeutsame Prinzipien 27

2.3.1 Fokus auf die bessere Zukunft 27

2.3.2 Wenn etwas funktioniert, mache mehr davon 28

2.3.3 Wenn es nicht (mehr) funktioniert, mache etwas anderes . . 29

2.3.4 Kleine Schritte können große Veränderungen bewirken . . . 30

2.3.5 Der Lösung ist es meist egal, wie das Problem entstanden ist 31

2.3.6 Lösungssprache schafft Lösungen – Problemsprache schafft Probleme . . . 32
2.3.7 Kein Problem tritt ohne Unterbrechung auf – es gibt immer Ausnahmen, die genutzt werden können . . . 33
2.3.8 Repariere nichts, was nicht kaputt ist . . . 34
2.4 Haltungen und Prinzipien auf einen Blick . . . 35
2.5 Selbstreflexion . . . 36
2.6 Experimente und Übungen . . . 36

3 Fragen und mehr 37
3.1 Alltagsfragen . . . 37
3.2 Coaching-Fragen . . . 40
3.2.1 Skalierungen . . . 40
3.2.2 Bewältigungsfragen . . . 47
3.2.3 Nach Ausnahmen fragen . . . 47
3.2.4 Die Wunderfrage . . . 47
3.2.5 Zirkuläre Fragen . . . 48
3.2.6 Zwischenfragen . . . 49
3.2.7 Metafragen . . . 50
3.3 Sprachliche Interventionen . . . 51
3.3.1 Wertschätzen . . . 51
3.3.2 Paraphrasieren oder Zusammenfassen . . . 52
3.3.3 Normalisieren . . . 53
3.3.4 Reframing oder Umdeutung . . . 54
3.3.5 Verflüssigen . . . 55
3.3.6 Metamonolog . . . 57
3.3.7 *Nicht* und *kein* unbedingt vermeiden . . . 57
3.3.8 *Und* statt *aber* . . . 58
3.3.9 Geduld und Mut zur Stille . . . 59
3.3.10 Pausen . . . 59
3.3.11 Experimente verschreiben . . . 60
3.4 Selbstreflexion . . . 61
3.5 Experimente und Übungen . . . 61

4 Die Lösungspyramide 63

4.1 Der Boden – das Thema ... 63
4.2 Die erste Ebene – Ziele und Auswirkungen ... 66
4.2.1 Ziele formulieren ... 66
4.2.2 Das Wozu ... 72
4.3 Die zweite Ebene – Funktionierendes ... 73
4.4 Die dritte Ebene – die nächsten Schritte ... 74
4.5 Die vierte Ebene – die Ergebnisprüfung ... 76
4.6 Gesprächsbedürfnisse berücksichtigen ... 78
4.6.1 Der Sinn suchende Gesprächspartner ... 79
4.6.2 Der Ziel suchende Gesprächspartner ... 80
4.6.3 Der Weg suchende Gesprächspartner ... 82
4.7 Das Folgegespräch in der Lösungspyramide ... 84
4.8 Selbstreflexion ... 85
4.9 Experimente und Übungen ... 85

5 Einzelcoaching – das Team und seine Individuen 87

5.1 Was im Einzelcoaching zu beachten ist ... 87
5.1.1 Vertraulichkeit und Vertrauen ... 87
5.1.2 Freiwilligkeit ... 88
5.1.3 Setting ... 89
5.1.4 Gang-Gespräche ... 90
5.1.5 Umgang mit Coaching-Resistenz ... 91
5.2 Feedback-Gespräche ... 93
5.2.1 Die vier Schritte der Gewaltfreien Kommunikation ... 94
5.2.2 Die Potenzialfokussierte Kommunikation ... 99
5.3 Weiterentwicklung begleiten ... 101
5.4 Selbstreflexion ... 105
5.5 Experimente und Übungen ... 105

6 Teamentwicklung 107

6.1 Ziele der Teamentwicklung ... 107
6.1.1 High-Performance-Teams ... 107
6.1.2 Selbstorganisation in agilen Teams ... 110
6.2 Das E.R.F.O.L.G.-Modell für Teamentwicklung ... 112
6.3 Werkzeuge für die Teamentwicklung ... 118

6.4 Lösungsfokussierte Timeline-Arbeit . . . 123
6.4.1 Aus der Vergangenheit in die Zukunft . . . 124
6.4.2 Aus der Zukunft in die Gegenwart . . . 126
6.5 Teamvisionsentwicklung . . . 128
6.6 Teamentwicklung mit großen Gruppen . . . 131
6.7 Selbstreflexion . . . 134
6.8 Experimente und Übungen . . . 134

7 Konflikte im Team 135

7.1 Der Konfliktbegriff . . . 135
7.2 Die neun Stufen der Konflikteskalation nach Glasl . . . 137
7.3 Der Nutzen von Konflikten . . . 140
7.4 Die nachvollziehbare Absicht . . . 142
7.5 Das SCARF-Modell . . . 143
7.5.1 Die fünf Faktoren . . . 144
7.5.2 SCARF – und warum Veränderungsprojekte scheitern . . . 149
7.5.3 SCARF nutzbar machen . . . 152
7.6 Konflikte lösungsfokussiert auflösen . . . 154
7.6.1 Der Konflikt-Boden . . . 154
7.6.1.1 Der Konflikt-Boden als Beteiligter . . . 155
7.6.1.2 Der Konflikt-Boden als Moderator . . . 155
7.6.1.3 Interventionen für den Konflikt-Boden . . . 156
7.6.2 Die erste Ebene – das Ziel und seine Auswirkungen . . . 158
7.6.2.1 Die Zielfindung als Beteiligter . . . 159
7.6.2.2 Die Zielfindung als Moderator . . . 159
7.6.2.3 Interventionen für die erste Ebene . . . 160
7.6.3 Die zweite Ebene – Funktionierendes im Konflikt . . . 161
7.6.3.1 Funktionierendes finden als Beteiligter . . . 161
7.6.3.2 Funktionierendes finden als Moderator . . . 162
7.6.3.3 Interventionen für die zweite Ebene . . . 162
7.6.4 Die dritte Ebene – die nächsten Schritte und ihre Auswirkungen . . . 163
7.6.4.1 Nächste Schritte formulieren als Beteiligter . . . 163
7.6.4.2 Nächste Schritte formulieren als Moderator . . . 163
7.6.4.3 Interventionen für die dritte Ebene . . . 164
7.6.5 Die vierte Ebene – die Ergebnisprüfung . . . 165
7.6.5.1 Zuversicht prüfen als Beteiligter . . . 165
7.6.5.2 Zuversicht prüfen als Moderator . . . 166
7.6.5.3 Intervention für die vierte Ebene . . . 166

7.7 Gesprächsbedürfnisse im Konflikt ... 166
7.7.1 Der Sinn suchende Konfliktpartner ... 166
7.7.2 Der Ziel suchende Konfliktpartner ... 167
7.7.3 Der Weg suchende Konfliktpartner ... 167
7.7.4 Die Herausforderung ... 168
7.8 Selbstreflexion ... 169
7.9 Experimente und Übungen ... 169

8 Meetings lösungsfokussiert gestalten 171
8.1 Was beim lösungsfokussierten Moderieren von Meetings zu beachten ist ... 172
8.1.1 Aktives Einbeziehen aller Anwesenden ... 172
8.1.2 Monotonie versus Abwechslung ... 173
8.1.3 Der Umgang mit »Dauerrednern«, »Schweigern« und »Querulanten« ... 174
8.1.4 Entscheidungen treffen ... 178
8.1.5 Einwandbehandlung ... 182
8.1.6 Arbeiten mit großen Gruppen ... 184
8.2 Vorbereitung von Meetings ... 184
8.3 Das Planungsmeeting ... 186
8.4 Lösungsfokussierte Daily Standups ... 190
8.5 Das Reviewmeeting ... 194
8.6 Die lösungsfokussierte Retrospektive ... 196
8.6.1 Schritt 1: Eröffnen ... 197
8.6.2 Schritt 2: Ziel und Auswirkungen klären ... 200
8.6.2.1 Ziel setzen ... 201
8.6.2.2 Sinn finden und Auswirkungen klären ... 204
8.6.3 Schritt 3: Funktionierendes sammeln ... 207
8.6.4 Schritt 4: Handlungen initiieren ... 209
8.6.5 Schritt 5: Zuversicht prüfen ... 212
8.6.6 Eine wahre Geschichte ... 214
8.6.7 Eine lösungsfokussierte Kurzretrospektive ... 215
8.6.8 Zwischen den Retrospektiven ... 216
8.6.9 Retrospektiven im Großprojekt ... 216
8.7 Schätzmeetings moderieren ... 217
8.8 Nachbereitung von Meetings ... 218
8.9 Selbstreflexion ... 220
8.10 Experimente und Übungen ... 221

9 Tipps für den Coach 223
9.1 Die eigene(n) Rolle(n) 224
9.2 Wann als Coach agieren? 225
9.2.1 Welchen Auftrag haben Sie? 225
9.2.2 Auftragsklärung 226
9.2.3 Können Sie sich inhaltlich raushalten? 227
9.2.4 Sind Sie allparteilich? 228
9.2.5 Haben Sie Unterstützung? 228
9.2.6 Die Terminvereinbarung und ihre Auswirkungen 229
9.3 Der Coach als Gastgeber 229
9.4 Grenzen setzen und verteidigen 230
9.4.1 Der eigene unverhandelbare Rahmen 230
9.4.2 Sorgen Sie zuallererst für sich selbst 231
9.5 Der Scrum Master – eine spezielle Rolle 232
9.5.1 Rollenklarheit 233
9.5.2 WWW – Wertschätzung, Wünsche und Weiterentwicklung 234
9.6 Selbstreflexion 235
9.7 Experimente und Übungen 235

Anhang 237

A Hokuspokus Lösungsfokus 239

B Quellenverzeichnis 243

C Werkzeugverzeichnis 257

Index 259

1 Einleitung

1.1 Wozu dieses Buch und für wen?

Die Welt verändert sich zunehmend schneller. Neue Technologien tragen maßgeblich dazu bei. Immer mehr Leistung wird in immer kürzeren Zeiträumen benötigt, um im wirtschaftlichen Konkurrenzkampf die Nase vorne behalten zu können. Wichtige Entscheidungen zu treffen ist heute häufig reine Gefühlssache [Kahneman 2012], da zu viele – oft widersprüchliche – Informationen und begrenzte Zeit ein wohlüberlegtes Abwägen unmöglich machen. Negative Auswirkungen auf die Zusammenarbeit auf allen Ebenen im Unternehmenskontext sind die Folge von immer schnelleren und dadurch unpersönlicheren Kommunikationswegen.

Der Einsatz von Coaching-Techniken kann hier wirksame Unterstützung zum gegenseitigen Verständnis und zu einem Mehr an erlebter Sicherheit und Vertrauen innerhalb von Teams beitragen. Die Kooperationsbereitschaft und der gemeinsame Zug zum Erfolg werden so nachhaltig gesteigert.

In diesem Buch geht es um lösungsfokussiertes Coaching von agilen Teams. Wir sind seit Jahren in diesem Bereich praktisch tätig. Unseren Kunden, all den vielen Teams, mit denen wir arbeiten, verdanken wir unsere Erfahrung. Sie zeigen uns immer wieder, was gut funktioniert und wie Teamcoaching-Prozesse verbessert werden können. Wir möchten mit unserem Wissen dazu beitragen, dass Sie künftig in der einen oder anderen Situation Handlungsalternativen zur Verfügung haben, die es Ihnen erleichtern, rasch und souverän zu agieren oder auch zu reagieren.

Wir sind begeistert von unserer Entdeckung, wie gut die beiden Welten – die lösungsfokussierte und die agile – mit ihren Werten und Prinzipien zusammenpassen. Diese Begeisterung möchten wir mit Ihnen teilen und unsere Erkenntnisse für Sie nutzbar machen.

Die Erfahrung zeigt, dass die konsequente und kontinuierliche Anwendung lösungsfokussierter Methoden das agile Arbeiten verbessert. Und auch wenn sich dieses Buch auf Coaching bezieht, sind wir doch davon überzeugt, dass dieses Vorgehen auch eine Antwort auf die Frage bietet, wie Führung im agilen Umfeld funktionieren kann.

Nicht zuletzt soll dieses Buch ein Nachschlagewerk darstellen. Wir würden uns freuen, wenn Sie darin hilfreiche Ideen und Tipps für den Umgang mit herausfordernden Situationen finden können. Dabei liegt es jeweils an Ihnen selbst zu entscheiden, welche der hier angebotenen Inhalte und Techniken für Sie gerade passend sind und welche nicht. Da manche der beschriebenen Vorgehensweisen und Übungen in unterschiedlichen Situationen anwendbar sind und dieses Buch auch kapitelweise lesbar sein soll, finden Sie regelmäßig kleine Wiederholungen und Querverweise.

Wenn Sie also in irgendeiner Form mit Teams zu tun haben, kann dieses Buch für Sie hilfreich und nützlich sein. Ob Sie nun Scrum Master sind, Product Owner oder Projektleiter, Abteilungsleiter oder auch Agile Coach – wir hoffen und denken, dass Sie hier wertvolle Anregungen bekommen, die Sie selbst als praxisrelevant einstufen werden und in Ihrer täglichen Arbeit anwenden können. Wenn das gelingt, sind wir zufrieden.

In diesem Buch werden Sie, lieber Leser und liebe Leserin, oft direkt angesprochen. Wir hoffen, das ist okay für Sie. Wir haben entschieden, aus Gründen der besseren Lesbarkeit auf Genderformalitäten zu verzichten. Wann immer die männliche Form gewählt wird – z. B. der Mitarbeiter, der Gesprächspartner –, sind gleichzeitig die Mitarbeiterin, die Gesprächspartnerin etc. gemeint.

Vielleicht bekommen Sie während der Lektüre auch Lust, uns direkt anzusprechen. Wenn Sie Fragen an uns haben, Ihre Gedanken teilen oder über Ihre Erfahrungen berichten möchten, freuen wir uns über Ihre Nachrichten an:

office@sinnvoll-fuehren.com

1.2 Wovon handelt dieses Buch?

Die Grundidee dieses Buches ist es zu zeigen, wie mit dem gezielten Einsatz von lösungsfokussierten Coaching-Methoden mehr Erfolg im beruflichen Alltag erzielt werden kann. Dabei liegt der inhaltliche Schwerpunkt auf der Arbeit mit Teams.

Auch das lösungsfokussierte Coachen von Einzelpersonen ist als Thema berücksichtigt. Die Anliegen Einzelner haben schließlich wesentliche Auswirkungen auf die Zusammenarbeit im Team.

Aus den zahlreichen Coaching-Ansätzen, die heute erfolgreich eingesetzt werden, haben wir uns auf das lösungsfokussierte Kurzzeit-Coaching spezialisiert. Primär wollen wir Menschen dabei unterstützen, schnell und ohne Umschweife zu ihren eigenen Lösungen zu gelangen. Dazu nutzen wir zusätzlich hilfreiche Erkenntnisse aus der Positiven Psychologie, der modernen Gehirnforschung, der Logotherapie, den Kommunikations- und Wirtschaftswissenschaften und nicht zuletzt natürlich auch aus der eigenen Praxis.

Wir möchten Ihnen mit dem lösungsfokussierten Coaching-Modell einen für Sie vielleicht neuen Weg zeigen, wie Sie, Ihre Kollegen und Mitarbeiter durch den Einsatz entsprechender innerer Haltungen und Kommunikationstechniken noch erfolgreicher sein können. Unsere Hoffnung ist, dass Sie – in welcher Rolle und Funktion Sie auch derzeit tätig sind – hier passende Ideen für Ihre eigenen Alltagssituationen finden werden, weil die Grundsätze des lösungsfokussierten Ansatzes leicht auf unterschiedliche Bereiche anwendbar sind. Zu beachten ist dabei jeweils ein Ausspruch von Steve de Shazer, einem der Begründer des lösungsfokussierten Ansatzes, der zur Anwendung seiner Erkenntnisse gemeint hat: »It's simple, but not easy.« (»Es ist einfach, jedoch nicht leicht.«) Am besten finden Sie selbst heraus, inwieweit dieser Ausspruch auf Sie persönlich zutrifft.

1.3 Der Aufbau

Dieses Buch ist in neun Kapitel unterteilt. Je nach Zeit, Vorwissen und Interesse können Sie entweder – ganz traditionell – eines nach dem anderen von der ersten bis zur letzten Seite studieren oder punktuell Antworten zu Ihren aktuellen Fragen suchen. Als vorletzten Teil am Ende eines jeden Kapitels finden Sie einige Reflexionsfragen, um das Gelesene bei Bedarf noch einmal überdenken zu können. Im Anschluss an den Reflexionsteil haben wir jeweils Experimente und Übungen zusammengestellt, die es Ihnen ermöglichen sollen, die Inhalte direkt in die Praxis umzusetzen.

- Hier, in Kapitel 1, *Einleitung*, möchten wir unsere Motivation, dieses Werk zu schreiben, und den Aufbau dieses Buches vorstellen. Sie werden mit Begrifflichkeiten vertraut gemacht, die im Buch immer wieder vorkommen.
- Kapitel 2, *Lösungsfokussiertes Coaching*, beschreibt die Eckpfeiler des lösungsfokussierten Vorgehens im Teamcoaching. Hier finden Sie jene Haltungen und Prinzipien, die aus unserer Sicht die Basis für alle weiteren Kapitel bilden. Wenn Sie bisher noch keine Erfahrung mit dieser Art zu arbeiten gesammelt haben, empfehlen wir diesen Teil als Grundlage.
- Das dritte Kapitel liefert eine Zusammenstellung von Fragetechniken und anderen sprachlichen Interventionen, die zum Teil – und nicht ausschließlich – aus dem lösungsfokussierten Coaching kommen. Was alle vorgestellten Interventionen gemeinsam haben, ist, dass wir sie immer wieder gerne in unserer Arbeit mit Teams und Einzelpersonen nutzen.
- Im vierten Kapitel dreht sich alles um den Ablauf und die Struktur lösungsfokussierter Gespräche im Teamcoaching. Zur Orientierung haben wir dafür *Die Lösungspyramide* als anschauliches Modell entwickelt, das Ihnen in den folgenden Kapiteln immer wieder begegnen wird.

- Es folgen in Kapitel 5 einige Gedanken zum Thema *Einzelcoaching*. Wir haben dort für Sie praktische Tipps für Gespräche mit Einzelpersonen zusammengestellt. Dazu erfahren Sie, was bei Feedback oder Kritik zu beachten ist, sodass Ihr Gesprächspartner die Inhalte möglichst gut für sich nutzen kann, und wie Sie persönliche Weiterentwicklung wirksam begleiten können.
- In Kapitel 6 stellen wir Ihnen unser *E.R.F.O.L.G.-Modell für Teamentwicklung* vor. Dazu finden Sie erprobte Interventionen und Werkzeuge, die Sie direkt in der Praxis mit Ihren Teams anwenden können.
- Das große Thema *Konflikte im Team* wird im siebten Kapitel beleuchtet. Unser Anspruch ist es, theoretisches wie auch praktisches Rüstzeug zur Verfügung zu stellen, das Ihnen künftig in herausfordernden Situationen zur Seite stehen soll.
- Kapitel 8 trägt den Titel *Meetings lösungsfokussiert gestalten* und begleitet Sie mit Ideen und Übungen durch viele der agilen Meeting-Formate. Auch Tipps für die Arbeit mit großen Gruppen oder für den Umgang mit besonderen Gegebenheiten, wie zum Beispiel mit unvorhergesehenen Störungen, denen Sie in Besprechungen begegnen können, sind hier beschrieben.
- Das neunte und letzte Kapitel, *Tipps für den Coach*, ist uns ein spezielles Anliegen. Es beschäftigt sich damit, wie Sie in Ihrer Rolle als Coach gut auf Ihre eigenen Ressourcen achten können. Dass Sie dieses Buch zur Hand genommen haben, lässt vermuten, dass Sie hohe Ansprüche an Ihre eigene Wirksamkeit in der Arbeit mit Teams und Einzelpersonen stellen. Um diesen Ansprüchen langfristig genügen zu können, ist es wichtig, dass Sie Ihre eigene Arbeit reflektieren, sich immer wieder Auszeiten gönnen und dabei Ihre persönlichen Bedürfnisse nicht aus dem Blick verlieren.

1.4 Geschichte des lösungsfokussierten Arbeitens

Der lösungsfokussierte Beratungsansatz kommt ursprünglich aus der Familientherapie und wurde in den 70er- und 80er-Jahren von Steve de Shazer, seiner Frau Insoo Kim Berg und einem Team von Therapeuten in Milwaukee/Wisconsin entwickelt. Sie hatten in zahlreichen Therapiesitzungen mit Patienten beobachtet, dass manche schneller bereit und fähig waren, Lösungswege für ihre jeweilige Situation zu erarbeiten als andere. Wie genau diesen Personen das gelungen ist und was sie dabei konkret anders machten als jene, die länger an ihrem Problem festhielten, stand im Mittelpunkt des Interesses der Therapeuten.

Die durch sorgfältige Beobachtung gewonnenen Erkenntnisse verpackten sie in sprachliche Interventionen, die lösungsfokussierten Fragetechniken. Mit ihnen gelang es, die Denkprozesse der Patienten in Richtung einer Ziel- und Lösungsfokussierung positiv zu beeinflussen. Das Ergebnis war eine kürzere Therapiedauer mit einer schnelleren und trotzdem nachhaltigen Besserung des jeweiligen Zustandes.

Der lösungsfokussierte Ansatz war in der Therapie vielleicht das, was die agile Entwicklung für die Softwareindustrie gewesen ist – eine kleine Revolution. Es entstand eine Vorgehensweise, deren Vertreter behaupteten und in Studien nachweisen konnten, dass man damit schneller zu Therapieerfolgen gelangen konnte als zuvor. Einen Überblick über diese Studien und deren Ergebnisse haben [Gingerich & Peterson 2013] zusammengestellt und bewertet. Die lösungsfokussierte Vorgehensweise wurde – und wird teilweise auch heute noch – als radikal betrachtet, weil sie den Problemfokus und damit die Problemanalyse vermeidet. Sie können sich vermutlich vorstellen, dass diese Idee in der klassischen psychotherapeutischen Welt zunächst befremdlich war und immer noch ist.

Die gesammelten Erkenntnisse wurden vielfach in der Literatur beschrieben und auch in anderen Wirkungsbereichen angewendet. Beispiele bieten u.a. [De Jong & Berg 2008] in der Kurzzeittherapie, [Lueger & Korn 2006] im Führungsbereich, [Meier & Szabó 2008] im Coaching, [Bamberger 2010] in der Beratung, [Lueger 2014] in der Pädagogik und sogar beim Testen von Software [Schirmer 2014]

1.5 Lösungsfokus und agile Welt

Bei näherer Betrachtung gibt es einige Gemeinsamkeiten von agiler Denkweise und lösungsfokussierter Coaching-Arbeit.

- Vergleichbar zu Steve de Shazers, in seinen Workshops oft getätigten Aussage über lösungsfokussiertes Arbeiten, »It's simple, but not easy« gibt es auch von [Sutherland 2013] einen Ausspruch zu Scrum: »Scrum is easy to understand, but hard to implement.« (»Scrum ist leicht zu verstehen, jedoch schwer umzusetzen.«)
- Das zehnte Prinzip des Agilen Manifests [AgileManifesto 2001] lautet: »Einfachheit – die Kunst, die Menge nicht getaner Arbeit zu maximieren – ist essenziell.« Steve de Shazer, der ebenfalls immer nach der Einfachheit, die zum Erfolg führt, suchte, hätte diesen Satz vielleicht in »Einfachheit – maximiere die Menge der ungesagten Wörter« abgeändert und so für die lösungsfokussierte Lehre nutzbar gemacht.
- Sowohl das agile als auch das lösungsfokussierte Arbeiten leiten sich aus der Beobachtung von erfolgreichem Verhalten ab. Beide Vorgehen sind revolutionär in dem Sinne, dass vorherrschende Ansichten und Praktiken durch neue radikal ersetzt wurden. Im Zentrum der Methoden stehen dabei Werte und Prinzipien. Die konkrete Ausprägung in der Praxis kann von den Anwendern selbst gestaltet werden.
- In jeder der beiden Vorgehensweisen geht es um das Zusammenwirken zweier Parteien – eines Kunden, im Coaching wird er häufig *Coachee* genannt, und eines Dienstleisters, also des Coachs oder des agilen Teams. Beide Parteien

beeinflussen sich gegenseitig und so entsteht jeweils eine sehr individuelle Beziehung zwischen ihnen.

- Für eine erfolgreiche Zusammenarbeit benötigen die Parteien viel Vertrauen zueinander. Der Coachee vertraut darauf, dass der Coach ihn unterstützt, methodisch führt und verschwiegen ist. Der Kunde vertraut dem agilen Team, dass es hochqualitative Arbeit leistet, die den aktuellen professionellen Möglichkeiten entspricht.
- In beiden Welten, der agilen und der lösungsfokussierten, bewegen sich die Menschen in einem dynamischen Umfeld, das sie durch ihr Verhalten wiederum beeinflussen. In diesem Sinne sind beide, Lösungsfokus wie auch Agilität, systemisch. Wenn beispielsweise neue Funktionalitäten in der Software veröffentlicht werden, reagieren Mitbewerber und Nutzer darauf und verändern so den weiteren Weg der Softwareentwicklung. Ähnlich ist es beim lösungsfokussierten Arbeiten. Wenn der Coachee sein Verhalten ändert, dann werden seine Mitmenschen darauf reagieren, was wiederum das Verhalten des Coachee beeinflusst.
- Im Mittelpunkt der jeweiligen Arbeit steht der Erfolg des Kunden. Seine Bedürfnisse und Anliegen sind zentral. Der Kunde ist verantwortlich für das Ziel und nur er kann beurteilen, ob er dort angekommen ist. Die Anwesenheit des Kunden und die enge Zusammenarbeit mit ihm sind wesentliche Bestandteile des Erfolgsrezeptes, sowohl in der agilen als auch in der lösungsfokussierten Welt.
- Die kontinuierliche Dynamik ist es auch, die die Arbeitsweise beeinflusst. Beispielsweise, so schreibt [Koerner 2005], arbeiten die Vertreter beider Ansätze in in sich abgeschlossenen Arbeitseinheiten. In der agilen Welt nennt man sie Iterationen oder Sprints. Dort dauern solche Einheiten zumeist eine bis wenige Wochen. Im Coaching sind diese dagegen nur eine bis einige Stunden lang. In beiden Ansätzen hat jede Einheit ein eigenes Ziel, das jeweils dazu beiträgt, ein dahinterliegendes großes Ziel zu erreichen.
- In beiden Modellen wird stark empirisch vorgegangen. Es wird geschaut, wo man gerade ist und wo man hin möchte. Dann plant man die nächsten Schritte. Hinsichtlich der Ausführung wird den handelnden Personen vertraut. Anschließend geht der Zyklus wieder von vorne los, und zwar so lange, bis keine weiteren Verbesserungen auf dem Weg zum Ziel mehr angestrebt werden. Der Kunde entscheidet letztlich, wann die Kooperation endet. Somit kann jede Einheit auch die letzte sein. Im Coaching bedeutet dies, dass der Kunde sich sicher fühlt, die weiteren Schritte alleine gehen zu können.

1.6 Das agile Team

[AgileManifesto 2001] postuliert vier Wertepaare und zwölf Prinzipien für eine erfolgreiche agile Softwareentwicklung. Die agile Gemeinschaft schätzt

- Individuen und Interaktionen mehr als Prozesse und Werkzeuge,
- funktionierende Software mehr als umfassende Dokumentation,
- Zusammenarbeit mit dem Kunden mehr als Vertragsverhandlung,
- Reagieren auf Veränderung mehr als das Befolgen eines Plans.

Viele Unternehmen und Teams arbeiten gemäß dieser Wertepaare und der zwölf Prinzipien bereits »agil« oder wollen agil sein.

Agilität darstellen

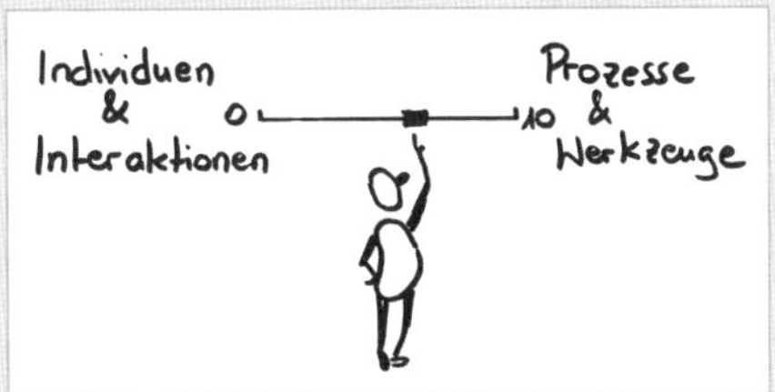

Oft verwendet man für die Darstellung der zusammengehörenden Wertepaare nur einen Slider. Dabei entsteht fälschlicherweise der Eindruck, dass ein Mehr von dem einen gleichzeitig ein Weniger bei dem anderen Wert bedeuten muss.

Das ist hier jedoch nicht gemeint. Um zu verdeutlichen, dass diese Werte unabhängig sind, wird die Verwendung von jeweils zwei einzelnen Slidern vorgeschlagen, wie in der Abbildung »Agile Wertepaare« zu sehen ist.

Charakteristisch für *agile Teams* ist unter anderem, dass sie selbstorganisierend tätig sind. Das bedeutet, dass sie alle wichtigen Fähigkeiten zur Ausführung eines Auftrags in sich vereinen und scheinbar ohne äußere Einwirkungen und Direktive dazu in der Lage sind, diese Fähigkeiten in der gemeinsamen Arbeit wirksam zusammenzuführen. Sie verlassen sich aufeinander, springen bei Bedarf füreinander ein, sie kennen und befolgen die ihnen eigenen Regeln für ein optimales Zusammenspiel.

Die Idee ist gut, und nicht neu. Auch in anderen Branchen als der Softwareindustrie, zum Beispiel im Automobilbau, wurden und werden autonom arbeitende Teams mehr oder weniger erfolgreich etabliert. Doch wie funktionieren *agile Teams* am besten? Welche Rahmenbedingungen sind notwendig, um als Team selbstorganisierend und erfolgreich arbeiten zu können? Wie können diese Bedingungen geschaffen werden? Bei unserer Arbeit mit *agilen Teams* hilft uns die Erfahrung aus dem lösungsfokussierten Coaching sehr. Wir zeigen Ihnen, wie wir mit diesen Teams arbeiten, um Zusammenarbeit, Agilität und Erfolg zu fördern.

1.7 Der Agile Coach

Der Begriff *Agile Coach* (die englische Sprechweise ist auch im deutschen Sprachraum üblich) wird zunehmend als Berufsbezeichnung verwendet. Am 19. März 2017 gab es zum Beispiel auf xing.de 75, auf stepstone.de 64 und bei der Bundesagentur für Arbeit 35 Stellenanzeigen für einen Agile Coach. Oft wird gleichzeitig auch nach einem Scrum Coach gesucht. Die Begriffe werden offenbar von einigen Unternehmen synonym verwendet. In den Anzeigen wird die Aufgabe des Agile Coach u.a. folgendermaßen beschrieben:

- Förderung des agilen Mindsets
- Implementierung der agilen Methoden
- Unterstützung und Beratung der Scrum-Teams und Entwickler beim Anwenden der agilen Methoden
- Unterstützung bei der Zusammenarbeit mit dem Product Owner
- Den Fachbereichen bei Fragen zur Seite stehen
- Mehrere Teams lenken
- Strategischer Geschäftspartner sein
- Hilfestellung bei Konflikten bieten
- Professionelles Leiten von Meetings für die optimale Zielerreichung
- Analysieren und Unterstützen bei der Verbesserung der (agilen) Entwicklungsprozesse
- Für Transparenz bei der Qualität der gelieferten Ergebnisse sorgen
- Das agile Vorgehen im Unternehmen weiter entwickeln
- Führen als Vorbild
- Aktiv, als Change Agent eines nachhaltigen Kulturwandels, zur agilen Entwicklung über Organisationsgrenzen hinweg und in verschiedene Hierarchieebenen hineinwirken
- Trainings und Workshops konzipieren und diese durchführen
- Mentor für neue Mitarbeiter sein
- Coaching zu agilen Methoden

Agiles Coaching ist eine Form des Consultings. In [Champion+ 1990] unterscheiden die Autoren folgende Consulting-Rollen:

- Reflektierender Beobachter
- Technischer Berater
- Hands-on-Experte
- Moderator
- Lehrer
- Vorlebendes Modell
- Ratgeber
- Coach
- Partner

Ein *Agile Coach* beobachtet, gibt Feedback, fördert Lernen und bringt anderen etwas bei. Er unterstützt das Team bei dessen konstruktiver Kommunikation, Zusammenarbeit und der Bewältigung schwieriger Situationen [Davies & Sedley 2010]. Dabei wird er auch immer wieder als inhaltlicher Experte gefordert. Als *Agile Coach* kann man sich bezeichnen, wenn man [Adkins 2010]

- agile Praktiken bei Teams eingeführt hat,
- neue agile Teams gebildet hat,
- Teammitglieder einzeln begleitet hat,
- ein ganzes Team begleitet hat,
- Product Owner begleitet hat,
- Außenstehende unterstützt hat,
- das Team durch Veränderungen begleitet hat,
- das Team auf den Weg zu Höchstleistungen gebracht hat,
- die Ideen vom Team über die eigenen Ideen stellt,
- sich selbst beherrschen kann,
- durch Konflikte hindurchgeführt hat,
- sich selbst weiterentwickelt,
- einen gesellschaftlichen Beitrag leistet.

Wenn man nun all diese Beschreibungen, was ein Agile Coach tun und können sollte, überdenkt und ernst nimmt, kommt man möglicherweise zu dem Schluss, dass diese Anforderungen von einer Person alleine kaum vollständig erfüllt werden können. Ein professionell arbeitender Agile Coach kennt seine Stärken und Grenzen. Entsprechend wird er diesbezüglich transparent sein und sich gegebenenfalls Unterstützung holen.

Und wie passt ein inhaltlicher Experte für agiles, strategisches, technisches und konfliktlösendes Vorgehen mit dem Bild eines allparteilichen Coachs, der absichtslosen Haltung des Nicht-Wissens und der Entscheidungsstärke der vorlebenden Führungskraft zusammen? Wenn zum Beispiel ein Konflikt über die Einführung von Pair Programming entbrennt, wie verhält sich dann der Agile Coach, der den Auftrag angenommen hat, eXtreme Programming in der Organisation einzuführen?

Wir möchten an dieser Stelle unsere persönliche Sichtweise auf das Berufsbild des Agile Coach dazustellen und es Ihnen selbst überlassen, inwieweit Sie sich dieser Beschreibung anschließen:

Der Agile Coach

ist Experte für agile Vorgehensmodelle, deren Komponenten und (Zusammen-) Wirkungsprinzipien. Dieses Wissen stellt er in den Dienst von Organisationen und Teams, um sie in ihrer Entwicklung hin zu höherer Wirksamkeit und Zufriedenheit nachhaltig zu unterstützen. Dabei ist sein Ziel als Coach, die eigenständige Lösungskompetenz, das Vertrauen in diese und so das Selbstvertrauen seiner Kunden zu stärken. Er baut mit Wertschätzung auf dem Wissen und der Expertise seiner Kunden auf und entwickelt mit ihnen gemeinsam ein individuell zugeschnittenes Vorgehen. Sollte er bei seiner Arbeit in einen Rollenkonflikt geraten oder den gestellten Anforderungen nicht entsprechen können, erkennt er diesen Umstand an und kümmert sich aktiv um Unterstützung.

Lösungsfokussierung für den *Agile Coach*

[Adkins 2010] und auch [Kaltenecker & Myllerup 2011] argumentieren, dass Agile Coachs von systemisch arbeitenden Coachs wichtige Fertigkeiten lernen können. Der in diesem Buch vorgestellte lösungsfokussierte Ansatz, ebenfalls ein systemischer Ansatz, kann für einen Agile Coach bei der Ausübung vieler seiner Rollen hilfreich sein.

Für manche seiner Aufgaben sind zusätzliche Kenntnisse erforderlich. Für die Rolle als Lehrer beispielsweise kann die Idee der *Potenzialfokussierten Pädagogik* spannend und nützlich sein [Lueger 2014].

Für [Adkins 2010] ist der Agile Coach zusätzlich auch Problemlöser und Konfliktnavigator. Das Lösen von Problemen wird in dem hier vorgestellten Ansatz jedoch dem Team und anderen Beteiligten überlassen und vom Coach lediglich unterstützt. Beim Lösen von Konflikten nimmt der Coach eine moderierende Rolle ein, während die inhaltliche Expertise bei den Konfliktparteien verbleibt.

1.8 Teamcoaching

Nachdem dies ein Buch über Teamcoaching ist, stellt sich zunächst die Frage, was genau man unter dem Begriff *Coaching* versteht. Es gibt in der Literatur und im World Wide Web unzählige unterschiedliche Beschreibungen. Wir verwenden in diesem Buch die folgende Definition:

Was ist Coaching?

Coaching ist eine individuelle, interaktive, zeitlich begrenzte und vertrauensvolle Kooperation von Experten, die auf freiwilliger Basis und im beruflichen Kontext stattfindet. Der Coach, als Experte für den Ablauf des Coachings, ist dabei inhaltlich absichtslos und geht mit den erhaltenen Informationen stets behutsam und diskret um. Der Coachee, der seinerseits Experte für den Inhalt und das Ziel ist, wird bei der Nutzbarmachung seiner bereits vorhandenen Ressourcen vom Coach durch gezielt eingesetzte Methoden unterstützt. Coaching kann für die Unterstützung von Einzelpersonen, Gruppen oder auch Teams eingesetzt werden.

Vielleicht wollen Sie gar kein Coach im Sinne dieser Definition sein? Vielleicht möchten Sie lediglich das Handwerkszeug von Coachs kennenlernen, um Ihre Kollegen und Teams im beruflichen Umfeld damit bestmöglich zu unterstützen? Vielleicht sind Sie sogar selbst Coach und möchten sehen, ob es hier etwas Neues für Sie zu erfahren gibt? All das soll Ihnen dieses Buch ermöglichen.

Die Herausforderung im Teamcoaching

Um zu beschreiben, welche Unterschiede es in der Arbeit mit einem Team gegenüber jener mit einer Einzelperson im Coaching gibt, soll hier erst einmal der Fokus darauf gelegt werden, was ein Team ausmacht. Nach [Hochreiter 2012] gibt es folgende Merkmale, die ein Team beschreiben:

- Teams entstehen rund um ein gemeinsam angestrebtes Ziel, das nur gemeinsam erreicht werden kann. Dieses Ziel gibt dem Team seinen Zweck.
- Jedes Teammitglied verspricht sich von seiner Mitwirkung einen persönlichen Nutzen, den es ohne seine Mitwirkung nicht erlangen könnte.
- In Hochleistungsteams ist Spaß am gemeinsamen Tun, Freude sowie Leichtigkeit bei der Arbeit und im Miteinander zu beobachten. Es entsteht dann eine positive Dynamik, ein Teamspirit [Owen 2008], der dafür sorgt, dass Erfolg sich scheinbar von alleine einstellt.

Erst das Verfolgen eines gemeinsamen Ziels macht also eine Gruppe zum Team. Das Herausarbeiten eines von allen Teammitgliedern angestrebten Sollzustandes ist daher unerlässlich. Vielen Unternehmen, Abteilungen oder Teams, in denen wenig persönlicher Antrieb und Motivation bei den Mitarbeitern zu spüren ist, fehlt das gemeinsame Ziel. Damit ist nicht gemeint, dass die Chefetage vorgibt, wo es hingehen soll. Vielmehr muss eine Vision gemeinsam erarbeitet werden. Nur so haben die Mitarbeiter die Gewissheit, gestaltende Mitglieder des Ganzen zu sein und nicht nur Ausführungsgehilfen.

Ein Weg dazu ist das Agile Chartering [Larsen & Nies 2011], ein Workshop, dessen Ziel es ist, eine gemeinsame Vision zum Produkt und zur Zusammenarbeit zu entwickeln. Das Ergebnis ist ein leichtgewichtiges Dokument (manchmal einfach ein paar Flipcharts), in dem Eckpfeiler zum Projekt, dem Sinn der Arbeit und zur Zusammenarbeit niedergeschrieben sind. Dies beinhaltet unter anderem den Projektnamen und die Namen der Teammitglieder, die Produktvision, die Projektmission, gemeinsame Werte und Prinzipien, Arbeitsvereinbarungen sowie auch Projektgrenzen und gegenseitige Erwartungen.

Gemeinsame Ziele lassen sich jedoch nur schwer finden – und halten. [Merl 2012] beschreibt, dass jedes System – also auch jedes Team – zu jedem Zeitpunkt bestrebt ist, seine Abläufe zu verbessern. Auf die gemeinsame Zielfindung wirkt sich dieser Umstand ungünstig aus, weil jedes Teammitglied gleichzeitig versucht, seine persönlichen Ziele mit jenen des Teams in Einklang zu bringen. Wann immer also das System etwas verändert, ist die Einzelperson gefordert, sich anzupassen und umgekehrt. Das erfordert Kraft und Ausdauer. Im Team verzichtet daher manchmal ein Teammitglied auf die Befriedigung eigener Bedürfnisse zugunsten der Teamziele. Oder die persönlichen Ziele werden ohne Rücksichtnahme verfolgt. Beides richtet Schaden an – sowohl im Team als auch in der Person selbst. Die Erreichung gemeinsamer Ziele wird so behindert

Den Schlüssel zur Lösung sieht Merl in dem Wissen darüber, dass jeder Mensch nach Anerkennung als Person und seiner eigenen Fähigkeiten strebt. Je höher die empfundene Wertschätzung der einzelnen Teammitglieder, desto größer ist auch die Kooperationsbereitschaft und Energie zur produktiven Mitwirkung im System gegeben. Dann kann es auch häufiger gelingen, die eigenen Ziele und jene des Teams miteinander zu verbinden und so zum Teamerfolg beizutragen.

Im Teamcoaching geht es also in erster Linie um die ehrliche Wertschätzung und Anerkennung der Bedürfnisse und Fähigkeiten der Teammitglieder. Erst wenn das gelingt, können andere Themen, wie das Aushandeln von Teamzielen, Teamregeln oder das Definieren von konkreten nächsten Schritten, erfolgreich bearbeitet werden.

Regeln im Teamcoaching

Die Regeln des Teamcoachings folgen im Wesentlichen jenen des Einzelcoachings, wobei durch die Anzahl der Anwesenden (>1) einige weitere Dinge zu beachten sind. Bei der Arbeit mit Gruppen oder Teams muss der Coach zusätzliche Fokuspunkte im Auge behalten und auch andere Interventionsmethoden anwenden.

Schließlich sind die Anforderungen an ein Teamcoaching hoch: Ein gemeinsames Ziel soll gefunden werden, das auch alle erreichen wollen. Dafür braucht es eine wertschätzende und offene Atmosphäre und Gesprächskultur. Den anstehenden Problemen aller Teammitglieder soll Raum gegeben werden, ohne die Zeit der angesetzten Besprechung zu überschreiten. Alle Teammitglieder sollen sich aktiv einbringen – und zwar freiwillig. Und schließlich geht es auch darum, Schritte zu definieren, die umgesetzt werden, damit Verbesserungen eintreten. Nur *wer* genau soll diese Schritte umsetzen? Die Verteilung der Aufgaben muss natürlich fair sein – was immer das bedeutet ...

Sie bemerken schon: Ein Teamcoaching erfolgreich anzuleiten, ist oft eine echte Herausforderung. Dieses Buch soll dafür einiges an Rüstzeug zur Verfügung stellen, das schon in vielen Situationen gute Dienste geleistet hat.

2 Lösungsfokussiertes Coaching

»Unsere Wünsche sind Vorgefühle der Fähigkeiten, die in uns liegen, Vorboten desjenigen, was wir zu leisten im Stande sein werden. Was wir können und möchten, stellt sich unserer Einbildungskraft außer uns und in der Zukunft dar; wir fühlen eine Sehnsucht nach dem, was wir schon im Stillen besitzen. So verwandelt ein leidenschaftliches Vorausergreifen das wahrhaft Mögliche in ein erträumtes Wirkliche. Liegt nun eine solche Richtung entschieden in unserer Natur, so wird mit jedem Schritt unserer Entwickelung ein Teil des ersten Wunsches erfüllt, bei günstigen Umständen auf dem geraden Wege, bei ungünstigen auf einem Umwege, von dem wir immer wieder nach jenem einlenken.«

[Goethe 1812, S. 419]

Beim lösungsfokussierten Arbeiten geht es um das, was schon Goethe 1812 beschrieben hat, nämlich sich gedanklich in die erwünschte Zukunft zu versetzen. Wer ein Ziel erreichen *will*, weiß instinktiv auch, dass er es erreichen *kann*. Eine möglichst genaue Vorstellung davon, *was genau* anders sein soll, erleichtert dabei die Verwirklichung. Es ist dann im Coaching nur noch nötig, sich das Wie für die ersten Schritte zu überlegen. Denn wer einen wirklich klaren Wunsch hat, bewegt sich ohnehin darauf zu – mit oder ohne Coaching.

Die lösungsfokussierte Denkweise konzentriert sich daher auf möglichst viele Details des erwünschten Zielszenarios, während das problemanalytische Vorgehen viel Energie und Zeit auf die Entstehungsgeschichte einer aktuellen Situation verwendet. Die Frage, *warum* eine Situation ist, wie sie ist, wird also ersetzt durch die Fragen, *welches Ziel* erreicht werden soll und *wozu* diese Zielerreichung dient. Besondere Beachtung wird dabei all jenen kleinen Situationen aus der Vergangenheit geschenkt, die bereits in Richtung Zielerreichung deuten. Das Erkennen, dass schon vieles gut gelaufen ist, erhöht die Sicherheit und das Vertrauen, konkrete nächste Schritte entwickeln und umsetzen zu können.

Das Vermeiden der Analyse der Entstehung eines Problems bringt dabei eine große Zeitersparnis. Der lösungsfokussierte Ansatz ist daher eine sogenannte *Kurzzeit-Methode*, mit der in geringerer Zeit wirksame Ergebnisse erzielt werden können.

2.1 Problem und Lösung

Das lösungsfokussierte Vorgehen ist in keinem Fall problemphobisch! Das Problem[1] an sich hat enorme Wichtigkeit und Bedeutung. Ohne Probleme gäbe es keinen Anlass zu Veränderung oder Verbesserung in dieser Welt. Es gäbe keine Forschung und daher auch keinen Fortschritt. Jedes Nachdenken über Ziele und deren Erreichung wäre überflüssig, wenn immer alles für alle in Ordnung wäre. Und schlussendlich bräuchte man ohne Probleme auch keine Lösungsfokussierung. Probleme und Schwierigkeiten sind ein Motor für Verbesserung, Modernisierung und Fortschritt.

Steve de Shazer meinte, dass jeder, der ein Problem hat, auch eine Idee davon hat, was besser sein könnte – also eine Idee von der Lösung. Wenn er diese Idee nicht hätte, hätte er kein Problem, sondern eine unveränderbare Rahmenbedingung, mit der er sich arrangieren müsste [De Shazer 2010].

Wenn beispielsweise ein Product Owner ein Problem damit hat, dass ein Entwicklungsteam aus seiner Sicht zu langsam agiert, dann bedeutet das, dass er dem Team eine schnellere Arbeitsweise zutraut. Vermutlich hat er sogar konkrete Annahmen dazu, was sich aus seiner Sicht im Team verändern müsste, damit es seine volle Leistung entfalten kann. Dabei ist es irrelevant für das Problem, ob er mit seinen Annahmen recht hat oder nicht. Wenn er hingegen eine für sich nachvollziehbare Erklärung für die aktuelle Arbeitsgeschwindigkeit hätte, dann wäre die Geschwindigkeit eine akzeptierte Rahmenbedingung und kein Problem. Dann würde er vielleicht seine Aufträge entsprechend verringern oder die Zeit für die Ausführung erweitern.

Doch wie geht man nun am besten mit einem Problem um, wenn es erst einmal entdeckt worden ist? Man kann ihm huldigen und ihm Opfer darbringen, indem man es auf ein Podest stellt und es als Ausrede für viele weitere Probleme benutzt, die in seinem Schatten auftauchen und denen man daher ausgeliefert ist. Man kann auch immer wieder und ausführlich davon in allen Details erzählen, um bestätigt zu bekommen, dass es sich tatsächlich um ein besonders schwieriges Problem handelt, gegen das man machtlos ist – auch das haben Sie vermutlich schon erlebt. Auch das Hineinwühlen in seine Ursprünge auf der Suche nach dem einen Schuldigen ist eine beliebte Art, ein Problem zu behandeln. Nur gelöst wird es durch all diese Vorgehensweisen leider nicht.

Lösungsfokussierung geht hier einen anderen Weg: Das Problem wird – gemeinsam mit seinen Auswirkungen – wertgeschätzt als Auslöser für die Suche nach Lösungsansätzen. Die Anwesenheit des Problems wird vorbehaltlos akzeptiert als Vorbote einer Veränderung – einer Verbesserung –, die stattfinden wird.

---

1. Im 16. Jh. von lateinisch problēma entlehnt – eine zum Lösen vorgelegte, unentschiedene Aufgabe; eine Streitfrage. Geht zurück auf das griechische Wort problēma (pro+bállein) für vorwerfen, hinwerfen, aufwerfen (siehe: de.wiktionary.org & duden.de).

Es ist eine andere, eine positive und versöhnliche Sicht auf ein Problem. Und so ist auch die Arbeit mit dem lösungsfokussierten Ansatz in erster Linie das Einnehmen eines anderen Blickwinkels.

Mit den folgenden sechs Haltungen und acht Prinzipien sind Sie eingeladen, diesen neuen Blickwinkel kennenzulernen. Prüfen Sie, wie gut er zu Ihnen passt oder ob Sie ihn – bewusst oder unbewusst – schon eingenommen haben.

2.2 Sechs grundlegende Coaching-Haltungen

Zunächst werden im Folgenden sechs grundlegende Haltungen des lösungsfokussierten Teamcoachings beschrieben. Sie sind in vielen Lebenslagen der zwischenmenschlichen Kommunikation hilfreich.

2.2.1 Die Haltung des Nicht-Wissens

Durch alles, was der Mensch in seinem Leben schon erfahren hat, fühlt er sich in vielen Bereichen als Experte. Wenn er etwas hört oder sieht, erinnert ihn das an eine Situation, die er so ähnlich schon einmal erlebt hat. Er ordnet daher diese neue Erfahrung unter *So wie damals – kenne ich schon* in seinem Gehirn ein und zeigt entsprechende Reaktionen. Dieses Einordnen ist in vielen Situationen hilfreich und wichtig – zum Beispiel um in Gefahrensituationen schnell handeln zu können. In anderen Situationen oder Gesprächen hingegen hindert dieses Einordnen oft daran, der neuen Situation gegenüber offen und neugierig zu bleiben. Die alten Erfahrungen überdecken ihre Andersartigkeit und werden als Wahrheit fehlinterpretiert.

Der lösungsfokussiert denkende Mensch ist sich dieser Tatsache bewusst. Er akzeptiert seine Erinnerungen, stellt sie zur Seite und bleibt durch seine Fragen offen und neugierig für Antworten, mit denen er nicht gerechnet hat. Er kommt dann weg von solchen Fragen, die seine hypothetischen Lösungsansätze als Antworten erzwingen, hin zu offenen Fragen, die seinem Gesprächspartner Gelegenheit geben, nachzudenken und eigene Antworten zu finden. Dies erfordert Vertrauen, Zurückhaltung und Geduld – und ist somit für viele die am schwierigsten zu erwerbende innere Grundhaltung.

Wenn also jemand mit einem Problem zu Ihnen kommt, ist es ratsam, nicht gleich eine Lösung anzubieten. Fragen Sie stattdessen zuerst, was genau das Ziel desjenigen ist, der das Problem hat.

Praxisbeispiel zur Haltung des Nicht-Wissens

Als Beispiel könnte hier ein Team dienen, das bereits zum wiederholten Mal die Sprint-Ziele nicht erreichen konnte. Als Agile Coach könnten Sie jetzt viele gute Ratschläge aus Ihrer persönlichen Erfahrung erteilen, wie – aus Ihrer Sicht – die Leistung des Teams verbessert werden könnte. Sie könnten etwa vorschlagen, öfter mal Pair Programming einzubauen oder auch mehr Testautomatisierung zu nutzen.

Die Wahrscheinlichkeit, dass sich dadurch tatsächlich etwas ändert, ist gegeben, sie ist jedoch sehr gering. Mit der Haltung des Nicht-Wissens würden Sie stattdessen vermutlich fragen, was das Team aus *seiner* Sicht braucht, um die Sprint-Ziele besser erreichen zu können. Das zu erreichende Ziel des Teams muss in diesem Fall nicht unbedingt die Erhöhung der Arbeitsgeschwindigkeit sein.

Die Teammitglieder würden auf Ihre Frage, wie sie denn ihre Sprint-Ziele besser erreichen könnten, möglicherweise antworten, dass mehr Details zu den Anforderungen nötig wären und der Blick auf das Gesamtbild des Kunden, in das das aktuelle Produkt eingebettet werden soll. Dafür wäre es für das Team hilfreich, deutlich öfter mit dem Kunden sprechen zu können.

Das Team weiß in der Regel sehr genau, was es gerade braucht. Darauf dürfen Sie vertrauen. Die Frage danach spart Zeit, Energie und Frust – speziell dann, wenn erteilte Ratschläge nicht umgesetzt werden, weil sie dem Team für die Verbesserung seiner Situation unpassend und wenig sinnvoll erscheinen.

Die Haltung des Nicht-Wissens einzunehmen ist schwieriger, je länger man sich kennt. Viele gemeinsame Erlebnisse lassen uns glauben, den anderen gut zu kennen und zu wissen, was er gerade meint oder für sein Problem braucht. In neuen Teams hingegen, in denen es noch keine gemeinsame Geschichte gibt, kann die Haltung des Nicht-Wissens erfolgreich der Bildung von Missverständnissen entgegenwirken.

Der Agile Coach ist Experte für agiles Vorgehen. Er kennt die einander bedingenden Wirkungsprozesse verschiedener Meetings, Techniken und Vorgehensweisen. Sein Wissen kann er zur Verfügung stellen. Dabei lohnt es sich jedoch, genau auf die Kundenwünsche, Teambedürfnisse und Rahmenbedingungen zu achten und diese ernst zu nehmen, anstatt die ihm bekannten Lösungen in den Vordergrund zu stellen. Um alle relevanten Details zu erfahren, hilft wiederum die Haltung des Nicht-Wissens.

2.2.2 Jeder ist Experte für sich selbst

Kennen Sie das? Jemand gibt Ihnen einen wohlgemeinten Ratschlag. Anstatt ihn dankbar anzunehmen und sich darüber zu freuen, werden Sie ärgerlich. Der Rat passt einfach nicht zu Ihnen und zur Verbesserung Ihrer aktuellen Situation. Das ist nicht weiter verwunderlich. Nur Sie selbst kennen die Umstände und Ihre Bedürfnisse. Und nur Sie selbst wissen daher, was für Sie passt und was nicht.

Im agilen Umfeld ist die Prime Directive von [Kerth 2001] eine etablierte Variante, um an diese Haltung zu erinnern:

1. Teil der Prime Directive (übersetzt von den Autoren)

»Unabhängig davon, was wir entdecken, verstehen wir und glauben wahrhaft daran, dass jeder das Beste gegeben hat, was er konnte, basierend auf seinem Wissen zu dem Zeitpunkt, seinen Fähigkeiten und Fertigkeiten, den vorhandenen Ressourcen und der gegebenen Situation.«

Glauben Sie daran? Wenn Sie nicht daran glauben, versuchen Sie einmal so zu tun, als wäre es so. Welche Auswirkungen könnte das haben? Sie würden mit dieser Haltung die Expertise des Teams anerkennen. Das fördert den Leistungswillen und die Motivation der Teammitglieder. Und Sie würden dann gemeinsam unpassende Umstände verändern wollen – und nicht die Personen.

Sie dürfen sich darauf verlassen, dass jeder, der ein Problem hat, auch eine Idee von einer Lösung in sich trägt. Anderenfalls würde ihm eine Situation vielleicht als unangenehm, nicht jedoch als problematisch erscheinen. Konsequenterweise führt das dazu, dass alle Lösungen und alle Ratschläge, die Sie anbieten, nur in absoluten Ausnahmefällen und rein zufällig für den anderen passend sein können.

Im lösungsfokussierten Arbeiten werden in vielfacher Weise Fragen gestellt. Sie helfen anderen dabei, ihren eigenen Lösungen auf die Spur zu kommen. Dadurch, dass eine Lösung im selben Kopf entsteht, in dem auch das Problem zuhause ist, erfüllt sie alle Anforderungen, um wirksam zu sein. Die Wahrscheinlichkeit einer erfolgreichen Umsetzung steigt.

Praxisbeispiel zu »Jeder ist Experte für sich selbst«

Ein wahrscheinlich passendes Beispiel dafür sind Schätzmeetings. Dort sollen die Teammitglieder eine ungefähre Angabe über den Umfang und die zu erwartende Dauer der bevorstehenden Produktentwicklung machen. Dafür setzen sie all ihre Erfahrung und ihr Wissen ein. Sie berücksichtigen die gegebenen Rahmenbedingungen, etwaige bereits bekannte Verzögerungen wie Urlaube, im Team vorhandene und fehlende Kompetenzen und vieles mehr. Niemand sonst kann eine solche Schätzung sinnvollerweise abgeben. Nur das Team, das danach die Arbeit tatsächlich umsetzen wird, hat alle diese Informationen und kann sie in seine Überlegungen miteinbeziehen.

Jene Menschen, die mit Teams arbeiten, müssen darauf achten, dass Vorgaben und Richtlinien bei der Arbeit eingehalten werden. Innerhalb dieser vorgegebenen Grenzen dürfen und sollen sie den Mitarbeitern jedoch Freiraum für die Entwicklung und Umsetzung von eigenen passenden Lösungen für ihre Probleme ermöglichen. Gerade in intensiven Arbeitsphasen scheint es oft einfacher und effizienter, Lösungen vorzugeben oder sogar selbst zu implementieren, damit weitergearbeitet werden kann. Tatsächlich empfiehlt es sich, in solchen Situationen immer wieder darüber zu entscheiden, was auf lange Sicht wirtschaftlich rentabler ist: alle Fehler selbst auszubessern oder die anderen dabei zu unterstützen, qualitativ bessere Ergebnisse liefern zu können.

Um die Haltungen des Nicht-Wissens und der Expertise für sich selbst zu verdeutlichen, soll die folgende Metapher eingeführt werden.

Das Kokosnuss-Modell

Jeder Mensch lebt – symbolisch betrachtet – auf einer Insel. Jede Insel ist geprägt von allem, was sein Bewohner bisher gelernt hat. Sie verändert sich auch ständig – weil er ständig lernt.

Wer, denken Sie, kennt *Ihre* Insel am besten? Genau! Nur *Sie* kennen sie am besten – und selbst Sie lernen ständig neue Winkel Ihrer eigenen Insel kennen! Es ist daher völlig absurd zu denken, *jemand anderer* wüsste darüber Bescheid, was *Sie* brauchen. Und umgekehrt können auch Sie unmöglich wissen, was ein anderer braucht. Sie können es höchstens vermuten.

In dieser kleinen Geschichte lebt ein junges Mädchen auf einer Kokospalmen-Insel. Sie liebt Kokosnüsse über alles! Auf einer benachbarten Laubbaum-Insel lebt ein junger Mann. Er hat noch nie eine Kokosnuss gesehen. Da hat das Mädchen Mitleid und wirft ihm eine ihrer geliebten Kokosnüsse hinüber. Was glauben Sie? Was wird der junge Mann nun denken, wenn er die braune Kugel auf sich zurasen sieht?

Ja, die Wahrscheinlichkeit ist hoch, dass er sich bedroht fühlt und in Deckung geht. Im schlimmsten Fall wird er sogar zum Gegenangriff rüsten.

Das Mädchen steht völlig verwirrt und enttäuscht auf ihrer Insel und beobachtet dieses unerwartete Verhalten. Möglicherweise entscheidet sie in diesem Moment sogar, dass dieser junge Mann es nicht wert ist, je wieder Kontakt zu ihm aufzunehmen. Ein trauriges Ende einer doch recht verheißungsvoll beginnenden Geschichte, nicht wahr?

Doch drehen Sie das Rad noch einmal zurück. Was hätte das Mädchen anders machen können, um das Ende positiv zu beeinflussen?

Die Menschen können zwischen ihren Inseln Brücken bauen, indem sie Fragen stellen. Die Fragen helfen, genug über die andere Insel herauszufinden, um in angemessener Weise mit ihr kommunizieren zu können.

Für diese Geschichte wäre eine Brückenfrage wie diese vielleicht hilfreich gewesen: »Hallo, Nachbar! Ich habe hier herrliche Kokosnüsse! Möchtest du eine davon haben? Darf ich sie zu dir hinüberwerfen?« Viele der aufgetretenen Missverständnisse wären durch diese Frage und die darauf folgende Antwort ausgeblieben.

Doch Achtung! Selbst wenn diese Frage mit »Ja, gerne!« beantwortet wird und das Mädchen die Kokosnuss hinüberwirft, hat es keinen Anspruch darauf, darüber zu bestimmen, was der junge Mann mit der Frucht anstellt! Ob er damit Ball spielt, sich daraufsetzt oder sie isst – das liegt nicht im Entscheidungsbereich des Mädchens. Sie kann ihm Empfehlungen geben, welche Möglichkeiten sich anbieten würden. Die Entscheidung über die Nutzung der Kokosnuss auf der Laubbaum-Insel obliegt jedoch einzig und allein deren Bewohner!

Die Brücke berechtigt sie auch nicht, mit einem Spaten in der Hand hinüberzugehen und eine Kokospalme auf der anderen Insel einzupflanzen – selbst dann nicht, wenn sie davon überzeugt ist, damit einen langfristigen Nutzen zu stiften, den der junge Mann noch gar nicht nachvollziehen kann.

Und was keinesfalls vergessen werden sollte: Die Frage kann auch mit »Nein!« beantwortet werden. Anstatt dann persönlich beleidigt von dannen zu ziehen, darf davon ausgegangen werden, dass das Gegenüber einen sehr guten Grund für seine Entscheidung hat. Vielleicht ist er ja gerade auf Kiwi-Diät oder hat eine Allergie gegen Kokosnüsse. Wer weiß das schon so genau? Richtig. Der junge Mann auf seiner Insel. Und die beste Möglichkeit, den Grund für seine Entscheidung zu erfahren, ist, ihn zu fragen – denn auch das ist wieder ein Schritt in Richtung einer stabilen Brücke für eine gute Nachbarschaft.

Aus dieser Geschichte ergeben sich einige wichtige Aussagen:

- Keiner kann einen anderen wirklich verstehen.
- Es kann daher auch keiner ein Problem oder Ziel, von dem er hört, so verstehen, wie es für den anderen gemeint ist.
- Es ist daher auch nicht möglich, eine Lösung für jemand anderen zu finden, von der man sicher sein kann, dass sie für dieses Problem – und diese Person – die richtige ist.
- Der einzige Mensch, der das Problem – das Ziel – wirklich kennt, ist jene Person, die es betrifft!
- Der einzige Mensch, der die für ihn passende Lösung, den passenden Weg, kennt, ist ebenfalls diese Person!
- Die Lösung befindet sich auf der Insel jener Person.
- Man kann dabei helfen, die Lösung aufzuspüren, indem man Fragen stellt.

2.2.3 Geduld und Zuversicht

Im Coaching-Kontext ist hier die Geduld beim Fragen gemeint. Ist Ihnen das schon passiert, dass Sie eine Frage gestellt und Schweigen geerntet haben? Wie ist es Ihnen dabei gegangen? Was haben Sie in diesem Moment gedacht?

Fragen lösen einen Denkprozess aus – und es kann richtig lange dauern, bis eine Antwort gegeben wird. Diese Zeit der Stille auszuhalten, ist manchmal schwierig und unangenehm. Sie zu durchbrechen – zum Beispiel indem man eine andere Frage stellt – bedeutet, den Denkprozess abzubrechen, den man zuvor so gekonnt ausgelöst hatte, und somit wichtige Informationen nicht zu bekommen. Hier erkennt man auch den Unterschied zwischen *Geduld* und *Warten.*

Geduldig zu sein bedeutet Hoffnung zu haben, also ganz ehrlich und im tiefsten Inneren davon auszugehen, dass da eine Antwort kommen wird und dass die Befragten jetzt gerade Zeit brauchen, um sie zu finden. Die Frage hat also offenbar einen wichtigen Punkt angesprochen oder zum Nachdenken angeregt. Mit dieser Haltung fällt das Überbrücken der Zeit bis zur Antwort leichter als in einer abwartenden Position.

Wer auf etwas wartet oder gar etwas Bestimmtes *er-wartet*, ist normalerweise unzufrieden damit, dass dieses immer noch nicht eingetreten ist – zum Beispiel, dass der benötigte Code noch nicht geschrieben ist. Diese innere Unzufriedenheit wird oft als Problem wahrgenommen, das es zu lösen gilt. *Un-Geduld* macht sich breit. Und ihr folgen meist wenig hilfreiche Versuche, aktiv einen Ausweg aus dieser unangenehmen Situation zu finden.

Eine wichtige Regel für die Arbeit mit Teams und Einzelpersonen lautet daher: Wenn Sie eine Frage gestellt haben, bleiben Sie geduldig, zuversichtlich und neugierig, bis Sie eine Antwort bekommen – ganz gleich, wie lange es dauert. Vielleicht möchten Sie es ausprobieren! Sie werden sehen, dass früher oder später eine gut überlegte, manchmal überraschende Antwort kommt. Und falls Sie dann hören, dass Ihre Frage nicht verstanden wurde oder sie nicht beantwortet werden kann, dann ist das genau der richtige Zeitpunkt, die Frage neu zu formulieren oder eine andere Richtung mit Ihren Fragen einzuschlagen. Es kann übrigens auch ein richtig gutes Gefühl auslösen, diese Stille ausgehalten zu haben. Genießen Sie es – wenn Sie möchten!

Praxistipp

Wenn Sie eine Frage gestellt haben, zählen Sie in Gedanken bis 20. Und wenn Sie damit fertig sind, beginnen Sie von vorn. Verlassen Sie sich darauf, dass Ihr Gesprächspartner etwas sagen wird.

So verhindern Sie, dass Sie den Gedankengang Ihres Gegenübers unterbrechen. Gleichzeitig können Sie beim Zählen keine eigenen Hypothesen bilden, weshalb Sie gerade - noch - keine Antwort bekommen.

2.2.4 Ressourcenfokus

Achten Sie auf alles das, was funktioniert. Hier geht es vor allem darum, sich auf die Stärken und Fähigkeiten anstatt auf die Fehler und Schwächen der jeweiligen Gesprächspartner bzw. Kollegen zu konzentrieren. Der Mensch ist an sich in der Lage, in jedem Moment selbst zu entscheiden, worauf er achten möchte: auf das, was gut ist – oder auf das, was schlecht ist.

Diese Entscheidung basiert auf jenen Erwartungen, die durch eigene Erfahrungen beeinflusst sind. So könnte der Blick auf einen Berufseinsteiger entweder positive Erwartungen auslösen (*Endlich kommt wieder einmal frischer Wind hier herein!*) oder auch negative (*Na toll, wieder einer, der noch keine Ahnung hat, wie es bei uns läuft!*).

Der Fokus auf vorhandene Fertigkeiten und Fähigkeiten zeigt den Gesprächspartnern auch, was sie schon alles mitbringen, um Veränderungen aktiv bewirken zu können. Mit der folgenden Ressourcenübung ist es möglich, innerhalb von drei Minuten Ressourcen, Fertigkeiten und Fähigkeiten eines Gesprächspartners herauszufinden.

»Brillante Momente« – nach [McKergow 2011a]

Bitten Sie die Teilnehmer für diese Übung Paare zu bilden. Jedes Paar entscheidet zu Beginn, wer A und wer B ist. In der ersten Runde ist A der Sprecher und B der Zuhörer. Der Zuhörer soll aufmerksam und wohlwollend zuhören. Wir verwenden das Bild der Giraffe von Marshall B. Rosenberg. Er hat die Giraffe als Symbol für das Zuhören mit dem Herzen in der *Gewaltfreien Kommunikation* etabliert, weil sie im ganzen Tierkreis das Tier mit dem organisch größten Herzen ist [Rosenberg 2010]. Die Anmoderation formulieren Sie am besten wie folgt:

»A erzählt B drei Minuten lang von einem brillanten Moment aus seinem Leben. Nutze die drei Minuten dabei bitte voll aus und erzähle den Moment so bunt und detailliert wie möglich. B hört in dieser Zeit aufmerksam und ohne Zwischenbemerkungen zu.

Nach Ablauf der drei Minuten gebe ich euch ein Signal. B bedankt sich dann für das Teilen des brillanten Moments und hat anschließend drei Minuten lang Zeit, zurückzumelden, welche Stärken, Fähigkeiten und Ressourcen A offensichtlich haben muss, damit es zu diesem brillanten Moment kommen konnte.

Es wird später eine zweite Runde mit vertauschten Rollen geben. B wird dann eine andere Aufgabe bekommen. Ich werde die Zeit mit der Stoppuhr sehr genau im Auge behalten, damit ihr danach auch beurteilen könnt, ob das Finden von Stärken und Ressourcen in drei Minuten überhaupt möglich ist.«

Wenn alle Personen A einen brillanten Moment gefunden haben, von dem sie berichten möchten, starten Sie mit dem Kommando »Los!« die Übung. Nach Ablauf der drei Minuten stoppen Sie die Gesprächsrunde und bitten alle Personen B, sich für das Teilen des brillanten Moments zu bedanken. Starten Sie nun die Rückmeldungsrunde mit den Worten:

»Nun hat B drei Minuten Zeit zurückzumelden, welche Stärken, Fähigkeiten und Ressourcen A offensichtlich haben muss, damit dieser brillante Moment möglich war. Nutze dazu die drei Minuten bitte vollständig aus. Wenn dir nichts mehr einfällt, stelle dir vor, ich stehe hinter dir und frage ›Und was noch?‹. Dann fällt dir bestimmt noch etwas ein. Bereit? Los!«

Wieder stoppen Sie die drei Minuten mit. Nach Ablauf beenden Sie die erste Übungsrunde und bitten alle Personen A, Ihnen per Handzeichen zu zeigen, wie gut das, was sie gerade über sich selbst gehört haben, tatsächlich zu ihnen passt. Führen Sie dazu die Methode der Skalierung ein:

»Auf einer Skala vom Oberschenkel«, hier legen Sie Ihre Hand auf Ihren Oberschenkel, »bis über den Kopf«, dabei heben Sie nun Ihre Hand über Ihren Kopf: »Wie gut passt das, was du gerade über dich selbst gehört hast, tatsächlich zu dir?«

Erfahrungsgemäß werden hier viele Ressourcen entdeckt und zurückgemeldet. Die meisten Hände befinden sich normalerweise bei der Skalierung oberhalb des Kinns.

Die Original-Version von Mark McKergow sieht in der Rückrunde wieder das Berichten von einem brillanten Moment vor. Dazu wechseln die Teilnehmer nur die Rollen im Gespräch. Diese sehr positive und Vertrauen stärkende Übung ist zum Beispiel für Teamentwicklungsprozesse empfehlenswert.

Im Arbeitsalltag hört man oft auch problematische und ärgerliche Geschichten. Statt sich in den negativen Sog hineinziehen zu lassen, geht es nun darum, auf positive und hilfreiche Aspekte zu achten. So wird es möglich, mehr Verständnis für den Erzähler und seine Situation aufzubringen und folglich konstruktiver zu reagieren.

Dazu tauschen die Teilnehmer in der Rückrunde einen ärgerlichen Moment aus. Diese Adaption der Übung wurde in Anlehnung an [Ghul 2005] und [Lamarre 2005] entwickelt.

»Ärgerliche Momente«

Führen Sie diese zweite Runde wie folgt ein:

»Nun – das war zugegebenermaßen einfach. Wenn jemand schon von einem brillanten Moment erzählt, serviert er die Ressourcen ja praktisch auf dem Silbertablett gleich mit, oder? Was hört ihr im Berufsleben denn viel öfter als brillante Momente von euren Kollegen, Vorgesetzten oder Kunden?«

Holen Sie einige Antworten ein und fahren Sie dann wie folgt fort:

»Nun gibt es also einen Rollenwechsel. B erzählt A drei Minuten lang von einem ärgerlichen Moment aus seinem Leben. Nutze die drei Minuten dabei bitte wieder voll aus und erzähle den Moment so detailliert wie möglich. A hört in dieser Zeit aufmerksam und ohne Zwischenbemerkungen zu.

Nach Ablauf der drei Minuten gebe ich euch ein Signal. A bedankt sich dann für das Teilen des ärgerlichen Moments – schließlich braucht es dazu schon viel Vertrauen – und hat anschließend drei Minuten Zeit, zurückzumelden, welche Stärken, Fähigkeiten und Ressourcen B offensichtlich haben muss, damit er sich so sehr ärgern konnte. Was ist ihm wichtig? Worauf achtet er besonders? Welche seiner Werte wurden verletzt?

Nach Ablauf der Zeit werden wir wieder überprüfen, wie gut das Finden der Stärken und Ressourcen gelungen ist.«

Die Skalierungsprobe im Anschluss an diese zweite Runde zeigt häufig ein noch besseres Ergebnis als jene nach dem brillanten Moment. Die meisten Hände sind oberhalb der Nase zu finden.

In Reflexionen nach dieser Übung beschreiben die Teilnehmer häufig, dass sie in der Lage waren, die Ressourcen herauszuhören, weil sie vorher den Auftrag bekommen hatten, diese danach zurückmelden zu müssen. Sie haben also ihre Aufmerksamkeit absichtlich auf die Stärken und Fähigkeiten ihres Gegenübers gelenkt. Es ist folglich also möglich, auch aus einer negativen Geschichte positive Rückschlüsse über die handelnden Personen zu ziehen.

Praxistipp

Achten Sie auch beim Hören von Problemschilderungen oder Ärgernissen auf die positiven und hilfreichen Aspekte!

2.2.5 Allparteilichkeit

Wenn es in Ihrem Team zu Unstimmigkeiten kommt, ist der Zeitpunkt da, als Moderator bei der Lösungsfindung zu helfen. Menschen müssen sich in ihrer Umgebung sicher fühlen, um sich anderen gegenüber öffnen zu können. Die eigenen Gedanken, Bedürfnisse und Wünsche preiszugeben, braucht Vertrauen, um dadurch selbst nicht in einen Nachteil zu geraten. Nur wenn alle Teammitglieder bereit sind mitzuteilen, was sie denken und wie sie sich fühlen, kann Teamcoaching am Ende auch erfolgreich sein.

Viele Menschen haben in ihrem Leben bereits schlechte Erfahrungen mit Team- oder Gruppensituationen gemacht. Manche wurden mit ihren Aussagen schon mal nicht wahr- oder auch ernst genommen. Andere mussten sich lauten oder dominanten Persönlichkeiten in Diskussionen geschlagen geben. Und wieder andere mussten lernen, dass man sich plötzlich ganz alleine einer feindseligen Übermacht gegenübersieht – und nicht einmal der anwesende Coach bereit oder fähig ist, den nötigen Schutz vor verbalen Übergriffen zu gewährleisten.

Der Coach hat also eine entscheidende Schlüsselfunktion in Teamcoaching-Prozessen. Er ist es, der für eine *Gleich-gültig-keit* aller getroffenen Aussagen zu sorgen hat. Dazu braucht er die Haltung der Allparteilichkeit. Er muss davon überzeugt sein, dass jeder Beitrag aus der Perspektive des jeweiligen Teilnehmers richtig und berechtigt ist, und dies den anderen vermitteln. Die Teammitglieder lernen so rasch, dass es sich lohnt, aktiv zu einer Lösung beizutragen, und dass dieser Beitrag auch positiv beim Coach ankommen wird. So entstehen Offenheit und Vertrauen. Das Herstellen von gegenseitigem Verständnis und Konsensbildung kann dann gut funktionieren.

2.2.6 Vertraulichkeit

Das Thema Vertraulichkeit hat einen hohen Stellenwert im Teamcoaching, denn es sorgt für Sicherheit, Vertrauen und Offenheit. Alles, was besprochen wird, bleibt inhaltlich im Raum und wird weder vom Coach noch einem anderen Teilnehmer nach außen weitergegeben – es sei denn, es wurde vor dem Gespräch etwas anderes vereinbart.

Bereits eine einzige Zuwiderhandlung dieser wichtigen Regel kann dazu führen, dass das erarbeitete Vertrauen und die Offenheit der Teammitglieder irreparabel zerstört sind. Künftige Teamcoaching-Situationen stehen dann unter einem schlechten Stern. Selbst wenn ein anderer Coach später mit dem Team arbeiten will, wird diesem zunächst Misstrauen entgegengebracht werden und damit seine Arbeit deutlich erschwert.

Nur in Ausnahmefällen – und dann nur mit Zustimmung aller Teilnehmer – dürfen einzelne Inhalte weitergetragen werden. Dies geschieht etwa dann, wenn das Verschweigen wichtiger Informationen zu folgenschweren Beeinträchtigungen von Personen oder Unternehmen führen würde. Sollte in einem solchen Fall keine Übereinstimmung im Team über die Weitergabe der Informationen getroffen werden können, so ist es nötig, gemeinsam einen anderen Weg zu finden, um die drohende Beeinträchtigung zu verhindern.

2.3 Acht bedeutsame Prinzipien

Zu diesen Haltungen gesellen sich nun wichtige Prinzipien des lösungsfokussierten Ansatzes. Je besser es gelingt, nach diesen Prinzipien zu handeln, umso schneller und einfacher werden Ziele erreichbar.

2.3.1 Fokus auf die bessere Zukunft

Eine wichtige Bedeutung bei diesem Prinzip hat das Wort *Fokus*. Es erinnert daran, das Bild der besseren Zukunft mit hoher Intensität auszumalen. Je detaillierter und bunter dieses Zukunftsbild aussieht, je mehr Wissen darüber vorhanden ist, was dann alles anders und besser sein und welche Auswirkungen das haben wird, desto wahrscheinlicher wird, dass man dort ankommt.

Eine vage Vorstellung von der besseren Zukunft ist wie ein dünner roter Gummifaden. Er zeigt die Richtung gut an, kann jedoch leicht reißen, sobald ein Hindernis überwunden werden muss. Ein klares Bild ist hingegen wie ein dickes Gummiseil. Es hält auch, wenn es zwischendurch gedehnt wird, weil ein längerer Weg zurückgelegt werden muss, und sorgt dafür, dass am Ziel festgehalten werden kann.

In der lösungsfokussierten Arbeit wird daher mit vielen Fragen nach dieser erwünschten Zukunft geforscht. Die Zielformulierung nimmt – auch in zeitlicher Hinsicht – einen wesentlichen Teil in einem Coaching-Ablauf ein.

Bei dieser Fokussierung kann es manchmal vorkommen, dass Auswirkungen entdeckt werden, die unerwünscht sind. Auch das ist wichtig, denn so kann das Ziel noch rechtzeitig angepasst und Widerständen vorgebeugt werden.

In der Praxis ist dieses Prinzip in all jenen Gesprächen hilfreich, in denen es um die Beschreibung eines Zielbildes geht. Denken Sie beispielsweise an Planungsmeetings, an Teamentwicklungsprozesse oder an Veränderungsprojekte. Und auch Anforderungsgespräche, die mit Kunden geführt werden, sind ein gutes Beispiel: Durch die detaillierte Beschreibung jener besseren Zukunft, die er sich vom Einsatz eines Produkts erhofft, können relevante Informationen gewonnen werden, die sonst vielleicht nicht berücksichtigt worden wären.

Praxistipp

Beim *Solution-Talk* versetzen Sie Ihre Mitarbeiter gedanklich in die bessere Zukunft. Sie tun dabei so, als wäre das angestrebte Ziel bereits erreicht. Diese Technik ermöglicht eine umfassendere Vorstellung davon, was erreicht werden soll, und von den möglichen Auswirkungen.

2.3.2 Wenn etwas funktioniert, mache mehr davon

Was schon einmal gut funktioniert hat, wird wahrscheinlich wieder funktionieren. Dieses Prinzip soll Vertrauen und Sicherheit geben, dass der Weg zum Ziel nicht bei null beginnt, sondern dass auf Bekanntes aufgebaut werden kann. Drei Aspekte, die hier unausgesprochen dahinter stehen, sind:

1. Offenbar wurden auch in der Vergangenheit schon Dinge richtig gemacht. Es ist also offenbar möglich, Besserung aktiv selbst herbeizuführen.
2. Für die Entwicklung erster Ideen zur Erreichung der angestrebten Ziele braucht es keine große Kreativität. Es ist ja schon einiges darüber bekannt, was gut funktioniert. Und:
3. Es ist auch gar nicht notwendig, *alles* anders zu machen, um die erwünschte bessere Zukunft zu erreichen. Vieles von dem, was ohnehin schon getan wird, darf bzw. soll auch so bleiben.

Um herauszufinden, was gut funktioniert, muss allerdings auch der Fokus darauf gelenkt werden. Wer ständig nach Fehlern Ausschau hält, wird Schwierigkeiten haben, diese wertvollen Ressourcen zu entdecken und zu nutzen.

Praxistipp

Wann immer eine Problemlösung gesucht werden soll, stellen Sie die Frage nach dem bereits Funktionierenden. Sammeln Sie so viele kleine funktionierende Teilaspekte wie möglich und bauen Sie die nächsten Schritte auf dieser Information auf.

Praxisbeispiel zu »Wenn etwas funktioniert, mache mehr davon«

Wissen Sie, wie *eXtreme Programming* entstanden ist? Kent Beck wurde 1996 als Berater zu einem Projekt gerufen. Das Projekt lag zu dem Zeitpunkt bereits zeitlich wie auch budgetär über den ursprünglich vorgegebenen Rahmenbedingungen. Beck wagte den Versuch, jene Parameter, von denen er aus eigener Erfahrung wusste, dass sie in der Softwareentwicklung hilfreiche Dienste lieferten, zum Extrem zu bringen. Daher kommt auch die Bezeichnung eXtreme Programming.

Er war damit vertraut, dass das Testen von Teilschritten wertvolle Hinweise für die Weiterarbeit liefert. Zum Extrem gebracht hieß das, Tests sogar vor dem Code zu schreiben. Dadurch wurden zum Beispiel das Einschleichen von neuen Funktionen sowie Designprobleme bezüglich Kopplung und Kohäsion reduziert und Vertrauen in die Arbeit der anderen aufgebaut. Eine andere bis dahin erfolgreiche Maßnahme zur Qualitätsverbesserung in der Softwareentwicklung war es, Codereviews durchzuführen. Auf die Spitze getrieben konnte das durch ständiges Arbeiten zu zweit erfolgen. *Pair Programming* war geboren.

Kent Beck hatte den Fokus eindeutig auf den funktionierenden Bereichen seiner Arbeit. Er nutzte sie und daraus entstand eine völlig neue Arbeitsweise [Beck 1999; Beck & Andres 2004].

2.3.3 Wenn es nicht (mehr) funktioniert, mache etwas anderes

Sie fragen sich nun vielleicht: »Und wenn das, was früher funktioniert hat, nun nicht mehr funktioniert? Kann diese Denkweise nicht auch eine deprimierende Sackgasse sein?«

Natürlich gibt es Umstände, die das Wiederholen von funktionierenden Strategien verhindern. Und trotzdem geht es auch hier darum, aus der Vergangenheit zu lernen. Es ist nur sehr selten sinnvoll, einen Lösungsversuch, der schon mal nicht – oder auch nicht mehr – funktioniert hat, in der Hoffnung zu wiederholen, dass sich die gute Idee irgendwann doch wieder bestätigen möge.

Vielleicht kennen Sie das aus eigener Erfahrung: Wenn es logisch erscheint, dass ein bestimmtes Vorgehen funktionieren muss, ist die Bereitschaft groß, dieses Vorgehen auch bei Nichtfunktionieren immer wieder anzuwenden und zufällig aufgetretene Umstände dafür verantwortlich zu machen, weshalb der Plan nicht aufging. Erst wenn – bildlich gesprochen – die Nase blutig ist, wächst die Bereitschaft, darüber nachzudenken, dass hier möglicherweise ein völlig anderer Weg zum erwünschten Ziel gefunden werden muss.

Um einen neuen Weg zu finden, ist es natürlich notwendig, das angestrebte Ziel zu kennen. Und es ist hilfreich, mutig und offen zu sein für kreative und völlig neue Denkansätze. Die müssen im ersten Moment auch gar nicht realistisch klingen – sie dürfen sogar verrückt, irrational und fantastisch sein. Oft verbergen sich gerade in den wildesten Ideen kreative und praktisch umsetzbare Möglichkeiten.

Praxistipp

Wann immer ein eingeschlagener Weg nicht gelingt, machen Sie sich Ihr Ziel erneut bewusst. Danach wird es Ihnen leichter fallen, einen neuen Weg zu finden und das erstmalige *Scheitern* eher als *Lernen* zu betrachten.

Praxisbeispiel zu »Wenn es nicht funktioniert, mache etwas anderes«

Denken Sie beispielsweise an das Thema Retrospektiven. Selbst die wirksamste Form, dieses Meeting zu gestalten, kann irgendwann langweilig werden. Darunter leiden dann oft Aufmerksamkeit und Kreativität der Teammitglieder. Auch Verzögerungen beim Beginn und frühzeitiger Abbruch sind dann häufiger zu beobachten.

Als Idee, hier Abhilfe zu schaffen, schlägt [Löffler 2014] etwa die Durchführung verschiedener Metaphern-Retrospektiven vor. Der Vergleich des letzten Sprint mit einem Beutezug auf einem Piratenschiff zum Beispiel oder mit einem Fußballspiel kann ebenso die erwünschte Abwechslung bringen wie eine Glückskeks-Retrospektive, bei der hilfreiche Fragen an das Team in Glückskeksen verpackt verteilt und gemeinsam bearbeitet werden.

2.3.4 Kleine Schritte können große Veränderungen bewirken

Im agilen Vorgehen werden kleine Schritte und häufige Feedback-Schleifen genutzt, um die Produktentwicklung sowie die Teamarbeit kontinuierlich anzupassen und somit auch auf Veränderungen reagieren zu können. Dabei nutzen agile Prozesse Veränderungen zum Wettbewerbsvorteil des Kunden [AgileManifesto 2001]. Viele kleine Anpassungen können zu großen Änderungen führen, indem Features weggelassen werden oder neue Ideen ins Produkt Einzug halten.

Ähnliches gilt auch für Kommunikation und Beziehungen. Es sind oft die ganz kleinen Dinge, die Großes verändern. So können eine geänderte Sitzposition, andere Lichtverhältnisse oder Ähnliches in einem Raum für ein anderes Gesprächsklima sorgen. Ein einfaches und aufrichtiges Dankeschön kann Beziehungen verändern. Ein ehrliches Lächeln kann einen ganzen Tag zum Besseren wenden. Im Laufe dieses Buches werden noch viele kleine Veränderungen beschrieben, die Sie ausprobieren und deren Wirkung Sie testen können.

Praxistipp

In seinem Buch *2 Second Lean* empfiehlt [Akers 2016], jeden Tag eine Möglichkeit zu finden, nur 2 Sekunden in der Alltagsroutine einzusparen. Ralph ist da sehr fleißig dabei. Und auch wenn er nicht jeden Tag eine 2-Sekunden-Einsparmöglichkeit findet, hat er doch schon so einiges an Ressourceneinsparung bei uns in Bewegung gebracht.

[Wiseman 2009] zeigt in Kapitel 4 seines Buches *59 Seconds: Think a little, change a lot*, wie es bereits mit kleinen Dingen möglich ist, die Kreativität von Menschen stark zu erhöhen. Hängen Sie geeignete moderne Bilder auf, stellen Sie Pflanzen ins Büro, bieten Sie Ihren Mitarbeitern einen Fensterplatz mit Bäumen oder Wiese davor oder provozieren Sie ungewöhnliche Gedanken, z.B. die an einen Punk mit bunter Irokesenfrisur, bevor ein Problem gelöst werden soll.

2.3.5 Der Lösung ist es meist egal, wie das Problem entstanden ist

Im Unterschied zu technischen Systemen, in denen die Suche nach einem Fehler als Grundlage für dessen Behebung unerlässlich ist, wird im lösungsfokussierten Arbeiten mit Menschen davon ausgegangen, dass Probleme und Lösungen nicht in direkter Beziehung zueinander stehen müssen.

Damit ist gemeint, dass die genauen Kenntnisse über die Entstehung eines Problems, eines Konflikts oder einer unbefriedigenden Situation nicht dazu beitragen, Schritte in Richtung Besserung derselben Situation zu definieren. Fragen wie »Wer ist daran schuld?«, »Wie ist es überhaupt so weit gekommen?«, »Welche Fehler wurden gemacht?« etc. führen nicht zu einer Verbesserung der aktuellen Gesamtsituation.

Sie fragen sich nun vielleicht, wie der Satz »*Wir sollen aus unseren Fehlern lernen*« hierzu passt? Aus früheren Fehlern kann man sehr wohl lernen, indem man überlegt, was sich verändern muss, damit etwas heute besser funktioniert. Dabei wird aus vergangenen für aktuelle Situationen gelernt.

Ein Beispiel dafür wäre ein Entwickler, der nicht zu Pair Programming bereit ist. Nun könnte erforscht werden, wie es dazu gekommen ist, dass er das nicht möchte. Ob er einen Konflikt mit seinem Programmierpartner hat, ob er vielleicht irgendwelche negativen Erlebnisse in Bezug auf Zusammenarbeit nicht verarbeitet oder einfach nur eine Wette mit einem Kollegen laufen hat, ob er damit durchkommt. Das Problem *Der Entwickler lehnt Pair Programming ab* wird dadurch nicht gelöst.

Er könnte allerdings auch gefragt werden, was in der aktuellen Situation anders sein müsste, damit er sich auf Pair Programming einlassen würde. Dabei würde möglicherweise herausgefunden werden, dass der Entwickler klare Informationen darüber bräuchte, wann und wie lange dieses Pair Programming stattfinden soll. Dann könnte er sich besser darauf einstellen, wann er wieder Zeit hat, seinen eigenen Agenden nachzugehen.

Vielleicht kommt bei dieser Frage auch heraus, dass dieser Entwickler sich selbst aussuchen möchte, mit wem er zusammenarbeitet. So könnte er aus seiner Sicht sicherstellen, dass beide in etwa den gleichen Wissensstand haben.

Wie auch immer ein aktuelles Problem entstanden ist, wichtig für die Lösung ist allein, das angestrebte Ziel zu kennen, um dann Wege dahin zu beschreiben. Die Ideen für diese Wege entstammen zumeist den eigenen Erfahrungen, den Erfahrungen dessen, der das Problem beschreibt und das Ziel erreichen möchte.

Praxistipp

Und doch ist es in vielen Situationen so, dass die meisten Menschen gerne erst einmal von ihren Problemen berichten möchten. Es ist in solchen Momenten ratsam, ihren Ausführungen zuzuhören, sie ernst zu nehmen und das Problem wertzuschätzen. Die Kunst liegt darin, keine Fragen zum Verständnis des Problems zu stellen – diese würden nur weiter in das Problem hineinführen – sondern stattdessen Verständnis zu zeigen für die Misere und dann danach zu fragen, was denn anders wäre, wenn das Problem beseitigt wäre.

2.3.6 Lösungssprache schafft Lösungen – Problemsprache schafft Probleme

Das wichtigste Instrument in der lösungsfokussierten Arbeit ist die Sprache. »Die Grenzen meiner Sprache bedeuten die Grenzen meiner Welt«, schreibt [Wittgenstein 1922]. Das heißt, die Grenzen seiner Welt kann man durch die Sprache verändern und somit seine eigene Wirklichkeit. Denn Sprache schafft Wirklichkeit.

Je genauer Sie eine Situation schildern, desto mehr ist es fast so, als wären Sie gerade mittendrin. Vielleicht kennen Sie das: Wenn Sie von einem schlimmen Ereignis aus der Vergangenheit berichten und in möglichst allen Details genau ausführen, wie das damals gewesen ist, fangen Sie an, sich auch körperlich wieder genauso zu fühlen wie damals. Selbst Ihre Körperreaktionen sind dann ähnlich, wie sie damals waren. Sie haben den Eindruck, dasselbe Erlebnis noch einmal zu durchleben.

Das funktioniert auch für Situationen, die Sie noch nicht erlebt haben. Dabei sollten Sie dann jedoch auf das Positive fokussieren. Denn je genauer Sie das Bild Ihrer erwünschten Zukunft skizzieren, desto besser fühlen Sie auch in Ihrem Körper, wie es Ihnen dort ergehen wird. Die Atmung wird vielleicht ruhiger und Sie nehmen eine entspannte Körperhaltung ein.

Dieses Gefühl zieht Sie dann regelrecht – wie ein Magnet – in die Richtung Ihres Ziels. Erst wer formulieren kann, wie das Ziel, also die erwünschte Zukunft genau aussehen soll, wird auch einen Weg dahin finden und es (sie) schließlich erreichen.

Praxistipp

Fragen Sie stets nach Details des Ziels und seiner Auswirkungen und nicht nach Details des Problems. So erreichen Sie eine positive und lösungsorientierte Grundhaltung bei Ihren Mitarbeitern.

Falsche Erinnerungen

Wenn jemand zu den Details eines Problems befragt wird, besteht die Gefahr, dass dadurch falsche Erinnerungen bei dieser Person entstehen [Loftus 1998]. Je nachdem, wie die Fragen dazu formuliert werden, werden auch die Antworten unterschiedlich ausfallen.

Bereits 1974 haben [Loftus & Palmer 1974] eine Studie veröffentlicht, in der Versuchsteilnehmer über einen Autounfall Auskunft geben sollten. Ihnen wurde ein Video mit einem Unfall gezeigt. Danach sollten die Teilnehmer einige Fragen zum Unfall beantworten. Abhängig davon, ob sie gefragt wurden, wie schnell die Autos waren, als sie *ineinanderkrachten* oder als sie *sich berührten*, wurde zum Beispiel die Geschwindigkeit der Fahrzeuge unterschiedlich eingeschätzt. Bei einer späteren Befragung gab es dann sogar Teilnehmer, die sich an zerbrochenes Glas am Boden erinnerten, obwohl es im Video nicht zu sehen war.

Die Forschungsergebnisse von Loftus bestärken weiter darin, wann immer es möglich ist, die Lösungssprache der Problemsprache vorzuziehen. Sollte es doch notwendig sein, in der Problemsprache zu bleiben, zum Beispiel wenn ein Team Gelegenheit bekommen soll, sich Probleme von der Seele zu reden, muss dabei sorgfältig auf die Formulierung der Fragen geachtet werden.

2.3.7 Kein Problem tritt ohne Unterbrechung auf – es gibt immer Ausnahmen, die genutzt werden können

Jene Sprache, die ein Problem beschreibt, beinhaltet oft Worte wie *immer*, *nie*, *dauernd*, *ständig* oder *ist*. Diese und ähnliche Begriffe deuten auf ein unveränderliches Bestehen, eine Stabilität des beschriebenen Problems hin. Nur gibt es so etwas wie Stabilität im Leben nicht. Jeder Moment ist für sich einzigartig und nicht wiederholbar. Daher ist auch ein bestehendes Problem in seiner Intensität in jedem Moment verschieden. Mal wirkt es groß und schwer und mal wird es kaum wahrgenommen.

Die Suche nach jenen Momenten, in denen das Problem kleiner und leichter war, kann Aufschluss darüber geben, welche Umstände für dieses erlebte *Besser* verantwortlich waren. Darin stecken Lösungsansätze, die nutzbar sind für die Erreichung der erwünschten Zukunft, also ein dauerhaftes *Besser* der jetzt noch problemhaften Situation.

Normalerweise richtet sich der lösungsfokussierte Blick eher in Richtung Zukunft als in die Vergangenheit. Hier lohnt es sich, eine Ausnahme zu machen.

Praxistipp

Nutzen Sie, wann immer Sie selbst ein Problem beschreiben, Worte wie *bisher* oder *im Moment noch* anstatt stabilisierender Ausdrücke wie *immer* oder *nie*. So leiten Sie ganz nebenbei größere Veränderungsbereitschaft ein – nicht nur bei sich selbst.

Praxisbeispiel zu »Ausnahmen nutzen«

Eine besonders interessante Ausnahme in der Softwareentwicklung sind sicher funktionierende Projekte. Was läuft dort anders als bei jenen Projekten, die fehlschlagen? Ein kleines Beispiel: [Coplien 1994] beschreibt in seinem Artikel, dass das *Borland Quattro Pro® for Windows-Projekt* unter anderem deshalb so erfolgreich war, weil die Entwicklung um tägliche Meetings herum gestaltet wurde, an denen alle Teammitglieder teilgenommen haben. [Sutherland 2014] schreibt, dass er diese Erkenntnis genutzt hat, um daraus das Daily Standup in Scrum abzuleiten.

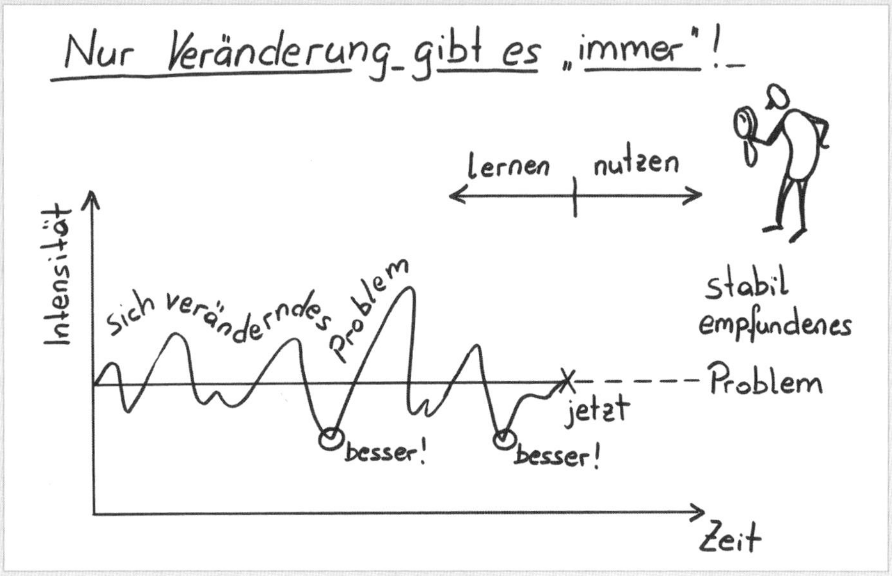

2.3.8 Repariere nichts, was nicht kaputt ist

Manchmal kommt es vor, dass jemand etwas beobachtet, das er für falsch hält. Ein Programmierer bemerkt vielleicht, dass eine Methode im System doppelt vorkommt. Möglicherweise versucht er daraufhin, den offensichtlichen Missstand so schnell wie möglich zu beheben. In diesem Fall hieße das, dass ein Refactoring durchgeführt wird. Problematisch daran ist, dass er den vermeintlichen Missstand nur vom eigenen Blickwinkel aus betrachten kann, also nicht alle Beweggründe kennt, die zu dieser Lösung geführt haben. Durch eine Rückfrage hätte er möglicherweise erfahren, dass der betreffende Entwickler aus gutem Grund gehandelt hatte, zum Beispiel um Abhängigkeiten aufzulösen.

Nicht alles, was auf den ersten Blick kaputt oder falsch wirkt, ist es auch. Häufig gibt es gute und nachvollziehbare Erklärungen für ein bestimmtes Vorgehen. Diese Erklärung erfährt natürlich nur, wer nachfragt. Und wenn es dann keine nachvollziehbare Erklärung gibt, sondern tatsächlich ein Fehler vorliegt – was in einer guten Teamkultur kein Problem, sondern den Beginn eines Wegs zu

Verbesserung darstellt –, ist das gemeinsame Erarbeiten eines Lösungswegs langfristig erfolgreicher.

Wenn der Fehler also einfach behoben wird, ergibt sich daraus mindestens ein neues Problem: Entweder fühlt sich der Entwickler unverstanden und übergangen, dann kann es zu einer Auseinandersetzung oder gar einem Konflikt zwischen beiden kommen, oder der Entwickler lernt nicht, was stattdessen zu tun wäre, und macht denselben Fehler möglicherweise wieder.

Abermals geht es also darum, eigene Hypothesen als solche zu erkennen und nachzufragen, was hinter einem beobachteten Handeln tatsächlich steckt. So können inhaltliche Missverständnisse und auch persönliche Verletzungen vermieden werden.

Praxistipp

Wann immer Sie beim Handeln anderer einen Fehler entdecken, ist die Wertung *Fehler* eine Hypothese. Fragen Sie daher nach, was hinter einem beobachteten Handeln tatsächlich steckt. So können inhaltliche Missverständnisse und auch persönliche Verletzungen vermieden werden.

2.4 Haltungen und Prinzipien auf einen Blick

Die Haltungen und Prinzipien des lösungsfokussierten Ansatzes bilden die Grundlage für die wirkungsvolle Anwendung der später beschriebenen Coaching-Techniken. Eine Coaching-Frage kann noch so brillant gestellt sein – wenn beispielsweise die innere Haltung des Nicht-Wissens dabei fehlt, wird nicht die Antwort des Gegenübers gehört werden, sondern jene, die der Fragende erwartet.

Apropos Coaching-Fragen – die häufigste Interventionsform im lösungsfokussierten Coaching ist die Frage. Fragen so zu formulieren, dass sie auch tatsächlich lösungsfokussiert sind, also die Gedanken des Coachees in Richtung seiner erwünschten Zukunft, auf Funktionierendes und positive Unterschiede lenken, ist fast schon eine Kunstform. Das folgende Kapitel soll Ihnen Einblick in das Stellen lösungsfokussierter Fragen geben. Bestimmt wenden Sie einige der vorgestellten Fragetechniken so oder ähnlich bereits in Ihrem Arbeitsalltag an.

2.5 Selbstreflexion

- Was war in diesem Kapitel für Sie spannend/neu/hilfreich?
- Wann und bei wem möchten Sie in naher Zukunft Ihren Fokus speziell auf vorhandene Stärken und Fähigkeiten legen? Welche Auswirkungen wird das im besten Fall haben?
- Bei welcher Gelegenheit können Sie die Haltung des Nicht-Wissens einsetzen? Was haben Sie vermutlich davon? Wie können andere davon profitieren?
- Was bedeutet das Kokosnuss-Modell für Ihren Arbeitsalltag?

2.6 Experimente und Übungen

- Finden Sie gleich morgen Vormittag mindestens fünf Möglichkeiten, sich bei jemandem zu bedanken, und tun Sie dies. Dabei geht es darum, den Blick auf Kleinigkeiten zu richten, wie das Aufhalten der Fahrstuhltür, das Reichen eines benötigten Kugelschreibers oder auch das Platzmachen im Autobus.
- Beginnen Sie das nächste Meeting damit, gemeinsam zusammenzutragen, was im Moment alles richtig gut funktioniert bei Ihnen in der Zusammenarbeit, in der aktuellen Arbeitsphase oder worum immer es im Meeting gehen soll. Können Sie im weiteren Verlauf Unterschiede zu anderen Meetings beobachten?
- Versuchen Sie an einem beliebigen Tag der kommenden Woche jedes Mal, wenn Sie eine Frage gestellt haben, neugierig und zuversichtlich zu sein und zu bleiben, bis Sie eine Antwort bekommen – egal, wie lange es dauert. Welche Effekte hat dieses Verhalten für Sie bzw. Ihre Gesprächspartner?

3 Fragen und mehr

»Ob ein Mensch klug ist, erkennt man an seinen Antworten.
Ob ein Mensch weise ist, erkennt man an seinen Fragen.«

(Nagib Mahfuz)

Fragen sind machtvolle Kommunikationsmittel. Ihre Anwendung führt fast immer zu einer Reaktion des Gegenübers. Diese Reaktion fällt allerdings manchmal anders aus als erhofft. Fragen können nämlich nicht nur Auslöser für Antworten sein, sie können auch Widerstand, Angst, Wut, Unverständnis oder Rückzug auslösen. Der Unterschied liegt manchmal in der Umformulierung eines einzigen Worts in der Fragestellung. Die unterschiedliche Wirkung von Fragen zu erkennen und dann auswählen zu können, welche Frage für eine bestimmte Situation passend erscheint, ist Ziel und Inhalt dieses Kapitels.

Die hier vorgestellten Frageformen wurden im Laufe der Zeit von vielen Coaches, Therapeuten, Sprachwissenschaftlern und anderen Personen entwickelt und in zahlreichen Werken beschrieben, wie unter anderem in [Szabó & Berg 2006; De Jong & Berg 2008; Meier & Szabó 2008; Prior 2009; Hargens 2011; Kindl-Beilfuß 2011; Burgstaller 2015]. In diesem Kapitel werden zunächst Alltagsfragen näher beleuchtet und lösungsfokussierte Fragetechniken vorgestellt, die in jeder Art von Gesprächen angewandt werden können.

Gönnen Sie sich selbst die Zeit, jene Fragen, die Sie für sinnvoll halten, bewusst zu stellen. Möglicherweise möchten Sie manche Frage so umformulieren, dass sie besser zu Ihnen und Ihrem täglichen Sprachgebrauch passt.

3.1 Alltagsfragen

Betrachten Sie zunächst jene Fragen, die Sie vermutlich auch bisher schon täglich verwenden. Haben Sie sich Gedanken darüber gemacht, wann und wozu Sie welche Fragen wie stellen? Ihr bewusster und passender Einsatz bewirkt einen enormen Unterschied für den Verlauf von Coaching- und Teamsituationen.

Die offene (öffnende) Frage

Die offene oder auch öffnende Frage dient dazu, Informationen vom Gesprächspartner zu erhalten. Sie lädt dazu ein, Gedanken mitzuteilen. Daher ist sie in jeder Form von Informationsaustausch gegenüber der geschlossenen Frage, bei der *Ja* und *Nein* die einzigen Antwortmöglichkeiten sind, zu bevorzugen:

- »Was meint ihr zu dieser Idee?«
- »Was möchtet ihr erreichen?«
- »Wie könnte dieses Problem gelöst werden?«

Die geschlossene Frage

Die geschlossene Frage kann nur mit *Ja* oder *Nein* beantwortet werden. Sie hat ihre Bedeutung im Abschluss von Gesprächsabschnitten, wenn es darum geht, zu einer Übereinstimmung zu kommen oder andere eindeutige Entscheidungen zu fällen:

- »Stimmt ihr dem Gesagten zu?«
- »Denkt ihr, wir kriegen das hin?«
- »Seid ihr bereit, im vereinbarten Zeitraum das umzusetzen, was ihr euch vorgenommen habt?«

Die gerichtete Frage

Bei der gerichteten Frage wird der Befragte direkt gefordert. Die Antwort beginnt dabei zwangsläufig mit *Ich* ... oder *Wir* ... Diese Frageform ist geeignet, um nach den konkreten nächsten Schritten zu fragen, nach Vereinbarungen oder nach einer direkten Expertise:

- »Wie würdet ihr diese Sache angehen?«
- »Was könnt ihr zur Verbesserung beitragen?«
- »In welchem Zeitraum könnt ihr das hinbekommen?«

Die ungerichtete Frage

Die ungerichtete Frage ist allgemeiner formuliert. Sie hat das Sammeln von vielen verschiedenen Antwortmöglichkeiten zum Ziel, aus denen dann eine passende ausgewählt werden kann. Durch die Verwendung von Wörtern wie *man* anstatt *du* oder *ihr* bleibt jede Antwort unverbindlich. Die ungerichtete Frage lässt daher viel Kreativität zu.

»Wie könnte *man* dieses Problem lösen?« erlaubt, Ideen öffentlich auszusprechen, ohne Sorge zu haben, sie auch gleich umsetzen zu müssen. Der Gesprächspartner fühlt sich als Experte um die eigene Meinung gebeten. Die Formulierung,

»Wie könntest *du* dieses Problem lösen?« (gerichtete Frage) klingt dagegen wie eine Aufforderung dazu, das, was nun geantwortet wird, auch in die Tat umzusetzen. Deshalb wird eine ungerichtet formulierte Frage gerade in heiklen Situationen oft eine größere Zahl an Antworten und Ideen hervorbringen, die eine breite Basis an Möglichkeiten für die weitere Arbeit bieten:

- »Wie könnte man diese Sache angehen?«
- »Was wäre nötig, um die Arbeitsleistung zu verbessern?«
- »Was müsste passieren, damit die Wahrscheinlichkeit der Umsetzung steigt?«

Die Klärungsfrage

Die Klärungsfrage dient, wie der Name schon sagt, zur Klärung von nicht nachvollziehbaren Inhalten oder Beobachtungen:

- »Wie genau meinst du das?«
- »Wie ist das zu verstehen?«
- »Was möchtest du damit erreichen?«

Praxistipp

Es gibt noch ein zweites praktisches Anwendungsfeld. Bei gefühlten persönlichen Angriffen kann anstelle von Gegenangriff, Rückzug oder Ohnmacht noch die Variante gewählt werden, nachzufragen: »Wie genau meinen Sie das?« So können einige Sekunden an Zeit gewonnen werden, um sich eine passende Reaktion zu überlegen.

Zwei weitere Klärungsfragen haben wir bei *Clean Language* [Sullivan & Rees 2009] gefunden, die sogenannten *Lazy Jedi Questions*. Sie helfen bei der Konkretisierung von Begriffen und dabei, noch mehr darüber zu erfahren. Die Fragen lauten:

- »Welche Art von X ist dieses X?«
- »Was kannst du mir noch über X erzählen?«

Zum Beispiel:

- »Welche Art von ›glücklich‹ ist dieses ›glücklich‹?«
- »Was kannst du mir noch über ›glücklich‹ erzählen?«

- »Welche Art von ›Buch‹ ist dieses ›Buch‹?«
- »Was kannst du mir noch über ›das Buch‹ erzählen?«

Die hypothetische Frage

Diese Frageform passt wunderbar in den lösungsfokussierten Coaching-Ansatz. Sie fokussiert die bessere Zukunft und fragt danach, wie es dort, hypothetisch betrachtet, wohl aussehen könnte. Damit unterstützt sie das Formulieren eines Zielbilds und kann daher unter anderem bei der Zielerarbeitung sehr gut eingesetzt werden:

- »Angenommen, wir hätten das Ziel erreicht, welche Auswirkungen hätte das für unsere Kunden?«
- »Gesetzt den Fall, der Kollege würde sich anders verhalten, wie würdest du daraufhin reagieren?«
- »Wenn wir eine positive Fehlerkultur bei uns im Team hätten, was wäre dann möglich, was jetzt noch nicht möglich ist?«

3.2 Coaching-Fragen

Lösungsfokussierte Coaching-Fragen folgen einem bestimmten Muster. Sie wollen den Fokus auf das Funktionierende lenken, sind meist zukunftsgerichtet und erweitern die Anzahl der Wahlmöglichkeiten. Sie helfen beim Konkretisieren und Schärfen des jeweiligen Zielbilds.

3.2.1 Skalierungen

Die Skalierungsfrage eignet sich hervorragend dazu, bereits gemachte Fortschritte sichtbar zu machen und die nächsten Schritte in Richtung Ziel zu erarbeiten [Szabó 2007].

Skalen sind vielfältig einsetzbar. Sie funktionieren mit Einzelpersonen genauso gut wie mit Teams. Man kann sie auf ein Blatt Papier oder ein Flipchart zeichnen, am Boden in beliebiger Größe auflegen, um sich hineinzustellen, oder auch mit Handzeichen – zum Beispiel vom Oberschenkel bis über den Kopf – arbeiten.

Der Ablauf dieser mehrstufigen Frageform soll hier Schritt für Schritt verdeutlicht werden.

Schritt 1: Eine Skala von 0 bis 10 darstellen

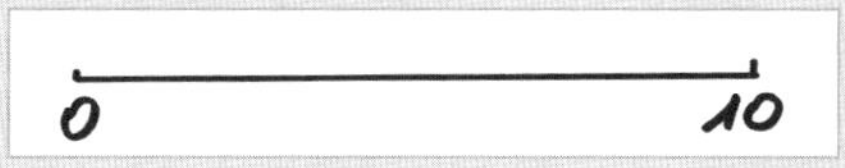

In der Literatur wie der Praxis finden sich auch Skalen von 1 bis 10. Da wir hier mit den Unterschieden arbeiten, die auf der Skala sichtbar werden, ist es egal, ob die Skala mit 0 oder lieber mit 1 beginnt.

Schritt 2: Den aktuellen Standort bestimmen

Der Befragte wird nun gebeten, den aktuellen Standort zu markieren, auf dem er sich derzeit auf seinem Weg vom Start (0) zum Ziel (10) befindet.

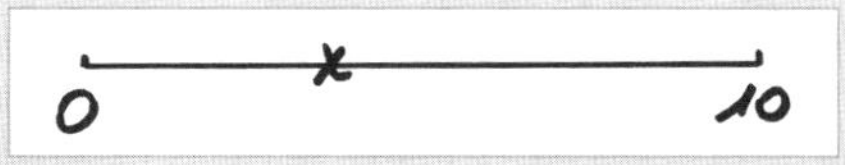

- »Wo stehst du derzeit auf einer Skala, bei der 0 bedeutet, dass du gerade erst begonnen hast, dich mit dem Thema zu beschäftigen, und 10, dass du dein Ziel erreicht haben wirst?«

Schritt 3: Funktionierendes sammeln

Der bezogene Wert auf der Skala bietet viele Anhaltspunkte, um zu erarbeiten, was schon funktioniert. Der Fokus darauf stärkt die Zuversicht und das Vertrauen in die eigenen Fähigkeiten. Hier können auch positive Unterschiede aufgezeigt und nutzbar gemacht werden.

- »Wie kommt es, dass du schon dort bist (und nicht mehr bei 0)? Und wie hast du das geschafft?«

Schritt 4: Das Ziel konkretisieren

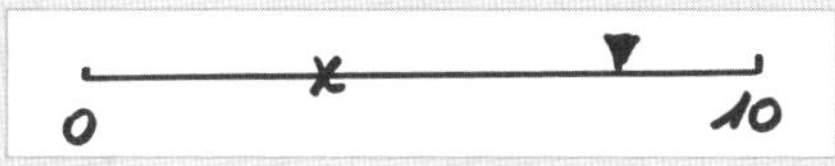

Als Nächstes wird das Ziel konkretisiert – es ist nicht immer der Fall, dass die 10 das tatsächliche Ziel ist, das erreicht werden will.

- »Welchen Wert auf der Skala möchtest du erreichen?«

Manche Personen möchten gerne die 10 erreichen, andere jedoch sind schon bei der 7 oder 8 am Ziel. Oft wird erkannt, dass die Erreichung von 10 zu viel Aufwand benötigt und ein kleinerer Schritt ausreicht.

An dieser Stelle kann die Zieldefinition noch einmal geschärft werden:

- »Was ist dort (am Ziel) anders als beim aktuellen Wert?«
- »Woran erkennst du, dass du deinen Zielwert erreicht hast?«
- »Woran erkennen es andere?«
- »Angenommen du bist am Ziel, was wird dadurch für dich möglich?«

→

Schritt 5: Den nächsten Schritt skalieren

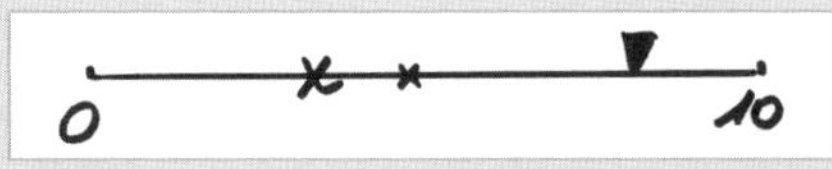

Um Fortschritte auf dem Weg zum Ziel zu machen, ist es hilfreich, den nächsten kleinen Schritt sehr genau zu kennen.

- »Woran wirst du erkennen, dass du auf der Skala einen Punkt weiter gekommen bist?«
- »Und woran noch wirst du dies erkennen?«
- »Wie wird es dir gelungen sein, diesen Schritt zu machen?«

Durch diese Fragen sollen die kleinen Zeichen des Fortschritts in den Fokus gerückt werden. Auch geht es darum, viele Wahlmöglichkeiten und Ideen zu eröffnen, sodass der Befragte die für sich passenden konkreten Handlungen auswählen kann. Diese Handlungen werden am besten schriftlich erfasst, sodass der Befragte sie jederzeit bei Bedarf auch vor Augen haben kann.

Die einfache Struktur der Skalierung bietet drei unterschiedliche Fokuspunkte für das Gespräch [Iveson+ 2012, S. 79]:

1. Eine realistische Beschreibung der gewünschten Zukunft
2. Eine Aufzählung von all jenen Dingen, die schon in Richtung des gewünschten Ziels gehen – inklusive der bisher schon erreichten Erfolge
3. Das Erkennen möglicher Fortschritte in der unmittelbaren Zukunft

Praxistipp

Bei der Arbeit mit Teams werden Skalierungen auch als Aufstellung der Teammitglieder im Raum durchgeführt. Dabei beziehen die Personen mit ihren Körpern Stellung zur Situation und der gewünschten Zukunft. Sie können dadurch spüren, ob eine Position richtig für sie ist oder nicht. Sie können auch die Unterschiede zwischen den Positionen besser wahrnehmen. So wird auch das *Bauchgefühl* miteinbezogen.

Die Standpunkte der Teammitglieder werden so deutlich, dass sie sich über die Unterschiede austauschen können. Häufig fällt dabei auf, dass trotz unterschiedlicher Skalierung einer Situation durch die Einzelpersonen die Aussagen zu dem, was schon funktioniert oder wie es werden soll, sich stark ähneln. Diese Erkenntnis hilft den Teammitgliedern dabei, mehr Verständnis füreinander aufzubringen und somit Konflikte zu reduzieren.

Zum Abschluss dieses Abschnitts folgt hier noch eine kleine Anekdote aus Ralphs Praxis. Er wurde eingeladen, ein Teamcoaching für einen seiner Kunden durchzuführen. Zu Beginn vereinbarte er gemeinsam mit diesem Team ein Ziel für das Coaching. Danach wurde eine Skalierung durchgeführt, um zunächst den aktuellen Standpunkt auf dem Weg zum Ziel zu ermitteln. Die Teammitglieder erzählten auch viele Details darüber, was schon alles in der Vergangenheit funktioniert hat. Anschließend fragte Ralph, welchen Skalenwert sie in der Zukunft erreichen wollen. Sie ordneten sich auf 5 bis 7 ein und konnten auch viel darüber berichten, was dort dann anders sein würde.

Einer Eingebung folgend wollte Ralph noch wissen, wo sie auf dieser Skala zu jenem Zeitpunkt gewesen wären, als die betreffende Situation bisher aus ihrer Sicht am besten war. Da machten die Teammitglieder doch tatsächlich einen Schritt vorwärts in Richtung der 10! In der Vergangenheit gab es also einen Moment, in dem die Situation schon besser war als die, die sie nun anstrebten. Damit hatte Ralph nicht gerechnet und so ergaben sich für ihn viele neue Fragen nach vorhandenen Ressourcen, Kompetenzen und Unterschieden. Lassen Sie sich von solchen unerwarteten Momenten nicht irritieren, sondern bleiben Sie neugierig und lösungsfokussiert. Das Verhalten der Teammitglieder ließ sich übrigens damit erklären, dass dieser beste Moment in der Vergangenheit das Team zu viel Kraft gekostet hat, um ihn dauerhaft aufrechtzuerhalten.

Multiskalierung

Gerade bei komplexen Zielen ist es oft sinnvoll, die verschiedenen Teilaspekte sicht- und damit nutzbar zu machen. Bei der Multiskalierung [Meier & Szabó 2008, S. 96 f.; Szabó 2017] funktioniert das mit einer Hauptskala, auf der der Fortschritt zum jeweiligen Ziel dargestellt wird, und mit etwa fünf Subskalen. Dieses Format haben wir selbst bisher nur mit Einzelpersonen angewendet, etwa um Scrum Master oder Product Owner zu unterstützen. Wenn Sie es sich vorstellen können, klappt die Sache bestimmt auch mit Ihrem Team.

Nutzen Sie die bereits bekannte Skalierungsfrage und beginnen Sie folgendermaßen:

- »Auf einer Skala von 0 bis 10, bei der 10 bedeutet, dass das Ziel vollständig erreicht ist, und 0 das Gegenteil davon, wo stehst du im Moment?«

Nachdem Ihr Gesprächspartner sich auf einen Wert festgelegt hat und dieser auf der Skala markiert wurde, fahren Sie folgendermaßen fort:

- »Welche fünf Aspekte haben dazu beigetragen, dass du schon bei X stehst und nicht mehr bei 0?«

Notieren Sie die fünf Teilaspekte und bereiten Sie für jeden davon eine weitere Skala vor. Ihr Gegenüber wird im nächsten Schritt danach gefragt, wie gut jeder einzelne Teilaspekt bereits gelingt, und der genannte Wert wird in die dazugehörige Skala eingetragen.

Anschließend soll beantwortet werden, wie weit eine Verbesserung mindestens als notwendig gesehen wird, und auch diese Zielwerte werden in den Subskalen markiert.

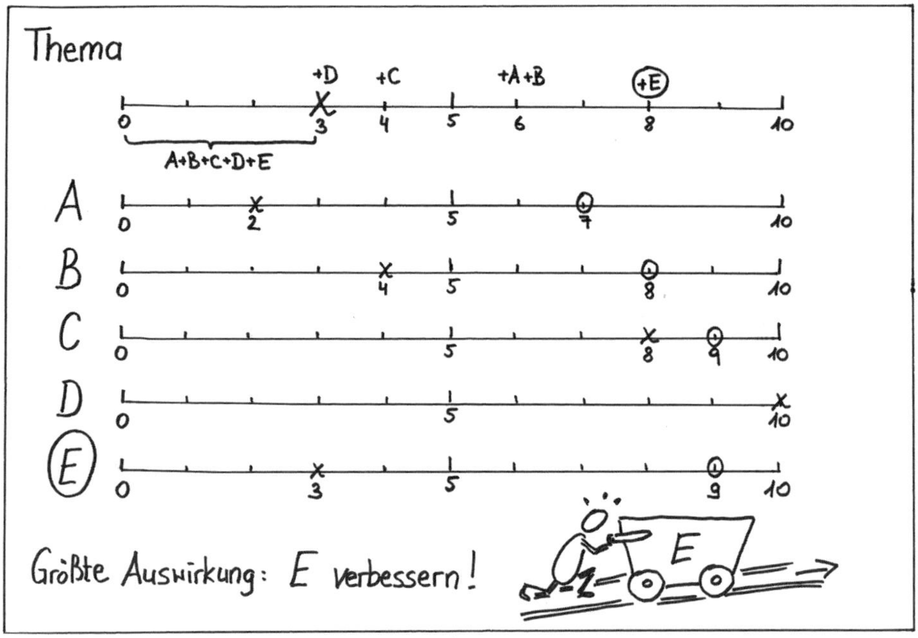

Sobald alle Vorarbeiten erledigt sind, wenden Sie sich wieder der Hauptskala zu und fragen, inwieweit eine Verbesserung der einzelnen Teilaspekte eine Veränderung auf der Hauptskala bewirken würde. So erhält Ihr Gesprächspartner einen gut sichtbaren Anhaltspunkt dafür, bei welchem Thema eine Weiterarbeit besonders lohnenswert im Hinblick auf die Zielerreichung ist.

Das Skalenkreuz

Eine einfache und wirkungsvolle Form der Multiskalierung, also der gleichzeitigen Verwendung mehrerer Skalen, stellt das Skalenkreuz dar. Dazu werden zwei zehnteilige Skalen, eine senkrecht und eine waagrecht, so übereinandergelegt, dass sie sich im Punkt 5 treffen.

Der Vorteil bei der Nutzung des Skalenkreuzes ist, dass zwei Fragen gleichzeitig gestellt werden können. Besonders zum Einstieg in ein Workshopthema oder in ein Teamcoaching hat sich dieses Vorgehen bisher bestens bewährt. Allerdings ist darauf zu achten, dass das Team aus maximal zehn Personen besteht. Für größere Gruppen sind andere Einstiegsmethoden zeiteffizienter (Sie finden mögliche Alternativen für Einstiegsinterventionen für große Gruppen im Abschnitt 6.6).

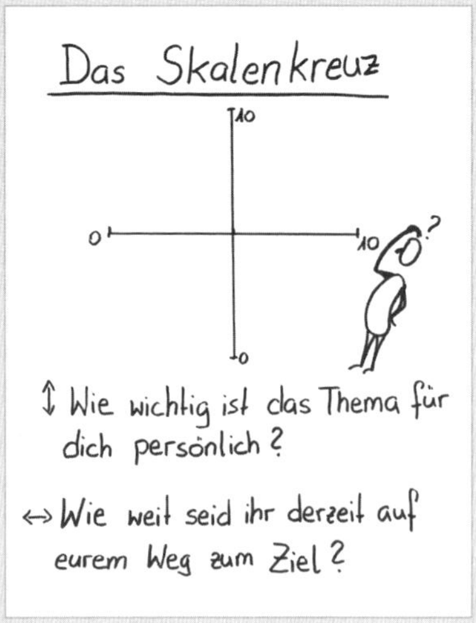

→

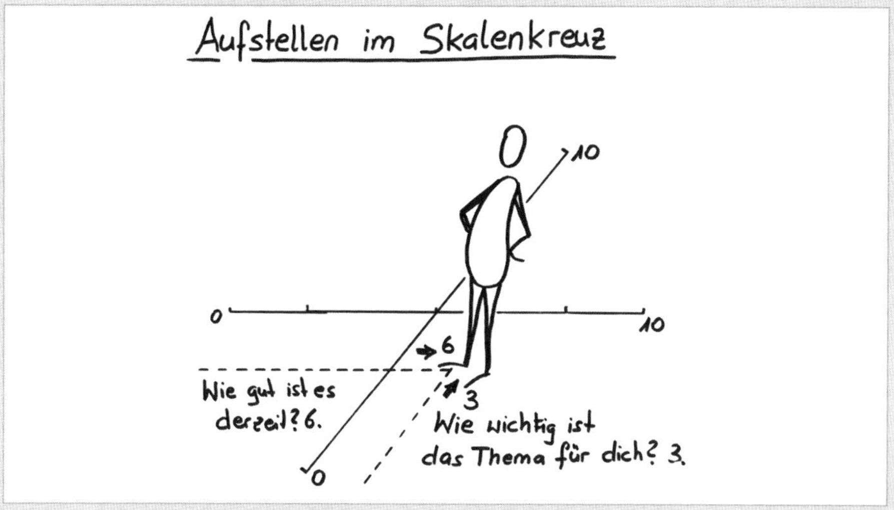

In der Praxis funktioniert das Skalenkreuz gut, indem die beiden Skalen möglichst groß per Malerkreppband auf den Boden geklebt werden. Jeweils am linken Ende der waagrechten Skala und am unteren Ende der senkrechten ist ein PostIt™ mit einer *0* zu platzieren. Am rechten Ende der waagrechten und am oberen Ende der senkrechten Skala muss dementsprechend eine *10* positioniert werden. Dazu sollte ein Flipchart mit den zwei Skalenfragen und zusätzlich mit zwei Reflexionsfragen vorbereitet werden.

Zum Beispiel kann zum Thema *Vertrauen im Team* auf einer Skala gefragt werden:

- »Wie wichtig ist für dich persönlich das Thema *Vertrauen im Team*?«

Und auf der anderen Skala:

- »Wie groß ist das Vertrauen im Team aus deiner Sicht derzeit?«

Bitten Sie die Teammitglieder, sich alle gleichzeitig in den Kreuzungspunkt ihrer jeweiligen beiden Antworten zu stellen. Meist ist es ratsam, als Moderator diesen Prozess selbst zu demonstrieren. Weisen Sie sicherheitshalber darauf hin, dass beim gemeinsamen Aufstellen im Skalenkreuz keine Verdrängung anderer notwendig ist, um die gewünschte Position einnehmen zu können. Sollte diese bereits besetzt sein, so wird sie nach der Beantwortung der Reflexionsfragen wieder frei. Dann kann nachgerückt werden.

Wenn alle Teammitglieder sich entsprechend positioniert haben, werden an jene, die bereits dort stehen, wo sie tatsächlich stehen möchten, die beiden Reflexionsfragen gestellt. Nach Beantwortung der beiden Fragen wird die betreffende Person gebeten, wieder Platz zu nehmen. Passende Reflexionsfragen sind unter anderem:

- »Wie kommt es, dass du genau da stehst?«
- »Was soll heute hier passieren, damit dieses Coaching/dieser Workshop für dich persönlich sinnvoll gewesen sein wird?«

→

Natürlich kann das Skalenkreuz auch gezeichnet werden und die Darstellung der jeweiligen Positionen etwa mittels Klebepunkten erfolgen. So kann allerdings der große Vorteil, dass alle Teammitglieder mit ihrem ganzen Körper *Stellung* zum jeweiligen Thema beziehen, verloren gehen. Durch dieses *Stellungbeziehen* wird das Ankommen im Coaching bzw. Workshop für alle Beteiligten erleichtert.

Oft wird die zweite Reflexionsfrage genutzt, um etwaige Unstimmigkeiten anzusprechen. Also zum Beispiel: »Für mich ergibt dieses Coaching keinen Sinn. Ich habe das Vertrauen ins Team verloren und bin sicher, dass es nicht möglich ist, dieses in zwei Stunden wiederherzustellen, egal was passiert.« Diese oder ähnliche Informationen sind aus mehrfacher Sicht wichtig für Sie als Coach oder Moderator. Einerseits ist es immer besser zu wissen, was die Anwesenden beschäftigt, um Reaktionen besser einschätzen zu können. Andererseits hat die betreffende Person schon zu Beginn aussprechen können, was sie bedrückt, und kann sich ab diesem Zeitpunkt gedanklich mit inhaltlichen Dingen beschäftigen. Zudem haben Sie so die Möglichkeit, sich für die Offenheit zu bedanken. Auch dafür, dass die Person trotzdem dabei ist. Und Sie können sie dazu einladen, Bescheid zu geben, wann immer eine Idee auftaucht, wie dieser Workshop vielleicht doch zu einer Verbesserung der Situation beitragen kann.

Die Zuversichtsskala

Auf die gleiche Art und Weise lassen sich erarbeitete Maßnahmen am Ende einer Besprechung überprüfen. Dies dient dazu, etwaige noch vorhandene Zweifel an der Umsetzung anzusprechen und so weit als möglich auszuräumen. Dadurch können innere Widerstände vermieden und somit die Wahrscheinlichkeit der Umsetzung deutlich erhöht werden.

- »Auf einer Skala von 0 bis 10 – wobei 10 bedeutet, dass ihr sehr, sehr zuversichtlich seid, das Vereinbarte auch umzusetzen, und 0 bedeutet, dass ihr es für nahezu unmöglich haltet – wie zuversichtlich, würdet ihr sagen, seid ihr derzeit?«

Die Zuversichtsskala hilft dabei,

1. zu überprüfen, ob die erarbeiteten Resultate auch das Zeug dazu haben, tatsächlich umgesetzt zu werden,
2. über noch vorhandene eventuelle Zweifel zu sprechen und Wege zu finden, mit diesen Zweifeln gut umzugehen,
3. die Verbindlichkeit der Abmachung zu erhöhen.

Gegebenenfalls ist es hilfreich, noch über Möglichkeiten zur Erhöhung der Zuversicht bei allen Beteiligten zu sprechen, um erkannte Hindernisse offenzulegen und dafür Lösungen zu finden:

- »Was würdet ihr noch benötigen, um etwas zuversichtlicher sein zu können?«
- »Was muss in den nächsten Tagen passieren, damit die Zuversicht gleich hoch bleibt?«

3.2.2 Bewältigungsfragen

Manchmal kommt es vor, dass die Befragten auf einer Skala von 0 bis 10, bei der 10 bedeutet, dass alles so ist, wie es sein soll, und 0 das Gegenteil davon, sich bei der 0 platzieren. Sie sehen dann nichts Positives in ihrer aktuellen Situation. Hier können Bewältigungsfragen dabei helfen, wenigstens ganz kleine Unterschiede sichtbar zu machen.

Mithilfe dieser Frageform kann es gelingen, die Aufmerksamkeit der Gesprächspartner vom Misslungenen bzw. den Ängsten und Vorbehalten wegzulenken. Stattdessen wird die Aufmerksamkeit wieder darauf gerichtet, was sie schon tun, um mit ihrer Situation zurechtzukommen. Es geht also um die Fokussierung auf die kleinen positiven Unterschiede:

- »Wie habt ihr es bisher geschafft, ...?«
- »Wie haltet ihr das aus?«
- »Was gibt euch Kraft?«
- »Was war hilfreich, dass ihr es geschafft habt?«
- »Wie kommt es, dass alles nicht noch schlimmer ist?«

3.2.3 Nach Ausnahmen fragen

Gemäß dem lösungsfokussierten Prinzip *Kein Problem tritt ohne Unterbrechung auf – es gibt immer Ausnahmen, die genutzt werden können* fokussiert diese Fragetechnik die positiven Ausnahmen und Unterschiede in der Vergangenheit. Dort stecken häufig brauchbare Lösungsansätze und Ideen für das Erreichen des aktuellen Ziels:

- »Wann gab es in den letzten Wochen Zeiten, in denen das Problem nicht da war/euch nicht belastet hat/weniger schlimm war?«
- »Wer hat was getan, damit es zu dieser Ausnahme gekommen ist?«
- »Wie ist es zu dieser Ausnahme gekommen?«

3.2.4 Die Wunderfrage

Die Wunderfrage ist entstanden, als Insoo Kim Berg eine Klientin hatte, die überzeugt war, ihr könne nur noch ein Wunder helfen [De Jong & Berg 2008, S. 141 f.; De Shazer & Dolan 2008, S. 70 f.]. Berg war sehr kreativ im Formulieren von lösungsfokussierten Fragen und so wurde die Wunderfrage geboren. An eine Teamsituation angepasst, würde die Wunderfrage in etwa so lauten:

- »Stellt euch vor, ihr geht heute Abend nach Hause und tut das, was ihr normalerweise am Abend tun. Vielleicht esst ihr eine Kleinigkeit, lest noch ein wenig oder seht fern und schließlich geht ihr zu Bett. Ihr schlaft heute sehr rasch ein, weil ihr so richtig angenehm müde seid. Während ihr heute Nacht schlaft und das ganze Haus ruhig ist, geschieht ein Wunder. Das Wunder besteht darin, dass das Problem, das euch derzeit beschäftigt, gelöst ist. Allerdings wisst ihr nicht, dass das Wunder geschehen ist, weil ihr ja schlaft. Wenn ihr also morgen früh aufwacht, woran werdet ihr zuallererst bemerken, dass ein Wunder geschehen und das Problem, das ihr jetzt habt, gelöst ist?«

Diese Wunderfrage ist die Einleitung zu einem Gespräch über die erwünschte Zukunft. Um ihre Wirksamkeit zu erhöhen, sind die folgenden Fragen anzuschließen:

- »Was werdet ihr als Erstes bemerken?« und: »Was noch?«
- »Was werdet ihr als Reaktion auf dieses Wunder tun?«
- »Wer wird es noch bemerken?«
- »Woran wird diese Person es bemerken?«
- »Wenn sie das bemerkt, wie wird sie darauf reagieren?«
- »Und wie werdet ihr darauf reagieren?«

Lassen Sie sich alles ganz genau im Detail beschreiben. Ermutigen Sie zu noch mehr Details mit der »Und was noch?«-Frage. Fokussieren Sie auch darauf, was die beteiligten Personen tun würden, nachdem das Wunder geschehen ist. Lassen Sie die Teammitglieder mögliche Aktionen und Reaktionen anderer auf das Wunder beschreiben. Involvieren Sie das ganze Team, andere Abteilungen, Vorgesetzte, Kunden etc. in das Wunder. Für viele Menschen ist die erwünschte Zukunft nach dieser Übung viel klarer und greifbarer als zuvor. Oftmals finden sich in den Antworten auch schon konkrete Hinweise auf mögliche umsetzbare Aktionen.

3.2.5 Zirkuläre Fragen

Zirkuläre Fragen laden dazu ein, eine Situation aus einem anderen Blickwinkel zu betrachten und dadurch den eigenen Möglichkeitenraum zu erweitern [Simon & Rech-Simon 2009]. Dabei ist es nicht relevant, ob der Blickwinkel einer Person, eines Tieres oder eines Gegenstandes eingenommen wird. Zirkuläre Fragen führen häufig zu einem Aha-Erlebnis beim Befragten und können in vielen unterschiedlichen Situationen eingesetzt werden:

- »Wer kennt euch besonders gut?«
- »Woran wird diese Person erkennen, dass das Problem nicht mehr da ist?«
- »Was würde diese Person zu diesem Thema sagen?«

3.2.6 Zwischenfragen

Die wahrscheinlich am häufigsten eingesetzte Frageform stellen die Zwischenfragen dar. Die absolute Lieblingsfrage der Autoren soll an dieser Stelle gleich zu Beginn behandelt werden.

- »Was noch?«

Der Mensch geht grundsätzlich so sparsam wie möglich mit seinen Energiereserven um. Das ist gut so. Nicht wissend, was ihn an einem Tag noch alles erwarten wird, setzt er für die Erledigung seiner aktuellen Aufgaben so viel Energie wie nötig und so wenig wie möglich ein. Wenn ihm also eine Frage gestellt wird, ist es völlig natürlich und nachvollziehbar, dass die erste Antwort energiesparsam erfolgen wird, in der Hoffnung, der Anforderung zu genügen. Erst wenn die Frage »Was noch?« nachfolgt, ist der Befragte gefordert, tiefer nachzudenken. So können wertvolle Informationen zutage gefördert werden. Das funktioniert allerdings nur dann, wenn Sie selbst als Fragender daran glauben, dass da noch weitere Antworten kommen werden, wenn Sie diese Frage stellen.

Praxistipp

Achten Sie auf die Formulierung:

- »Was noch?« ist eine offene Frage und führt zu Informationsfluss.
- »Noch was?« ist eine geschlossene Frage, die zu einer »Ja«-, meistens jedoch einer »Nein«-Antwort führt.

Stellen Sie die Frage auch nonverbal, indem Sie die Gesprächspartner abwartend und auffordernd – vielleicht auch neugierig – anschauen und warten.

Die nächste Zwischenfrage dient dazu, negativ formulierte Aussagen zu hinterfragen (siehe Abschnitt 3.3.7 zu *nicht* und *kein* vermeiden). Sie unterstützt dabei, auszudrücken, was sein soll, anstatt das, was nicht sein soll. Sie kann jedes Mal gestellt werden, wenn die Worte *nicht* oder *kein* in einer Aussage auftreten. Wenn also beispielsweise ein Mitarbeiter erklärt, er sei nicht dazu bereit, Teambesprechungen in dieser Form weiterhin beizuwohnen, könnte die Frage »Was wünschst du dir stattdessen?« dazu beitragen, wertvolle Ideen zur Verbesserung zu erhalten:

- »Was stattdessen?«

Die dritte Zwischenfrage will den Sinn einer Aussage oder eines beobachteten Verhaltens erfragen. Sie regt den Befragten auch dazu an, darüber nachzudenken, was er mit seinem Handeln oder seiner Aussage erreichen möchte – was also sein Ziel ist, das er verfolgt (vgl. Abschnitt 4.2.2):

- »Wozu?«

Oft wird die Frage nach dem *Warum* zu diesem Zweck gestellt. Diese Frage führt allerdings sehr leicht mitten in ein Problem hinein, um dort nach Gründen und möglichen Schuldigen zu suchen. Deshalb ist es empfehlenswert, diese Frage weitgehend aus dem Sprachgebrauch zu streichen und durch die Frage »Wozu?« zu ersetzen. »Wozu?« führt direkt in die gewünschte Zukunft, hilft zu verstehen und Sinn zu finden.

3.2.7 Metafragen

Bisher tritt der Coach als Experte des Fragens auf. Doch auch die Teammitglieder können für sich hilfreiche Fragen formulieren. Sie sind schließlich die besten Experten für ihre Situation.

Es gibt verschiedene Anlässe, in denen die Teammitglieder durch Metafragen eingebunden werden können. Zum einen kann das Team so verstärkt in den Lösungsfindungsprozess involviert werden. Zum anderen soll es darin bestärkt werden, sich selbst Fragen zu stellen und zu beantworten, um neue Einsichten und Lösungen zu entwickeln – auch außerhalb des Coachings. Manchmal fällt dem Coach einfach keine passende Frage ein –, dann ist es ebenfalls sinnvoll, das Team einzubeziehen.

Eine Frage, die den Coaching-Ablauf betrifft und nicht den Inhalt, wird als Metafrage bezeichnet. Solche Fragen können sein:

- »Welche Frage wäre nun hilfreich für euch?«
- »Was könnte ich noch fragen, um euch dabei behilflich zu sein, die Situation aus einer anderen Perspektive zu betrachten?«
- »Was könnte ich euch nun fragen, sodass ihr eure gewohnten Denkmuster verlasst und neue kreative Ideen entwickelt?«
- »Was noch könnte ich euch fragen, um euch beim Entwickeln von neuen Ideen zu unterstützen?«
- »Was könnten wir hier jetzt noch gemeinsam tun, damit ihr noch einen Schritt weiter kommt?«
- »Was könnten wir noch anschauen, um die Konsequenzen der nächsten Schritte besser zu betrachten?«

Nachdem Teammitglieder Fragen oder Ideen entwickelt haben, werden diese vom Coach aufgegriffen und verwendet. Entweder kann die Frage direkt wiederholt werden oder es reicht ein neugieriges »Und?«, um zur Beantwortung aufzufordern.

Manche Fragen dienen auch zur Reflexion des bisherigen Gesprächs, um dadurch neue Anknüpfungspunkte zu finden. Zum Beispiel:

- »Wie geht es euch mit den bisherigen Fragen? Was war hilfreich für euch?«

In der lösungsfokussierten Coaching-Arbeit wird stets auf dem aufgebaut, was bereits funktioniert. Wenn es also hilfreiche Momente im Gespräch gab, kann man dahin wieder zurückkehren. Danach könnte man wieder nach der nächsten passenden Frage fragen.

Eine andere Form der Metafragen ist hilfreich, um das Coaching-Gespräch für sich als Coach zu reflektieren. Dies geschieht oft still im Hintergrund mit Gedanken wie:

- Wie läuft das Gespräch bisher?
- Welche Fragen waren bisher hilfreich?
- Welche anderen Fragen könnte ich stellen?
- Hat die Antwort inhaltlich zu meiner Frage gepasst?
  Wenn nicht, ist es sinnvoll, die Frage zu wiederholen?
- Welche Anknüpfungspunkte bieten die Antworten?
- Welche Haltung habe ich diesen Menschen gegenüber?

3.3 Sprachliche Interventionen

Neben den Fragetechniken sind auch verschiedene sprachliche Interventionen im Coaching gebräuchlich. Die meisten von ihnen können – genau wie die Fragetechniken – in jeder beliebigen Art von Gesprächsführung hilfreich sein. Einige der hier vorgestellten Interventionen sind unter anderem auch in [Prior 2009] zu finden.

3.3.1 *Wert*schätzen

Ist Wertschätzung tatsächlich eine Intervention? Oder ist sie vielmehr eine Haltung? Tatsächlich ist Wertschätzung eine Intervention, die nur dann die gewünschte Wirkung erzielt, wenn sie mit der passenden inneren Haltung entgegengebracht wird. Wertschätzung sollte also immer auch tatsächlich ernst gemeint sein. Sie als pure Intervention anzuwenden, um dadurch zum Beispiel eine besondere Form der Kooperation zu erreichen, wird in den allermeisten Fällen augenblicklich enttarnt und wirkt dann in enormem Ausmaß in die entgegengesetzte Richtung.

Beim Formulieren von Wertschätzung ist es ratsam, immer die Ich-Form zu verwenden

- »Ich bin beeindruckt, wie ihr diese Sache gelöst habt.«

anstatt die Du-Form: »Diese Sache habt ihr gut gelöst.« Der Unterschied liegt darin, dass mit der Ich-Botschaft eine persönliche Einschätzung oder auch ein persönliches Gefühl ausgedrückt wird.

Mit der Verwendung der Du-Form hingegen entsteht eher der Eindruck einer Be*Urteil*ung als einer *Wert*schätzung. Hier wird Leistung nicht mehr geschätzt, sondern beurteilt – aus einer Position des objektiven Wissens heraus. Der Beurteiler stellt sich damit meist unwissentlich eine Ebene über die wertzuschätzenden Personen, als könne er aus sicherer Quelle sagen und bestimmen, was *gut* ist und was nicht.

Wertschätzung hat in der Praxis viele Gesichter. So wird etwa das Ansprechen mit dem Namen oftmals als Wertschätzung erlebt. Auch die Bitte um Hilfe oder um einen Expertenrat sind Möglichkeiten, Wertschätzung zu geben. Sich bei anderen – auch für Kleinigkeiten oder *Selbstverständlichkeiten* – zu bedanken, ist eine weitere von vielen Möglichkeiten, Wertschätzung zu zeigen.

[Rising 2010] hat einen bewegenden Artikel zum Wert der Wertschätzung geschrieben. Darin zeigt sie Beispiele, wie die Zusammenarbeit in Teams durch das Ausdrücken von Wertschätzung verbessert wurde. Aus der Forschung zur Positiven Psychologie ist auch bekannt, dass Wertschätzung einen gesundheitsfördernden Aspekt für jene Person hat, die die Wertschätzung gibt [Fredrickson 2011].

3.3.2 Paraphrasieren oder Zusammenfassen

Manchmal kann es vorkommen, dass eine Person eine negative Situation in großer Ausführlichkeit schildert. Nachdem Sprache bekanntlich Wirklichkeit schafft, wirkt das so beschriebene Problem dann häufig größer, als es tatsächlich ist. Die gehörte Geschichte dann kurz und prägnant zusammenzufassen, hilft einerseits dabei herauszufinden, ob der Kern der Botschaft verstanden wurde. Andererseits lässt eine solche Zusammenfassung das Problem auch wieder etwas kleiner und überschaubarer erscheinen.

Praxisbeispiel zu »Paraphrasieren«

Eine solche Problemschilderung könnte folgendermaßen lauten: »Es ist wirklich unmöglich, wie in diesem Team nicht kommuniziert wird. Wann immer ich etwas fragen möchte, wird mit den Augen gerollt, anstatt zu antworten. Wobei – meistens ist ohnehin keiner greifbar, der meine Fragen beantworten könnte.« »Genau. Und wenn dann mal kommuniziert wird, dauert es keine Minute, bis der erste Streit ausbricht. Jeder ist gleich persönlich beleidigt, wenn mal irgendein Fehler angesprochen wird.« »Nicht nur dann. Manche Personen hier brauchen sowieso ständig Standing Ovations für jede Kleinigkeit, die sie erledigt haben. Man traut sich ja schon gar nichts mehr sagen!« »Moment – von wem redest du da? Doch nicht etwa von dir selbst?«

→

Eine Paraphrasierung ist in solchen Momenten zur Unterbrechung der Problemdarstellung hilfreich. Sie könnte beispielsweise so lauten:

- »Wenn ich euch richtig verstanden habe, seid ihr mit der derzeitigen Gesprächskultur in eurem Team unzufrieden.«

Holen Sie sich die Bestätigung der Teammitglieder durch Nicken ein, bevor Sie mit weiteren Fragen fortfahren. Im nächsten Schritt wären hier das Ziel und seine Auswirkungen zu klären, also:

- »Was soll stattdessen sein und was wäre dann anders?«

3.3.3 Normalisieren

Ähnlich wie beim Paraphrasieren geht es auch hier darum, den Eindruck einer mit viel Emotion drastisch dargestellten Situation zu versachlichen. Dazu wird die Aussage des Problembringers wiederholt. Mit den einleitenden Worten »Verstehe ich das so richtig, dass ...« wird dabei sichergestellt, dass der Coach dazu bereit ist, sich inhaltlich korrigieren zu lassen. Dann werden alle Emotionswörter weggelassen und nur sachliche Inhalte beschrieben. Diese Versachlichung hilft dem Team dabei, die eigenen blockierenden Emotionen beiseitezustellen. Eine Weiterarbeit in Richtung Zieldefinition wird dadurch erst möglich.

Praxisbeispiel zu »Normalisieren«

Zum Beispiel könnte ein Team die Zusammenarbeit mit einem Kunden folgendermaßen beschreiben:

»Du kannst dir nicht vorstellen, wie viele wirklich unfähige Menschen man in einem Büro versammeln kann! Die tun dort anscheinend nichts anderes, als Kaffee zu trinken und vom nächsten Urlaub zu träumen. Anders kann ich mir das nicht erklären!« »Ja – die sind ja nicht mal bereit, die einfachsten Informationen zur Verfügung zu stellen. Wahrscheinlich haben sie die nicht. Klassischer Fall von ›Ich weiß zwar nicht, was ich will, das aber bitte bis vorgestern und mit möglichst vielen Extras zum halben Preis‹!«

Eine Normalisierung kann hier den Dreh in Richtung Zieldefinition einleiten und könnte zum Beispiel so formuliert werden:

»Verstehe ich das so richtig, dass die Zusammenarbeit mit diesem Kunden für euch schwierig ist, weil ihr wichtige Informationen zur Weiterarbeit nicht bekommt?«

3.3.4 Reframing oder Umdeutung

Reframing heißt »etwas in einen neuen Rahmen setzen«. Im Zusammenhang mit Coaching bedeutet das, einen neuen Blickwinkel auf eine Situation zu erlangen und dadurch die Handlungsmöglichkeiten zu erweitern. Das funktioniert, indem man den Ort, den Zeitpunkt, bestimmte Personen, Werte oder dergleichen gedanklich an einer Situation verändert, um zu sehen, wie sich die Situation dadurch verändern würde.

Reframing soll dabei helfen, den möglichen Vorteil im vermeintlichen Nachteil zu erkennen – ganz nach dem Motto: »Wer weiß, wozu das, was gerade ist, gut ist?« Auf die Aussage: »Ich habe das alles nicht im Griff!«, wäre eine passende Reframing-Antwort etwa: »Wer nicht alles im Griff hat, hat dafür die Hände frei.« Im Wesentlichen können zwei Arten von Reframing unterschieden werden – das *Kontextreframing* und das *Bedeutungsreframing* [Wilhelm o.J.; Bandler & Grinder 1982].

Jedes Verhalten hat seine Berechtigung – dem Kontext entsprechend. Beim *Kontextreframing* wird ein als unerwünscht empfundenes Verhalten vom aktuellen Kontext befreit und in einen neuen Rahmen übertragen, in dem es nützlich ist. Das »Problem« wird somit nicht gelöst, sondern an eine nützliche Stelle verschoben. Daraus ergeben sich zwei Fragen:

- »Wann wäre dieses Verhalten nützlich?«
- »Wo wäre dieses Verhalten eine Ressource?«

Oder anders gefragt:

- »In welchem anderen Rahmen machen dieses Verhalten, diese Fähigkeit oder auch dieses Problem Sinn?«
- »Stellt euch vor, diese Situation würde woanders (zu einem anderen Zeitpunkt/mit anderen Personen) passieren. Was wäre dann anders?«

Praxisbeispiel zu »Kontextreframing«

Folgendes Beispiel soll das Kontextreframing verdeutlichen: Ein Team hat entschieden, weniger Storys als sonst ins Sprint Backlog aufzunehmen. Der Product Owner ist mit dieser Entscheidung unzufrieden. Im Gespräch mit dem Product Owner fragt der Coach, wann dieses Verhalten nützlich wäre. Er antwortet, dass das Team so auf mehr Qualität achten könnte. Auch könnten die Teammitglieder den Sinn der Anforderungen noch nicht ganz verstanden haben und schützen sich und den Kunden vor vielen zukünftigen Nacharbeiten. Möglicherweise fallen dem Product Owner noch mehr mögliche Situationen ein, in denen das Verhalten des Teams nützlich und sinnvoll wäre. Dieses Reframing könnte dann zu einer konstruktiven Diskussion zwischen dem Product Owner und dem Team führen.

→

Ein zweites Beispiel: Ein Fehler wirft das Team zeitlich zurück. Der Coach fragt, unter welchen Umständen das Auftauchen des Fehlers gut und hilfreich gewesen wäre. Die Antworten darauf kann das Team verwenden, um seine Arbeitsumgebung so anzupassen, dass Fehler früher erkannt und behoben werden können.

Manchmal wird einem Verhalten oder einer Situation eine negative Bedeutung zugeschrieben. Beim *Bedeutungsreframing* wird nun eine andere, positive Bedeutung gesucht. *Er ist stur* kann, positiv gesehen, auch *er ist verlässlich, konsequent oder durchsetzungsfähig* bedeuten. Diese Intervention soll ebenfalls dazu führen, dass die handelnden Personen neue hilfreichere Sichtweisen entwickeln bzw. sich zumindest mit einem Verhalten oder einer Situation versöhnen können. Fragen, die dabei hilfreich sein können, sind:

- Was könnte es noch bedeuten?
- Könnte es nicht auch ... bedeuten?
- Welchen Vorteil/Nutzen hat dieses Verhalten?

Praxistipp

Zum Verständnis des Bedeutungsreframings kann folgende Übung beitragen: Der Build-Prozess dauert mal wieder länger und Sie ärgern sich im ersten Moment. Wie könnten Sie diesen Umstand für sich oder das Team positiv nutzen? Versuchen Sie zehn positive Aspekte zu finden.

Die veränderte Sichtweise auf eine unliebsame Situation oder ein unerwünschtes Verhalten ermöglicht es, Ressourcen zu erkennen und nutzbar zu machen. So wird der Weg zu einer besseren Zukunft geebnet.

Praxistipp

Reframing sollte man nicht erklären. Meist kann das Team von selbst damit etwas anfangen. Wenn nicht, so war es ein Versuch und man geht einfach weiter im Gespräch. Falls es geklappt hat, sieht man oft ein Lächeln, etwas Irritation oder sogar Sprachlosigkeit.

3.3.5 Verflüssigen

Ähnlich wie beim Reframing gilt es auch hier, die Worte des jeweiligen Gesprächspartners leicht abgeändert zu wiederholen, nun mit dem Ziel, aus einer scheinbar unveränderbaren Situation eine veränderbare zu gestalten [Simon & Weber 1988; Simon & Rech-Simon 2009, S. 271; Simon & Weber 2012, S. 73 ff.]. Es soll also eine neue sprachliche und damit vorstellbare Dynamik entstehen.

Gerade bei Problembeschreibungen werden häufig verfestigende Worte wie *immer* oder *nie* verwendet. Wahrscheinlich haben Sie auch schon Sätze gehört, die so ähnlich klingen wie diese:

- »Der kommt immer zu spät.«
- »Der hört mir nie zu.«
- »Dieses Team ist immer unzufrieden.«
- »Dem kann man einfach nichts recht machen.«

Die verfestigenden Worte deuten darauf hin, dass hier eine – gefühlt – unveränderbare Situation vorliegt. Solange das der Fall ist, wird das Team sich nur schwer auf lösungsfokussierte Zielarbeit einlassen. Die Teammitglieder glauben einfach nicht an die Möglichkeit einer Veränderung.

Um hier Abhilfe zu schaffen, kann beispielsweise das Wort *noch* oder auch *derzeit* in die Wiederholung eingebaut werden. So entsteht eine Verflüssigung, also zumindest die sprachliche Möglichkeit einer Veränderung. Auch hier ist die Wiederholung unbedingt als Frage zu formulieren, um wiederum den Gesprächspartnern die Möglichkeit zu bieten, inhaltlich zu widersprechen.

Wenn jemand zum Beispiel sagt: »Ich bin zu dumm. Ich versteh das einfach nicht!«, wäre eine Verflüssigung in etwa so formuliert:

- »Das heißt also, dass du das bisher noch nicht verstanden hast?«

Durch eine solche Formulierung wird die Möglichkeit einer zukünftigen Veränderung in den Fokus gerückt und der Blick auf die aktuelle Situation verändert sich. Worte wie *bisher* und *noch nicht* eignen sich gut, um in einen starren Gedanken Bewegung zu bringen:

- »Heißt das, der Kollege kam bisher immer zu spät?«
- »Verstehe ich Sie richtig, Sie haben den Eindruck, der Kollege hätte Ihnen bisher nie zugehört?«
- »Dieses Team war also bisher immer unzufrieden?«
- »Verstehe ich Sie richtig, Sie denken, dass Sie Ihrem Chef bisher noch nichts recht machen konnten?«

Praxistipp

Achten Sie dabei darauf, dass Sie die Umformulierung als Frage stellen, die auch wieder verneint werden kann. Es passiert nämlich allzu leicht, dass hier vom Coach Ziele gehört werden, die der Gesprächspartner anders gemeint hat.

Die Verflüssigung des Problems führt zur Zuversicht, dass die aktuelle Situation veränderbar ist. Anstatt Opfer der Situation zu sein, kann man also Gestalter der eigenen Zukunft werden: »Ich habe es bisher noch nicht verstanden und das kann ich ändern, wenn ich den richtigen Weg dazu finde.«

3.3.6 Metamonolog

Erfahrene Coachs haben auch den Mut, den Coaching-Ablauf und das weitere Vorgehen in einem Metamonolog vor den Anwesenden zu betrachten. Dabei ist die Wertschätzung der Anwesenden in dem Monolog extrem wichtig, sodass sich diese weiterhin gut aufgehoben fühlen. Bitten Sie darum, Ihnen eine kurze Reflexionspause zu geben. Sagen Sie, dass Sie laut sprechen werden, sodass all jene, die es interessiert, hören können, was Ihnen durch den Kopf geht. Dann könnte so ein Metamonolog etwa wie folgt klingen:

»Ich finde es beachtlich, wie das Team in der Situation reagiert. Die Teammitglieder zeigen so viel Engagement und möchten das Beste für die Firma erreichen.« Dies gilt natürlich nur, wenn Sie davon auch überzeugt sind. Sie erinnern sich, Wertschätzung muss ehrlich sein. »Sie haben auch schon so viele Ressourcen wie ... «, diese sollten nun konkret benannt werden. »Ich frage mich ...« – hier können Sie nun die eine oder andere Frage aufwerfen. Ein »Was wäre wenn ...« ist natürlich auch möglich. Hilfreich ist es, wenn der Monolog wieder mit einer Anknüpfungsmöglichkeit für das Team endet, wie: »Ich frage Sie einmal, in welche Richtung wir nun weiter vorgehen sollen.« Stellen Sie dann auch die Frage nochmals direkt. Es ist schließlich nicht unbedingt davon auszugehen, dass Ihnen alle bei Ihrem Monolog zugehört haben.

Ein Metamonolog dient der eigenen Orientierung und auch dazu, dem Team eine kurze Pause im Coaching zu geben. Oft führen diese öffentlich gemachten Gedanken zu neuen Ideen bei den Teammitgliedern. Sollten Sie einen Co-Coach dabeihaben, dann kann solch eine Reflexion auch als Metadialog zwischen Ihnen beiden gut funktionieren.

Das virtuelle Reflecting-Team

Rolf Dräther erwähnte die Idee eines Metadialogs mit dem ganzen Team, die an dieser Stelle ergänzend vorgestellt werden soll. Dabei stellen sich alle Teammitglieder hinter ihre Stühle und besprechen dort – in ihrer Metaposition –, was sie davor in der sitzenden Diskussion wahrgenommen haben. Der Vorteil dieser Intervention ist, dass alle Anwesenden direkt in den Prozess des Darüber-Redens einbezogen sind.

Die veränderte Position der Teammitglieder erleichtert dabei das emotionale Abstandnehmen von der eben geführten Diskussion. Mit diesem Blick *von oben* kann besser über das Gespräch reflektiert werden, ohne inhaltlich wieder mit einer Diskussion zu beginnen.

3.3.7 *Nicht* und *kein* unbedingt vermeiden

Um ein Ziel erreichen zu können, muss man es kennen. Nur zu wissen, dass man den nächsten Sommerurlaub *nicht* in China verbringen möchte, hilft noch wenig bei der Buchung des Fluges im Reisebüro. Dort ist es – ähnlich wie bei einer Bestellung im Restaurant – für jedermann klar, dass das formuliert werden muss, was auch tatsächlich gewollt wird. Zum Beispiel: »Ich möchte diesen Sommer gerne eine Reise per Mietwagen durch Neuseeland machen.« Oder: »Bringen Sie mir doch bitte ein Wiener Schnitzel mit Kartoffelsalat.«

Negative Formulierungen bewirken oft das Gegenteil von dem, was man eigentlich möchte. Das menschliche Gehirn kann die Worte *nicht* und *kein* nur mit großem Aufwand verarbeiten. Wenn Sie also im Reisebüro bekannt geben, dass Sie *nicht nach China* wollen, taucht im Kopf des Beraters sehr wahrscheinlich erst mal das Bild *Urlaub in China* auf. Er muss dieses Bild nun mühsam aktiv löschen, um Ihre eigentlichen Wünsche wahrnehmen zu können [Wales & Grieve 1969; Clark & Chase 1972; Kaup 2001; Budiu & Anderson 2005; Hasson & Glucksberg 2006].

Bei Coaching-Gesprächen ist es für viele Menschen zuerst schwierig zu sagen, was genau sie eigentlich wollen. Das Beschreiben dessen, was *nicht* oder auch *nicht mehr* gewollt wird, fällt meist deutlich leichter. Auch hier ist das Umformulieren des negativen Ziels in ein positives Ziel notwendig, um eine Verbesserung zu erreichen. »Ich möchte nicht mehr dick sein« hilft eher dabei, langfristig dicker und dicker zu werden, als den gewünschten Zustand des Schlankerseins zu erreichen.

Es gibt Fragetechniken, die andere dabei unterstützen, ihre Anliegen positiv zu formulieren. Bleiben Sie in Fällen von negativer Formulierung konsequent und bleiben Sie dran, bis ein positives Ziel ausgesprochen wurde:

- »Was soll stattdessen erreicht werden?«
- »Das möchtet ihr also nicht mehr ..., sondern ...?«

Achten Sie sehr genau auf Ihre eigene Sprache. Wie häufig verwenden Sie selbst die Worte *nicht* oder *kein*? Auch Ihrem Umfeld fällt es leichter, Ihren Wünschen Folge zu leisten, wenn Sie diese positiv formulieren. Sollten Sie trotz aller Vorsicht doch einmal eine negative Aussage benutzen – und sollte es Ihnen auffallen –, können Sie einfach ein »und stattdessen möchte ich ...« hinzufügen.

Dasselbe Prinzip gilt übrigens auch für die Begriffe »mehr« statt »weniger«, »öfter« statt »seltener« oder – ganz allgemein – »hin zu« statt »weg von«.

3.3.8 *Und* statt *aber*

Das kleine Wort *aber* kann einer positiv gemeinten Aussage sehr schnell zu einer unliebsamen Wende verhelfen. Sagt jemand: »Das haben Sie gut gemacht, aber die Methode muss noch geändert werden«, dann führt dies selten zu einem »Ok« und meist zu einer Diskussion. Wie das Wort *aber* letztlich aufgenommen wird, hängt vom jeweiligen Empfänger ab.

Bei einigen Menschen führt es dazu, den ersten Teilsatz, der vor dem Wort *aber* gesagt wurde, einfach zu vergessen. Er wird gedanklich ausradiert. Dann wird nur noch der zweite Teilsatz wahrgenommen. Im vorangestellten Beispiel also wäre dies: »Die Methode muss noch geändert werden.« Schade um das verpasste Lob »Das haben Sie gut gemacht«, finden Sie nicht?

Andere Menschen interpretieren das Wort *aber* als Negation des Gesagten. Damit verstehen sie in diesem Beispiel, dass sie es ganz und gar nicht gut gemacht haben. Dann wird das Lob sogar kontraproduktiv. Im noch schlimmeren Fall geht der Empfänger in Widerstand und nimmt den zweiten Teilsatz vor Wut nicht mehr wahr.

Marshall B. Rosenberg sagt in seinen Trainings, »dass man einem wütenden Menschen niemals ein *Aber* ins Gesicht sagen soll« [Rosenberg 2010, S. 138]. Wenn möglich, stellen Sie sich diesen Ausspruch im englischen Original vor: »Never throw your but(t) into the face of an angry person!« Das würden Sie doch tatsächlich nicht tun – oder?

Die Empfehlung lautet daher, das Wort *aber* durch das verbindende Wort *und* bzw. durch *darüber hinaus* zu ersetzen. So kann die erste Aussage neben der zweiten bestehen, ohne negiert zu werden.

3.3.9 Geduld und Mut zur Stille

Hier ist gleichzeitig eine Haltung des lösungsfokussierten Arbeitens noch einmal angesprochen. Wenn der Gesprächspartner auf eine Frage nicht gleich antwortet, heißt es geduldig und neugierig zu bleiben. Anderenfalls ist die Gefahr groß, einen Gedankengang zu unterbrechen und damit die gestellte Frage zu entwerten. Außerdem gibt die entgegengebrachte Geduld dem Gesprächspartner das Signal, dass der Fragende fest davon ausgeht, dass hier eine Antwort gefunden werden kann.

Zusammengenommen bilden diese beiden Aspekte eine gute Grundlage für Antworten. Erst wenn der Gesprächspartner sagt, dass er die Frage nicht verstanden hat oder dass ihm dazu nichts einfällt, ist der Zeitpunkt gekommen, eine neue Frage zu stellen oder die Frage umzuformulieren.

3.3.10 Pausen

Wann immer ein Prozess festzustecken scheint, eine Wendung im Gesprächsverlauf erwünscht oder eine neue Idee zur weiteren Vorgehensweise benötigt ist, empfiehlt es sich, eine Pause zu machen.

Egal ob im Einzel- oder Teamgespräch: Eine gezielt herbeigeführte Unterbrechung führt zu Bewegung. Die Anwesenden stehen auf, verlassen vielleicht sogar kurz den Raum, führen ein Gespräch oder prüfen rasch ihre E-Mails am Mobiltelefon. Wie auch immer eine Pause genutzt wird, es findet ein gedanklicher und meist auch körperlicher Positionswechsel statt. Währenddessen haben auch Sie als Coach die Möglichkeit, Ihre Gedanken zu ordnen, kurz frische Luft zu schnappen oder auf andere Weise neue Energie und Kreativität zu generieren. Im Anschluss, wenn alle Beteiligten wieder zurück sind, kann mit frischem Elan fortgefahren werden.

3.3.11 Experimente verschreiben

Am Ende eines lösungsfokussierten Coaching-Gesprächs ist es üblich, dem Gesprächspartner ein Experiment zu empfehlen. Es basiert auf den Inhalten des Gesprächs und kann daraus logisch abgeleitet sowie auch kreativ erfunden werden [Scheel+ 2004]. Sie finden solche Experimente am Ende eines jeden Kapitels in diesem Buch. Dabei werden, ähnlich wie bei einem ärztlichen Rezept, die Art und Dauer der Umsetzung vorgeschlagen. Deshalb wird im Coaching-Jargon oft vom *Verschreiben* von Experimenten gesprochen.

Bei einem Experiment handelt es sich allerdings nicht um einen Auftrag, dessen Erledigung später überprüft wird. Vielmehr ist es eine Anregung, wie die Ergebnisse des Gesprächs möglichst wirkungsvoll in den beruflichen oder privaten Alltag übertragen werden können. Es werden dabei verschiedene Formen von Experimenten unterschieden [De Jong & Berg 2008, S. 187 ff.].

Beobachtungsexperimente

Bei *Beobachtungsexperimenten* soll – wie der Name schon sagt – beobachtet werden, was sich in der nächsten Zeit an einem bestimmten Sachverhalt verändert und welche Regelmäßigkeiten dabei zu entdecken sind. Die Beobachtung an sich ist das Einzige, was der Gesprächspartner dabei zu tun hat:

- Zum Beispiel:
  »Beobachtet in den kommenden Tagen, in welchen Situationen *Pair Programming* für euch hilfreich ist und was diese Situationen gemeinsam haben.«

Handlungsexperimente

Handlungsexperimente zielen in Richtung eines veränderten Verhaltens des Gesprächspartners. Häufig wird dabei auf den Zufall – mittels Würfel oder Münze – gesetzt, um Unterschiede sichtbar zu machen:

- Zum Beispiel:
  »Werft im kommenden Sprint jeden Morgen beim Daily Standup eine Münze. Bei Kopf führt ihr dann ein personenzentriertes Daily Standup (siehe auch Abschnitt 8.4) durch, bei Zahl ein aufgabenzentriertes.«

Ritualexperimente

Ritualexperimente sollen den Unterschied im eigenen Erleben sichtbar machen. Dabei wird vorgeschlagen eine Verhaltensänderung für einen gewissen Zeitraum regelmäßig – also wie ein neues Ritual – umzusetzen und dabei darauf zu achten, welchen Unterschied das im eigenen Erleben macht:

- Zum Beispiel:
  »Beginnt von nun an für mindestens zehn Tage jedes Daily Standup mit einer Dankesrunde. Dabei bedankt sich jede Person reihum bei ihrem Nachbarn für eine geleistete Hilfestellung, ein offenes Ohr in einer bestimmten Situation oder Ähnliches.«

Die meisten Teams sind sehr kreativ darin, eigene Experimente zu finden, die sie durchführen wollen und für sinnvoll halten. Die Wahrscheinlichkeit, dass solche selbst gefundenen Aufgaben tatsächlich ausgeführt werden, ist wesentlich höher als bei verschriebenen Experimenten.

3.4 Selbstreflexion

- Was war in diesem Kapitel für Sie spannend/neu/hilfreich?
- Welche Fragen stellen Sie im Laufe eines Arbeitstags? Gibt es darunter *Lieblingsfragen,* die Sie besonders häufig nutzen?
- Wie sehr sind es Ihre Kunden bzw. Kollegen gewohnt, von Ihnen Lösungen für ihre Probleme zu erhalten? Wie oft stellen Sie auch bisher schon lieber Fragen, als Antworten zu geben?
- Welche der hier vorgestellten Fragen bzw. Interventionen möchten Sie in den nächsten Tagen gerne einsetzen und auf ihre Wirkung hin testen?

3.5 Experimente und Übungen

- Versuchen Sie, wenn Sie dazu Lust haben, an einem beliebigen Tag in der kommenden Woche das Wort *warum* zu vermeiden und durch das Wort *wozu* zu ersetzen. Welche Auswirkungen können Sie beobachten?
- Experimentieren Sie bei Ihrem nächsten Auftragsklärungsgespräch mit der Frage »Was noch?«. Welche Auswirkungen hat das Stellen dieser Frage für Sie bzw. für Ihren Gesprächspartner und für das Besprechungsergebnis?
- Gleich heute Abend könnten Sie ein Gespräch mit jemandem führen, den Sie gut kennen, und von Ihrem Tag erzählen. Achten Sie dabei darauf, jedes *aber* durch ein *und* zu ersetzen. Vielleicht gelingt es Ihnen auch zu zählen, wie oft Ihr Gesprächspartner das Wort *aber* benutzt? Welche Wirkung hat das Experiment aus Ihrer Sicht für Sie und für Ihren Gesprächspartner?
- Notieren Sie gleich jetzt die Antworten auf die folgenden Fragen:
  - Was ist Ihnen heute schon gut gelungen? Worauf sind Sie stolz?
  - Wem haben Sie heute schon geholfen? Und wie?
  - Was würden Sie – rückblickend betrachtet – jetzt eventuell anders machen?

4 Die Lösungspyramide

Ein lösungsfokussiertes Coaching durchzuführen, braucht neben dem Einnehmen von wichtigen inneren Haltungen, dem Befolgen von grundlegenden Prinzipien und dem Beherrschen von lösungsfokussierten Fragetechniken nun noch eines: Struktur. Mit der hier beschriebenen »Lösungspyramide« soll Ihnen ein einfacher Fahrplan für ein solches lösungsfokussiertes Gespräch angeboten werden.

Jedes lösungsfokussierte Gespräch durchläuft im Wesentlichen vier Phasen. Sie werden in Form einer Lösungspyramide in nebenstehender Abbildung dargestellt.

Diese Phasen können in unterschiedlichen Arten von Meetings, Kundengesprächen, Mitarbeitergesprächen, Konfliktmoderationen etc. herangezogen werden. Sie dienen sowohl zur eigenen Vorbereitung als auch als Leitfaden zur Durchführung.

4.1 Der Boden – das Thema

Die Pyramide steht bildlich auf dem Thema, um das es in dem Gespräch geht. Dieser Boden beinhaltet die Problematik und all die Erfahrungen, die bereits dazu gemacht worden sind. Dieses Wissen ist da. Auf ihm baut die Pyramide auf. Und daher ist er nicht Teil der Lösungspyramide. Das bedeutet, dass dem Thema so viel Raum gegeben werden soll, wie es benötigt, jedoch nicht mehr. Vertiefende Fragen werden erst ab der ersten Ebene der Lösungspyramide gestellt, um das

Einsinken in den »Problemsumpf« zu verhindern und den Weg in Richtung Lösung offenzuhalten.

Eine gute Möglichkeit, den Boden zu bereiten, ist es, sich bei den Anwesenden für ihr Kommen und ihre Zeit zu bedanken. Diese Form der Wertschätzung soll nicht nur eine Nettigkeit sein, sondern auch deutlich machen, dass alle hier freiwillig erschienen, also an einer Mitarbeit am jeweiligen Thema interessiert sind.

Steve de Shazer verstärkte dies noch, indem er zu Beginn seiner Sitzungen oft etwas in der Art sagte wie: »Erst einmal möchte ich euch danken, dass ihr heute hierher gekommen seid. Ich hoffe, dass das, war wir hier tun ... zusammen tun, dass das hilfreich sein wird. Dafür gibt es keine Garantie. Ich kann garantieren, dass ich mein Bestes tue. Ich nehme an, ihr werdet das auch. Und wir schauen einfach, was geschieht« [De Shazer & Dolan 2008, S. 119]. Damit machte er gleich von Beginn an klar, dass die Arbeit nur zum Erfolg führen kann, wenn alle Anwesenden ihren Teil dazu beitragen. Es ist eben nicht der Coach, der die Lösung erarbeitet. Seine Rolle ist es, den Prozess dahin anzuleiten. Oft klingen die Darstellungen eines Problems nach einer solchen Einleitung bereits anders als ohne sie. Der Sprung auf die erste Ebene der Pyramide kann dadurch leichter fallen.

Der Übergang vom Problemfokus zum Zielfokus

Es stellt sich die Frage: Wie kann es gelingen, diese erste Ebene zu erreichen? Wie schafft man es, den Boden des Problems oder Themas zu verlassen und den gedanklichen Dreh in Richtung der besseren Zukunft hinzubekommen?

Die Antwort ist einmal mehr: Wertschätzung. Nur, wer das Gefühl hat, sein Problem ist verstanden und wertgeschätzt worden, es also in »guten Händen« weiß, hat auch die Sicherheit, es loszulassen. Der Sprung auf die Lösungspyramide ist wahrscheinlich eine wichtige Schlüsselstelle im lösungsfokussierten Gesprächsablauf. Messen Sie diesem Moment daher ausreichend Bedeutung bei. Jetzt gilt es, Feingefühl zu zeigen und auf den Bauch zu hören. Empathie und Authentizität sind das Paar, das Sie hier zum Erfolg führen kann. Fühlen Sie sich in die Person hinein, die ihre Ausführungen erzählt. Hören Sie mit dem Herzen zu und überlegen Sie, was dieser Person gerade so wichtig ist und was sie möglicherweise erreichen möchte. Reagieren Sie Ihrem Bauchgefühl entsprechend. Dafür gibt es kein Rezept.

Der eine wird möglicherweise die Hände zusammenschlagen und dabei ein betroffenes Gesicht machen, während der andere verstehend nickt und der Dritte sagt: »Das kann ich mir vorstellen, dass das für Sie belastend ist.« Oder so ähnlich. Was auch immer Sie tun – schätzen Sie die Offenheit Ihres Gegenübers auf Ihre persönliche Art ehrlich wert.

Wenn es Ihnen nicht gelingt, diese Wertschätzung zu zeigen, sind Sie vermutlich die falsche Person, um dieses Gespräch auf lösungsfokussierte Art zu führen. Wenn Sie es hingegen schaffen, Sicherheit zu vermitteln, wird Ihnen der Gesprächspartner oder das Team auf die erste Ebene der Lösungspyramide folgen. Und dann ist der Weg frei für das Erreichen des jeweiligen Ziels.

Praxistipp

Bedanken Sie sich zu Beginn des Gesprächs bei den Anwesenden für ihr Kommen und ihre Zeit. So zeigen Sie auf wertschätzende Weise, dass alle freiwillig hier und daher an der Mitarbeit interessiert sind. Laden Sie auch explizit zum Beitragen und Mitgestalten ein. Vielleicht ähnlich, wie Steve de Shazer es ausdrücken würde:

- »Ich werde mein Bestes geben, damit hier ein gutes Ergebnis erzielt werden kann, und ich bin sicher, dass Sie das auch tun werden.«

Fragen zum Start eines Gesprächs könnten sein:

- »Worum geht es? Was ist das Thema?«
- »Worüber sollen wir sprechen, damit das Gespräch/das Meeting für euch Sinn ergibt?«

Anstatt vertiefende Fragen zu stellen, reagieren Sie am besten – verbal oder auch nonverbal – mit Verständnis und Wertschätzung.

Störungen haben Vorrang

Wenn ein aktuelles Thema ansteht, das die Teammitglieder stark beschäftigt, ist diesem Vorrang zu geben. Selbst, wenn Sie zur Bearbeitung eines bestimmten anderen Inhalts als Coach engagiert worden sind, ergibt es keinen Sinn, dringende Anliegen zu übergehen. Die Teammitglieder sind dann abgelenkt. [Dörner 2004], [Wranke 2009] und andere beschreiben, wie sich vor allem negative Emotionen auf das Denken auswirken. Es gilt daher grundsätzlich die Regel »*Störungen haben Vorrang*« [Cohn 2009, S. 122 f.].

Ein Unternehmen beauftragt beispielsweise einen Coach, der dabei helfen soll, das Thema *Offenheit und Vertrauen im Team* zu bearbeiten. Bei der Auftragsklärung mit dem betreffenden Team stellt sich dann allerdings heraus, dass eine neue Vorgabe vom Management die Gemüter erhitzt und das beauftragte Gesprächsthema kaum Platz hat. Die starke Energie der Teammitglieder, ihre aktuelle Situation hinsichtlich der Vorgaben verbessern zu wollen, kann für die gemeinsame Arbeit genutzt werden. Offenheit und Vertrauen entstehen nebenbei von selbst. So werden Sie als Coach beidem gerecht – den Wünschen des Auftraggebers und den Bedürfnissen des Teams.

Die systemischen Zusammenhänge bedingen, dass Verbesserungen, egal in welchem Bereich sie errungen werden, positiv auf andere Themen wirken. Darauf können Sie sich verlassen. Deshalb dürfen Störungen vorrangig behandelt werden, ohne dass Sie Ihren Auftrag verletzen.

4.2 Die erste Ebene – Ziele und Auswirkungen

Das Ziel zu kennen, macht Erfolg möglich. Es zu verstehen und zu fühlen, macht Erfolg wahrscheinlich!

(Veronika Kotrba)

Die erste Ebene ist der größte Teil der Pyramide. Das Formulieren des Ziels und seiner Auswirkungen braucht Zeit, Geduld und Beharrlichkeit. Es nimmt in Gesprächen oft die Hälfte der gesamten Zeit in Anspruch und damit ist auch seine Bedeutung klar: Ohne ein gut formuliertes Ziel kann Erfolg maximal zufällig erreicht werden.

Für Sie als Coach und Moderator des Gesprächs ist es hilfreich zu verstehen, was Ihr Team möchte – vor allem jedoch muss Ihr Team wissen, was es tatsächlich braucht und erreichen will. Oft ist nur das Wissen darüber vorhanden, was nicht mehr sein soll. Zu wissen, an welchem Ziel gemeinsam gearbeitet werden soll, ist eine wichtige Grundlage für eine gute Kooperation. Ihr Navigationsgerät im Auto kann Sie auch nur an den gewünschten Zielort bringen, wenn Sie ihn vorher genau eingegeben haben.

4.2.1 Ziele formulieren

Wie bereits in der Einleitung erwähnt, ist das Anstreben eines gemeinsamen Ziels die Basis für jedes Team. Nur wenn alle Teammitglieder verstehen, in welche Richtung es geht, und sie dahinterstehen können, wird sinnvolle Zusammenarbeit möglich. Die Sinnhaftigkeit der angestrebten Zukunft ist dabei von besonderer Bedeutung. Wer zuversichtlich ist, dass die Anstrengungen sich am Ende auch tatsächlich lohnen werden, ist eher bereit, volles Engagement zu zeigen. Deshalb gilt es, beim Formulieren von Zielen auf die folgenden Details zu achten.

Positive Formulierung

Achten Sie darauf, dass formuliert wird, *was sein soll* anstatt *was nicht sein soll* (vgl. Abschnitt 3.3.7). Das Formulieren negativer Aussagen fällt vielen Teams leichter, weil sie sich mit dem, was nicht mehr sein soll, häufig schon intensiver beschäftigt haben. Dieses Wissen kann auch durchaus zur positiven Zielformulierung genutzt werden. Lassen Sie also negative Formulierungen zu – als Ausgangspunkt für Ihre Fragen nach dem *Stattdessen*.

Praxistipp

Wenn Sie eine negative Formulierung hören, helfen diese Fragen:

- »Was möchtet ihr stattdessen?«
- »Was soll anstelle von ... sein?«

Konkret, detailliert und von außen wahrnehmbar

Je umfang- und facettenreicher das Ziel beschrieben wird, je genauer die beobachtbare Veränderung sichtbar wird, desto bunter und realer wird das Bild des Zielzustands in den Köpfen. Und umso wahrscheinlicher ist es auch, dass das Ziel tatsächlich erreicht wird. Vielleicht kennen Sie das: Je besser eine Situation vorstellbar ist, desto stärker ist der Glaube daran, dass diese Situation auch tatsächlich eintreten kann. Aus einem Wunsch, einer vagen Hoffnung wird ein Ziel, das erreichbar ist.

Eine gute User-Story zum Beispiel lebt nicht davon, dass irgendjemand sie möglichst detailliert schriftlich darlegt. Vielmehr geht es darum, dass der Product Owner in der Lage ist, das Zielszenario derart lebendig mündlich zu schildern, dass das Entwicklungsteam sich richtig vorstellen kann, wie, wozu und in welchen Situationen das Produkt am Ende vom Kunden genutzt werden wird. Die Leute sollen nachfragen und diskutieren können. Es geht dabei um die Energie und Realitätsnähe in der Beschreibung. Wenn dann in allen Köpfen ein lebendiges und nachvollziehbares Bild entstanden ist, reichen am Ende auch Stichworte in der Niederschrift, die die Erinnerung an das Gespräch wachrufen. Von außen wahrnehmbar ist der Erfolg hier spätestens bei der Nutzung durch den Kunden.

Praxistipp

Mit den folgenden Fragen können Sie eine konkrete Zielformulierung unterstützen:

- »Was muss hier heute geschehen, dass ihr mit dem Ergebnis zufrieden seid?«
- »Woran würden euer Chef oder andere relevante Personen bemerken, dass ihr erfolgreich an eurem Ziel gearbeitet habt?«
- »Woran würde euer Chef erkennen, dass ihr das Ziel erreicht habt?«
- »Was wäre in euren Augen eine große oder kleine Veränderung?«
- »Wenn ich euch mit einer versteckten Kamera filmen würde, woran könnte ich dann beim Betrachten des Films erkennen, dass ihr eurem Ziel näher gekommen seid bzw. es bereits erreicht habt?«

Die Sprache dessen verwenden, der das Ziel erreichen möchte

Es ist bei der Begleitung von Zielfindungsprozessen häufig zu beobachten, dass Formulierungen vom Coach anders aufgeschrieben werden, als sie von den Teilnehmenden selbst tatsächlich gesagt worden sind. Auch eine mündliche Reformulierung von Gesagtem findet häufig statt.

Wenn ein Teilnehmer sagt: »Ich möchte bei meiner Arbeit nicht ständig unterbrochen werden«, kann es schon vorkommen, dass der anwesende Coach daraufhin fragt: »Meinen Sie damit, dass Sie bei Ihrer Arbeit ungestört sein möchten?« Wenn der Teilnehmer daraufhin nickt, steht oft bald darauf der Satz »Ich möchte bei meiner Arbeit ungestört sein« auf dem Flipchart. Auch wenn der Coach hier eine Frage gestellt hat, legt er dem Teilnehmer damit eine Antwort in den Mund, die dieser vielleicht ansonsten anders formuliert hätte.

Besser wäre es stattdessen zu fragen: »Wenn Sie nicht ständig unterbrochen werden wollen, was wollen Sie stattdessen?« So hat der Teilnehmer die Möglichkeit, seine eigene Formulierung zu finden, die dann auch aufgeschrieben werden kann. Er könnte sagen: »Es ist ja nicht schlimm, wenn jemand kommt und meine Hilfe braucht. Für mich wäre es hilfreich, wenn ich wenigstens zwei Stunden pro Tag unterbrechungsfrei arbeiten könnte, damit ich schwierige Arbeitsschritte gut voranbringen kann.« Das ist eine andere Aussage als: »Ich möchte bei meiner Arbeit ungestört sein.«

Eine Erklärung dafür, dass vordergründig gemeinsam getroffene Vereinbarungen missachtet werden, ist, dass durch eine Umformulierung durch Coach oder Vorgesetzten oft die ursprüngliche Idee verloren geht. Lassen Sie jene Person, die eine Idee umsetzen oder ein Ziel erreichen will, dieses auch selbst notieren. So können Sie sicher sein, dass tatsächlich das aufgeschrieben wird, was gemeint war.

Praxistipp

Verwenden Sie exakt die Worte Ihres Gegenübers, um damit die nächste Frage zu formulieren.

- »Ich brauche mehr Ruhe zum Arbeiten.« → »Was wäre denn anders für dich, wenn du mehr Ruhe zum Arbeiten hättest?«
- »Der Kollege X ist ein Sturkopf. Mit dem kann ich einfach nicht arbeiten.« → »Woran würdest du denn merken, dass der Kollege X ein bisschen weniger stur ist, sodass du besser mit ihm arbeiten könntest?«

Ein Ansatz, in dem sehr darauf geachtet wird, dass der Gesprächspartner nicht inhaltlich beeinflusst wird, sondern nur dessen Worte und Informationen verwendet werden, heißt *Clean Language*[1]. Dabei gilt es, eigene Inhalte, Worte, Bewertungen oder Interpretationen aus dem Gespräch völlig herauszuhalten. Ein empfehlenswertes Buch, mit dem man *Clean Language* lernen und üben kann, haben zum Beispiel [Cooper & Castellino 2012] geschrieben.

Erreichbar und nachweisbar

Finden Sie gemeinsam mit dem Team heraus, ob das gewählte Ziel überhaupt erreichbar ist und ob es im jeweils eigenen Einflussbereich bzw. dem des Teams liegt – ob es also in der Macht des Teams steht, das Ziel zu erreichen. Fragen Sie dabei *sowohl* nach dem Ziel des aktuellen Coaching-Gesprächs *als auch* nach dem insgesamt zu erreichenden Ziel.

Liegt die Erreichung des jeweiligen Ziels außerhalb des Einflussbereichs des Teams, besteht die Aufgabe darin, das Ziel so umzudefinieren, dass es von den

1. *http://www.cleanlanguage.co.uk/*

anwesenden Personen direkt erreichbar ist. Dabei wird jener Umstand, der vom Team unbeeinflussbar ist, als Rahmenparameter akzeptiert.

Als Beispiel für eine solche Situation könnte ein ausgesprochenes Reiseverbot durch das Unternehmensmanagement dienen. Für ein verteiltes Team etwa kann ein solches Reiseverbot zu einer echten Herausforderung werden. Die Kommunikation innerhalb des Teams verliert an Qualität, wenn ein persönliches Zusammentreffen verhindert wird. Das Ziel »Wir müssen wieder reisen dürfen« liegt allerdings in seiner Erreichbarkeit – speziell in großen Unternehmen – meist außerhalb des Einflussbereichs des Teams. Daher ist das *Reiseverbot* als gegeben zu betrachten. Um ein neues sinnvolles Ziel zu dieser Thematik zu entwickeln, hilft wieder die Frage »Wozu?«. Die Frage »Wozu müssen wir wieder reisen dürfen?« führt hin zu einer neuen Zielthematik, nämlich zum Beispiel: »Um weiterhin gut und persönlich im Team kommunizieren zu können.« Das neue Ziel, das nun durchaus im Einflussbereich des Teams liegt, ist somit schon gefunden: »Wir können trotz Reiseverbot weiterhin gut und persönlich im verteilten Team miteinander kommunizieren.«

Nachweisbar ist ein Ziel dann, wenn vorab definiert wurde, woran man den Fortschritt in Richtung Zielerreichung bzw. die Zielerreichung selbst erkennen wird. Woran wird dieses Team erkennen, dass es trotz Reiseverbots weiterhin gut und persönlich miteinander kommuniziert? Was heißt eigentlich »gut und persönlich«? Das Definieren einer kleinen Checkliste, an der erkennbar ist, wann das Ziel erreicht ist, ist konkret und daher motivierend. Es hilft auch dabei, dass die Teammitglieder ein weitgehend ähnliches Bild vom erwünschten Zielzustand in ihren Köpfen entwickeln. So wird eine gemeinsame Zielerreichung erleichtert.

Praxistipp

Mit den folgenden Fragen können Sie das Formulieren eines realisier- und messbaren Ziels unterstützen:

- »Wie zuversichtlich seid ihr, dass ihr das Ziel, so wie es jetzt formuliert ist, tatsächlich erreichen könnt?«
- »Welche Ressourcen habt ihr, die euch garantieren, dass ihr tatsächlich dieses Ziel erreichen könnt?«
- »Wozu müsste sich diese Sache, die außerhalb eures Einflussbereichs liegt, ändern? Was wollt ihr damit erreichen?«
- »Wie könnte das Ziel also umformuliert werden, sodass es von euch selbst erreicht werden kann?«
- »Was wäre jetzt noch hilfreich für euch, um das Erreichen des Ziels so wahrscheinlich wie möglich zu machen?«
- »Woran werdet ihr am Ende bemerken, dass ihr euer Ziel erreicht habt?«
- »Woran werden es andere bemerken?«

Auswirkungen: Einbeziehen der relevanten Umwelt

»Ich kann freilich nicht sagen, ob es besser wird, wenn es anders wird; aber so viel kann ich sagen, es muss anders werden, wenn es gut werden soll.«

Georg Christoph Lichtenberg [Lichtenberg 1796]

Wenn sich etwas tatsächlich verändert, dann verändert es sich nicht nur für den Einzelnen oder das Team, sondern hat auch Auswirkungen auf dessen Umwelt (systemische Basistheorie [De Shazer 2006, S. 36 ff.]). Vielleicht gibt es sogar andere Ziele, die diesem neuen Ziel entgegenstehen. Es lohnt sich daher, bei der Konkretisierung des Ziels auch das Umfeld zu berücksichtigen, um die tatsächliche Machbarkeit zu überprüfen bzw. noch zu verstärken.

Jede Zielerreichung bringt unterschiedlichste Auswirkungen mit sich:

- Auswirkungen auf die einzelnen Mitglieder des Teams
- Auswirkungen auf andere Teams oder Abteilungen
- Auswirkungen auf den Kunden
- Auswirkungen auf das Unternehmen
- Auswirkungen auf die Familien und das private Umfeld der Teammitglieder

Einige der erzielbaren Auswirkungen sind durchaus begrüßenswert. Andere könnten auch zu Herausforderungen oder sogar zu neuen Problemen werden. Sie könnten für einzelne betroffene Personen in einem Team sogar nachteilig und damit unerwünscht sein.

Wenn dieser Fall eintritt, muss das Ziel so umformuliert werden, dass jeder, der an der Zielerreichung mitwirken soll, mit dem ihm momentan zur Verfügung stehenden Wissen vorbehaltlos dahinterstehen kann. Wird dieser Schritt – das Überprüfen der möglichen Auswirkungen der Zielerreichung – übergangen, führt dies häufig dazu, dass bestehende Einwände verschwiegen werden. Sie bilden dann in jenen, die Befürchtungen oder Zweifel in sich tragen, eine unausgesprochene Barriere, die gegen die Zielerreichung wirkt und damit das ganze Vorhaben behindert.

Praxistipp

Mit den folgenden Fragen können Sie dabei helfen, die Auswirkungen der Zielerreichung zu überprüfen:

- »Angenommen, ihr würdet das Ziel tatsächlich erreichen, was wäre dann anders für euch?«
- »Was hätte die Zielerreichung für Auswirkungen für dich persönlich?«
- »Und welche Auswirkungen hätte die Zielerreichung für wichtige Menschen in eurer Umgebung/für andere Abteilungen oder Teams im Unternehmen/für das Unternehmen selbst/für die Kunden/für eure Familien?«

→

- »Wer wird die erste Person sein, die bemerkt, dass ihr das Ziel erreicht habt? Woran wird diese Person das erkennen?«
- »Wie wird diese Person möglicherweise darauf reagieren? Und wie noch?«

*Sinn*voll und nützlich – einfach toll

Mögliche negative Auswirkungen einer Zielerreichung sind also unbedingt beachtenswert. Sie liefern wertvolle Informationen, die man nutzen kann, um die Wahrscheinlichkeit aufkommender Widerstände, die die Zielerreichung behindern könnten, schon in der Formulierung des Ziels zu verringern.

Die besondere Fokussierung der positiven Auswirkungen ist dabei ebenso bedeutsam, weil sie die Antwort auf die Frage »Wozu machen wir das hier eigentlich?« geben kann und damit zum symbolischen Gummiseil wird, das das Team in Richtung Zielerreichung zieht. Der Fokus auf die Nutzen bringenden Aspekte der Zielerreichung ermöglicht es also, für den bevorstehenden Weg Sinn zu finden. Sinn finden kann allerdings nur jeder für sich selbst. Es gibt nicht so etwas wie einen *Team-Sinn*. Das macht die Sache herausfordernder, weil darauf, ob jemand Sinn in einer Sache sieht, von außen kein Einfluss genommen werden kann.

Wenn einige Teammitglieder das Erreichen des definierten Ziels für sinnvoll halten – und das ist immer so, wenn das Ziel vom Team selbst definiert wurde –, ist es hilfreich, diese Gedanken mit den anderen zu teilen. Das Offenlegen der eigenen Sinnhaftigkeit kann zum einen dazu beitragen, dass auch andere sich bei der Sinnsuche leichter tun. Zum anderen trägt das Teilen der eigenen Werte und Motive wiederum zum besseren Kennenlernen innerhalb des Teams bei. So wird die Zusammenarbeit und gegenseitige Unterstützung weiter gestärkt. Wenn es gelingt, dass jeder im Team seinen Sinn in der Erreichung eines Ziels finden kann, wirkt dies äußerst motivierend und wie ein unsichtbarer Antrieb für das ganze Team.

Praxistipp

Mit den folgenden Fragen können Sie dabei helfen, die Sinnfindung für die Zielerreichung zu unterstützen:

- »Welche Vorteile hättest du persönlich durch die Erreichung des Teamziels?«
- »Was würde die Zielerreichung für dich und das Team ermöglichen?«
- »Wozu ist das Erreichen des Ziels aus deiner Sicht sonst noch gut?«

Ziel = ENDPUNKT

Um Ihnen eine Merkhilfe für die vielen Zielfaktoren zur Verfügung zu stellen, finden Sie hier eine Zusammenfassung mit dem Akronym *ENDPUNKT*. Die Anfangsbuchstaben stehen für die zuvor beschriebenen Merkmale eines hilfreich formulierten Ziels, nämlich:

- *E*rreichbar
- *N*achweisbar & wahrnehmbar
- *D*etailliert & konkret
- *P*ositiv
- *U*mwelttauglich
- *N*ützlich
- *K*orrekt (sprachlich)
- *T*oll (motivierend & sinnvoll)

In der Literatur wurden bereits unterschiedliche Modelle für die Formulierung von Zielen vorgeschlagen. Die bekanntesten und am häufigsten zitierten sind wohl SMART (spezifisch, messbar, attraktiv, realistisch und terminiert), CLEAR (herausfordernd – challenging, rechtmäßig – legal, spannend – exciting, abgesprochen – agreed, festgehalten – recorded) und PURE (positiv formuliert, verstanden – understood, realistisch und ethisch).

[Whitmore 2015, S. 64 f.] schreibt, dass alle drei gemeinsam nötig sind, um ein gutes Ziel beschreiben zu können. Es fehlen dann jedoch immer noch wesentliche für das Coaching relevante Aspekte. Die Verwendung der Sprache dessen, der das Ziel erreichen möchte, der Sinnbezug, die Einbeziehung der relevanten Umwelt oder auch die Wahrnehmbarkeit von außen sind nicht explizit berücksichtigt. So bleibt die Hoffnung, mit ENDPUNKT eine vollständigere Merkunterstützung anbieten zu können.

4.2.2 Das Wozu

Laut Viktor Frankl, österreichischer Psychotherapeut und Begründer der Sinnlehre, ist der Mensch motiviert durch Sinn und durch die Suche nach Sinn [Frankl 2012]. Für die Arbeit mit Zielen bedeutet dies, dass im Coaching-Ablauf die Möglichkeit geschaffen werden muss, dass jeder Sinn in dem Ziel finden kann. Wenn jeder einen Sinn in dem Ziel gefunden hat, dann sind die Anwesenden auch motiviert, dieses zu erreichen. Sinn kann man im beruflichen Umfeld, beim Dienst an einer Sache oder beim Dienst an einer Person finden.

Sinn ist immer vorhanden und kann daher gefunden bzw. entdeckt werden. Der Sinn ist allerdings immer jeweils der konkrete Sinn einer konkreten Situation und einer konkreten Person. Das heißt, jeder kann in einer gegebenen Situation einen anderen Sinn für sich finden.

Leicht zu verwechseln sind Sinn und Zweck. Der Zweck bezeichnet eine Sache, eine Handlung oder eine Aufgabe und der Sinn beschreibt ihre Bedeutung. Der Zweck fragt nach dem Nutzen und der Sinn fragt nach der Bedeutung (laut Einschätzung des/der Betroffenen) [Böckmann 1987].

»Aus sinn-orientierter Sicht wollen Menschen […] primär Sinn verwirklichen, und wenn sie in Kontakt mit ihren Sinnbereichen stehen, dann werden sie dafür auch Leistungen erbringen« [Spaleck 2009, S. 78]. Sinnvoll ist nach [Lukas 1999][2],

- was eine überragende Chance hat, Gutes und Nützliches zu bewirken,
- was das Wohl aller Beteiligten betrachtet,
- was im Hier und Jetzt äußerst konkret ist,
- was weder über- noch unterfordert,
- was mit erfahrenen Menschen konsensfähig ist,
- was einem die Kraft, es zu wollen, zufließen lässt.

In Anlehnung an Friedrich Nietzsche kann man sagen:

Wer ein Wozu zu leben hat, erträgt fast jedes Wie.

Praxistipp

Um die Motivation zur Zielerreichung zu fördern, fragen Sie nach, welche Bedeutung dieses Ziel für den Menschen hat.

- »Wozu möchtest du das Ziel erreichen?«
- »Und wozu noch?«
- »Welche Bedeutung hat die Zielerreichung für dich?«
- »Für wen wird die Zielerreichung nützlich sein?«
- »Was wird/werden diese Person/en dadurch gewinnen?«
- »Inwieweit wird die Zielerreichung für andere nützlich sein?«
- »Wann und wie wird dieser Nutzen aus der Zielerreichung sichtbar werden?«

4.3 Die zweite Ebene – Funktionierendes

Hier geht es darum, ein *Sprungbrett* für die dritte Ebene zu bauen, auf der dann konkrete nächste Schritte erarbeitet werden sollen. Es besteht aus wichtigen Informationen darüber, was auf jeden Fall so bleiben soll, wie es ist, was gut funktioniert, was Ihrem Team also wichtig ist. Für Ihr Team, mit dem Sie arbeiten, ist diese Stufe als Sprungbrett geeignet, wenn es Vertrauen darin fasst, dass da schon einiges in Richtung Ziel passiert ist. Wenn erkannt wird, dass in der Vergangenheit bereits Fortschritte erzielt wurden, auf denen man aufbauen kann, und dass die eigenen Kompetenzen ausreichend sind, wächst das Vertrauen in die Umsetzbarkeit von nächsten Schritten. Sobald dieses Vertrauen da ist, ist es ein Leichtes, die dritte Ebene zu erreichen.

Die Frage nach dem aktuellen Standpunkt auf der Skala von *0* bis *10* zur Zielerreichung wird nur sehr selten von Einzelnen – und so gut wie nie vom gesamten

2. Zitiert nach [Ostberg 2007, S. 89]

Team – mit *0* beantwortet. Darauf dürfen Sie vertrauen. Der Unterschied von *0* bis zum genannten Wert *X* steckt dabei voll von solchen kleinen und größeren Errungenschaften, die bereits dazu beigetragen haben, dem Ziel näher zu kommen. Durch das laute Aussprechen dieser vergangenen Erfolge und vorhandenen Ressourcen werden sie ins Zentrum des Bewusstseins gerückt, wo sie dem Team wertvolle Hilfe leisten.

Sollte tatsächlich der Fall eintreten, dass die Frage von allen Anwesenden mit *0* beantwortet wird, liegt meist ein anderes Problem vor, das es zuerst zu bearbeiten gilt. Das Team fühlt sich dann oft blockiert, kollektiv unverstanden, unfair behandelt oder verunsichert (vgl. Abschnitt 7.5 zum SCARF-Modell) und ist daher für den Moment handlungsunfähig. Hinter diesem kollektiven Unwohlsein steckt jedoch oft auch ein gemeinsames Ziel, das verbindet und daher genutzt werden kann. Finden Sie dieses Ziel heraus und beginnen Sie dazu wieder am Boden der Lösungspyramide.

Praxistipp

Fragen, die auf dieser Ebene dabei helfen können, ein gutes Sprungbrett zu bauen, sind zum Beispiel:

- »Auf einer Skala von 0 bis 10, wobei 10 bedeutet, dass das Ziel erreicht ist, und 0 das Gegenteil davon, wo steht ihr gerade? Und was funktioniert schon alles, sodass ihr schon bei X steht und nicht mehr bei 0?«
- »Was habt ihr dazu beigetragen, dass ihr schon bei X steht?«
- »Und wie ist euch das gelungen?«
- »Und wenn sich alles verändern würde, was sollte unbedingt so bleiben, wie es jetzt ist?«
- »Was von dem, was zur Zielerreichung gebraucht wird, ist jetzt schon da?«
- »Was noch?«

Vor allem auf dieser Ebene ist die Frage »Was noch?« von enormer Bedeutung. Wir fokussieren viel leichter auf all das, was noch fehlt oder nicht funktioniert. Diese Frage hilft dabei, dran zu bleiben und alle wesentlichen, bereits vorhandenen Details des Funktionierenden zu entdecken. Fragen Sie daher »Was noch?« so oft, bis Ihr Gegenüber definitiv auf alles das, was möglich ist, geantwortet hat. Ob noch eine Antwort gefunden wird, hängt übrigens auch davon ab, ob Sie als Fragender daran glauben. Bleiben Sie also zuversichtlich.

4.4 Die dritte Ebene – die nächsten Schritte

Wenn die erste und die zweite Ebene ausreichend bearbeitet wurden, ergeben sich daraus die nächsten Schritte fast wie von selbst. Nutzen Sie dazu die Kreativität und Erfahrung Ihrer Gesprächspartner, also der Teammitglieder. Diese allein sind es, die genau wissen, was zu tun ist, um auf dem Weg zum Ziel weiterzukommen.

Das Team kennt die zur Verfügung stehenden Ressourcen, die bestehenden und möglichen Hindernisse und die sich daraus bietenden Möglichkeiten.

Um das Formulieren der nächsten Schritte zu erleichtern, kann ein kleiner und wirkungsvoller lösungsfokussierter Trick angewendet werden. Wenn vom aktuellen Standpunkt auf der Skala in Richtung Ziel, also von *X*, ausgegangen wird, kann zunächst ein erstes kleines Zwischenziel, *X+1* definiert werden. Wie schon auf der ersten Ebene der Lösungspyramide ist es auch hier hilfreich, die Auswirkungen dieser Zwischenzielerreichung ausführlich zu besprechen.

Das ganze Team tut also so, als wäre es schon einen Schritt näher am Ziel, und tauscht sich darüber aus, was dort schon alles anders ist als noch zuvor. So wird die Sinnhaftigkeit des nächsten Etappenziels für die Teammitglieder klarer. Wenn sich alle auf der neuen Stufe, *X+1*, bereits wohlfühlen, kann danach gefragt werden, wie sie diese nächste Stufe erreicht haben werden. So wird aus der erwünschten Zukunft zurückgeblickt auf das Heute.

Es ist leichter für das Gehirn, nachträglich zu beschreiben, wie eine Lösung zustande gekommen ist, als im Voraus einen Weg in die bessere, noch unbekannte Zukunft zu planen. Dieser Umstand wird bei diesem Vorgehen genutzt.

Praxistipp

Fragen Sie zunächst nach den Auswirkungen der nächsten Schritte:

- »Angenommen, ihr wärt auf der Skala schon einen Schritt weiter – also bei X+1 –, was wäre dann anders?«
- »Welchen Unterschied würde es für euch/für das Team/für euren Vorgesetzten/für das Unternehmen/für den Kunden machen, wenn ihr schon einen Schritt weiter wärt?«
- »Wer würde noch bemerken, dass ihr schon ein Stück weiter seid auf eurem Weg zum Ziel? Und woran?«
- »Wie würde diese Person darauf reagieren?«

Fragen Sie dann nach den nächsten Schritten selbst. Verwenden Sie dafür auf dieser Ebene vor allem eine handlungsorientierte Sprache. Begriffe wie »tun«, »machen«, »hinbekommen« oder auch »schaffen« eignen sich dazu, konkret umsetzbare Schritte als Antwort zu bekommen:

- »Wenn ihr schon bei X+1 seid – wie werdet ihr das geschafft haben?«
- »Wer wird euch dabei wie geholfen haben?«
- »Wie wird es euch gelungen sein, es hinzubekommen?« »Und wie noch?«

Die nächsten konkreten Schritte zu finden, ist eine kreative und oft lustvolle Aufgabe für die Beteiligten, wenn die Zielerreichung sinnvoll erscheint. Die Umsetzungswahrscheinlichkeit kann gelegentlich noch gesteigert werden und dazu erreichen Sie nun die Spitze der Lösungspyramide.

4.5 Die vierte Ebene – die Ergebnisprüfung

Mit dem Finden und Verschriftlichen von konkret umsetzbaren nächsten Schritten scheint fälschlicherweise das Ziel einer Besprechung in vielen Fällen erreicht. Der Coach oder Moderator ist froh und stolz, dass so viele Punkte gefunden worden sind und dass sich alle Teilnehmenden aktiv eingebracht haben.

Die Freude über die eigene Leistung der Moderation ist groß und häufig herrscht später Unverständnis darüber, dass die vereinbarten Schritte nicht oder nur zum Teil umgesetzt wurden. Mögliche Gründe dafür sind, dass oft Ideen produziert und Vereinbarungen getroffen werden, die aus einer gewachsenen gemeinsamen Euphorie, manchmal aus Angst oder Gleichgültigkeit – oder auch Ihnen zuliebe – entstanden sind.

Im lösungsfokussierten Gespräch wird daher noch eine Art Sicherheitsmechanismus eingesetzt, um die Umsetzungswahrscheinlichkeit zu erhöhen und bestehende Zweifel zu berücksichtigen. Dazu schließt hier die Frage an, wie zuversichtlich die Gesprächspartner sind, die vereinbarten Schritte auch tatsächlich umsetzen zu können. Sollte die Zuversicht noch eher niedrig sein, ist dies ein Zeichen dafür, dass noch Zweifel bestehen, die bisher nicht angesprochen wurden.

Diese Bedenken und Zweifel sind ernst zu nehmen. Sie sind ein Hinweis darauf, dass entweder das Ziel nochmals so umzuformulieren ist, dass alle dahinterstehen können, oder die erarbeiteten Maßnahmen hinsichtlich ihrer Umsetzbarkeit ein weiteres Mal überprüft werden müssen. Indem Sie das Team dabei unterstützen, dass dessen Zuversicht, das Ziel zu erreichen, steigt, erhöhen Sie gleichzeitig die Wahrscheinlichkeit, dass die besprochenen Veränderungen nach dem Gespräch Realität werden können.

Praxistipp

Nutzen Sie hier am besten wieder eine Skala als Werkzeug, die Zuversichtsskala:

- »Auf einer Skala von 0 bis 10 – wie zuversichtlich seid ihr, dass die gefundenen nächsten Schritte auch tatsächlich umgesetzt werden?
- »Was würde euch noch zuversichtlicher machen?« »Und was noch?«
- »Was müsste an der Zielformulierung/an den nächsten Schritten noch verändert werden, damit die Zuversicht steigt?«
- »Was müsste passieren, damit du an die Umsetzung der Maßnahmen glaubst? Und wie könnte das erreicht werden?«
- »Was muss in den nächsten Tagen passieren, damit die Zuversicht gleich hoch bleibt?« »Und was noch?«

Wenn die Zuversicht niedrig ist ...

Es kann vorkommen, dass am Ende eines Meetings die Zuversicht, die erarbeiteten nächsten Schritte in die Tat umsetzen zu können, tatsächlich im gesamten Team niedrig ist. Nun könnten Sie denken, die ganze Arbeit wäre umsonst gewesen. Vielleicht sind Sie auch ratlos, weil die vereinbarte Besprechungsdauer nun vorbei ist und Ihnen die Zeit fehlt, wieder von vorne zu beginnen.

Hinter einer solchen Rückmeldung vom Team steckt jedoch in der Regel eine ganz besondere Aussage: »Es gibt hier ein Riesenproblem, das uns alle belastet, und wir waren bisher nicht bereit, darüber zu sprechen, weil wir dir, lieber Coach, nicht ausreichend vertrauen, oder weil wir nicht glauben, dass das etwas gebracht hätte. Jetzt sind wir so weit. Unsere Zuversicht, von dir verstanden zu werden, ist nun groß genug und wir haben auch gelernt, dass du wertschätzend und professionell mit schwierigen Situationen umgehen kannst. Mit dieser niedrigen Bewertung auf der Zuversichtsskala setzen wir ein Signal. Sie soll ein Hilferuf sein und eine Aufforderung, uns beizustehen.« Und das alles steckt im Setzen eines niedrigen Zuversichtswerts. Beeindruckend, finden Sie nicht?

Für Sie als Coach bedeutet das »Zurück zum Start«. Also: Wertschätzen des Problems (Boden) und der Tatsache, dass trotz dieser Umstände so aktiv gearbeitet wird. Danach Fragen nach dem Ziel und seinen Auswirkungen (die erste Ebene), also zum Beispiel:

- »Was müsste denn für euch anders sein, damit ihr euch ein wenig wohler fühlen könntet in der Situation?«
- »Und was genau wäre dann anders für euch?«

... und so weiter.

Keine Sorge – niemand erwartet von Ihnen, das Thema sofort in Angriff zu nehmen. Es ist erst einmal ausreichend, einige Minuten zu investieren, um das Team darüber sprechen zu lassen, was anders sein müsste, damit dessen Mitglieder zuversichtlicher sein könnten. Schätzen Sie die Offenheit Ihrer Gesprächspartner wert, hören Sie genau zu und zeigen Sie Verständnis für die Situation. Vereinbaren Sie einen gemeinsamen Termin, um sich für das neue Thema intensiv Zeit nehmen zu können.

Eine niedrige Zuversicht am Ende eines Prozesses ist auf den ersten Blick unerwartet und daher unangenehm. Bei näherer Betrachtung jedoch eröffnet diese neue Form der Offenheit viele Möglichkeiten zur weiteren Verbesserung der Zusammenarbeit. So gesehen sollten Sie sich über derartige Situationen freuen und sie feiern wie einen kleinen Sieg.

4.6 Gesprächsbedürfnisse berücksichtigen

[De Shazer 2010] unterscheidet in seinen Schriften drei Kundentypen mit unterschiedlichen Interaktionsmustern in Therapiegesprächen. Sie differieren hinsichtlich der Ziele und Bedürfnisse, die sie in ein Gespräch mitbringen.

1. Der Besucher:
   Wie ein Besucher verhält sich ein Gesprächspartner dann, wenn er nicht weiß, ob er etwas verändern möchte, und unklar bleibt, ob er ein Anliegen hat. Häufig ist ein Besucher nicht freiwillig im Gespräch, sondern wurde dazu verpflichtet.
2. Der Klagende:
   Im Gegensatz dazu liefert der Klagende ein klares Bild seines Ziels; er sieht sich jedoch in der Opferrolle, aus der heraus er handlungsunfähig ist. Die Lösungsansätze findet der Klagende stets im Außen. Die anderen müssen etwas verändern, damit der Gesprächspartner näher an sein Zielbild herankommen kann.
3. Der Kunde:
   Der Kunde kennt sein Ziel und hat Ideen, was er tun könnte, um dieses zu erreichen. Je dringender die Lösung für den Klienten ist, umso eher ist er auch ein Kunde.

In der lösungsfokussierten Community erzählt man sich, dass Steve de Shazer und Insoo Kim Berg in den letzten Jahren ihrer Tätigkeit von der Benennung der drei Kundentypen wieder abgekommen sind. Die Begründung dafür ist, dass jemand, der als *Besucher* oder *Klagender* identifiziert wird, dadurch im Kopf des Coachs eine ungünstige Ausgangslage für positive Veränderungen erlangt. Diese Begriffe sind in Bezug auf Coaching eher negativ besetzt. Es handelt sich daher sprachlich gesehen um *schwierige* Kunden. Der Coaching-Erfolg könnte durch eine solche Klassifizierung behindert werden.

Da das Erkennen der unterschiedlichen Bedürfnisse der Gesprächspartner dennoch hilfreich sein kann, um den Fokus auf den Ebenen der Lösungspyramide jeweils richtig setzen zu können, soll hier eine neue Formulierung angeboten werden, die auf den Prozess fokussiert und die Zuversicht des Fortschritts beinhaltet.

4.6.1 Der Sinn suchende Gesprächspartner

Ihm ist noch nicht klar, wozu dieses Gespräch stattfindet und wie er zu einem guten Ergebnis beitragen kann. Um diesbezüglich Klarheit zu schaffen, sind zwei Schritte notwendig.

Zunächst ist dieser Gesprächspartner am Boden der Lösungspyramide sehr behutsam und wertschätzend abzuholen. Erst wenn er verstanden hat, dass er zu diesem Gespräch eingeladen wurde, weil er ein wichtiger Experte ist und in diesem Prozess eine tragende Rolle spielt, wird er seine Zweifel und Sorgen ablegen. Nur so kann er später bereit sein, auf der ersten Ebene – der Zieldefinition und der Sinnsuche – mitzuarbeiten.

Auf der ersten Ebene der Lösungspyramide angekommen, geht es nun darum, ihn einzuladen, an der Gestaltung eines Zielbilds derart mitzuwirken, dass es für ihn erstrebenswert und anziehend wird, also Sinn ergibt. Dort liegt der Schlüssel, der dem *Sinn suchenden Gesprächspartner* zu Beginn des Gesprächs noch gefehlt hat, um konstruktiv an neuen Wegen in eine erwünschte Zukunft mitzuarbeiten. Sobald er sein Ziel kreiert und seinen Sinn darin gefunden hat, ist der *Sinn suchende Gesprächspartner* zum *Weg suchenden Gesprächspartner* geworden. Damit ist seine aktive Teilnahme im weiteren Verlauf gegeben.

Praxisbeispiel für einen »Sinn suchenden Gesprächspartner« im Coaching

C: »Schön, dass Sie da sind. Herzlich willkommen. Was soll in dieser Stunde hier passieren, damit sich das Gespräch für Sie ausgezahlt haben wird?«

GP: »Ich dachte, das können Sie mir sagen. Ich habe einen Termineintrag für dieses Gespräch bekommen. Keine Ahnung, wozu ich da bin.«

C: »Ok – dann möchte ich mich erst einmal dafür bedanken, dass Sie gekommen sind. Schließlich haben Sie vermutlich genug zu tun und ich kann mir vorstellen, dass es für Sie nicht erfreulich ist, zu einem Termin zu gehen, von dem Sie nicht wissen, wozu er gut ist.«

GP: »Stimmt. Eigentlich hätte ich andere Dinge zu tun.«

C: »Haben Sie eine Idee, wer Sie hergeschickt haben könnte?«

GP: »Klar weiß ich das. Das war mein Chef. Seine Sekretärin hat den Termin eingetragen.«

C: »Und haben Sie auch eine Vorstellung davon, was Ihr Chef sich von diesem Gespräch verspricht?«

GP: »Letzte Woche hat er mich in sein Büro zitiert, um mir mitzuteilen, dass ich höflicher mit unseren Kunden sein soll, wenn sie anrufen, um sich zu beschweren. Vielleicht geht es darum.«

C: »Das hat er also mit Ihnen besprochen? Bestimmt möchten Sie etwas Bestimmtes erreichen, wenn Sie mit den Kunden in Ihrer Weise kommunizieren?«

→

GP: »Immerhin stecken wir alle ziemlich viel Arbeit und Hirnschmalz in unsere Produkte. Wenn dann mal was nicht nach Wunsch läuft, wünsche ich mir eben auch ein wenig Respekt. Schließlich kann man über alles reden. Anschreien lasse ich mich nicht. Auch nicht von unseren Kunden. Ein gewisses Maß an Anstand darf man unter Erwachsenen wohl erwarten. Meinen Sie nicht?«

C: »Ja, das kann ich mir gut vorstellen, dass man da wütend wird. Mir ist es auch wichtig, dass ich als Person wertschätzend behandelt werde. Selbst dann, wenn es auf sachlicher Ebene Differenzen gibt, ist das kein Grund, ausfällig oder laut zu werden. Was denken Sie, worum geht es Ihrem Chef dabei? Kann er das nicht verstehen?«

GP: »Ich denke, er macht sich Sorgen darüber, den Kunden zu verlieren, wenn er sich von uns mit seinen Anliegen nicht verstanden fühlt.«

C: »Und können Sie diese Sorge nachvollziehen?«

GP: »Ja, sicher.«

C: »Hmmm... Worüber können wir denn nun sinnvollerweise gemeinsam nachdenken, damit wir da einen Schritt weiterkommen?«

GP: »Mir ist es ja auch wichtig, dass unsere Kunden zufrieden sind. Ich will auch nicht, dass sich der Chef Sorgen macht. Trotzdem kann ich so manchen Ton nicht vertragen. Vielleicht gibt es da einen Anknüpfungspunkt für unser Gespräch?«

Der Gesprächspartner (GP) wurde vom Coach (C) ernst genommen und hat sich von ihm verstanden gefühlt. Das hat dazu beigetragen, dass er auch bereit war, mit dem Coach zu kooperieren. Gemeinsam haben sie nach dem Sinn des Gesprächs geforscht. Nun ist der GP bereit, an der Zielfindung zu arbeiten.

4.6.2 Der Ziel suchende Gesprächspartner

Er weiß schon sehr viel darüber, was nicht mehr sein soll. Das Ziel, das er erreichen möchte, kann er hingegen noch nicht konkret benennen.

Um diesen Gesprächspartner gut in den Lösungsprozess zu bringen, gilt es, ihm am Boden der Lösungspyramide ausreichend Zeit zu geben, all das darzulegen, was ihn im Moment beschäftigt. Er wird in vielen Fällen sehr umfassend davon berichten wollen, weil er sich schon viele Gedanken zu seiner Situation gemacht hat.

Der Übergang vom Boden zur Zielfindungsebene ist der wichtige Wendepunkt im Gespräch. Erst wenn der *Ziel suchende Gesprächspartner* Vertrauen hat, dass sein Problem bei Ihnen gut aufgehoben und in seiner Dringlichkeit verstanden worden ist, wird er bereit sein, mit Ihnen gemeinsam auf die erste Ebene der Lösungspyramide zu steigen.

Im Kopf des Gesprächspartners muss die Idee entstehen, dass seine Situation von ihm selbst beeinflussbar ist. Es gilt dabei, einen Dreh weg von unerwünschten Beobachtungen und hin zu erwünschten Veränderungen zu schaffen. Dann wird es sich für ihn lohnen, gedanklich ein Zielszenario zu entwickeln, das es anzustreben gilt.

Praxisbeispiel für einen »Ziel suchenden Gesprächspartner« im Coaching

C: »Schön, dass Sie da sind. Herzlich willkommen. Was soll in dieser Stunde hier passieren, damit sich das Gespräch für Sie ausgezahlt haben wird?«

GP: »Ich glaube nicht, dass Sie mir helfen können. Meine Kollegin hat mir geraten, Sie aufzusuchen. Wenn ich ehrlich bin, weiß ich nicht, ob die Idee wirklich was bringt außer Kosten.«

C: »Hmmm... Vielleicht möchten Sie mir einfach mal erzählen, worum es geht? Ich verspreche, dass ich mein Bestes geben werde, damit dieses Gespräch für Sie hilfreich sein wird, und ich bin sicher, dass auch Sie das tun werden.«

GP: »Also gut. Wo soll ich anfangen ...? Ok. Das Hauptproblem ist, dass bei uns die Kommunikation total schiefläuft. Ich bin hier Tester, müssen Sie wissen. Meine Aufgabe ist es, Fehler aufzuspüren und zurückzumelden, damit diese behoben werden können. Nur interessiert das unsere Herren Starprogrammierer nicht. Die wollen von Fehlern nichts hören. Es ist, als würde ich ein Kunstwerk kritisieren, als ginge mich das alles nichts an. Ich werde ignoriert, manchmal sogar beschimpft, und das alles nur, weil ich meinen Job ordentlich mache. Das geht schon so weit, dass ich mich kaum mehr traue, auf Fehler hinzuweisen. Ich kann eigentlich nur die Abteilung wechseln. Oder die Firma. Dabei bin ich doch gerne Tester. Und ich kann das auch richtig gut. Man müsste diesen Typen mal erklären, was ein Tester tut und wozu er da ist. Und Schadenersatz fordern für jedes böse Wort und jeden bösen Blick. Ich bin schließlich auch nur ein Mensch. Verstehen Sie jetzt, dass Sie mir nicht helfen können?«

C: »Wow... Das klingt ja wirklich sehr heftig, was Sie mir da erzählen. Verstehe ich das richtig, dass Sie bisher noch keinen Weg gefunden haben, den Programmierern klarzumachen, dass Sie mit Ihrem Job dazu beitragen sollen, das Produkt qualitativ zu verbessern?«

GP: »Genau. Das kapieren die nicht. *Sie* haben das offenbar gleich verstanden.«

C: »Hmmm... Gibt es da auch Ausnahmen? Oder sind alle Programmierer gleich in ihren Reaktionen?«

GP: »Alle gleich. Nur der Ferdinand – der ist schwer in Ordnung. Ist halt leider nicht möglich, nur mit ihm zusammenzuarbeiten ... Das wär schön!«

C: »Ja, das klingt so, als wäre das eine schöne Vorstellung für Sie ... Was ist es denn, das Ferdinand anders macht, sodass Sie gerne mit ihm arbeiten?«

GP: »Er nimmt mich als Mensch wahr. Er fragt mich, wie mein Wochenende war, und erzählt mir von seinen Motorradausflügen. Und wenn's ums Testen geht, geht es um die Sache. Er versteht dann auch, was ich ihm sagen will, und versucht, die Änderungen umzusetzen. Danach fragt er mich wieder, ob es so gemeint war. Das ist toll!«

C: »Und ist es das, was Sie sich auch von den anderen Programmierern wünschen würden?«

→

GP: »Das mit den privaten Plaudereien müsste gar nicht sein. Das kann man auch nicht erzwingen. Mit mir sachlich über nötige Veränderungen zu sprechen und zu verstehen, dass ich unterstützen möchte, *das* wäre schon eine enorme Verbesserung meiner Situation.«

C: »Es wäre also ein wichtiges Ziel für Sie, dass die anderen Programmierer verstehen, dass Sie als Tester Unterstützung leisten wollen?«

GP: »Ja, genau. Damit wäre schon viel gewonnen.«

Der Coach hat seinen Gesprächspartner in seinem negativen Erleben wertgeschätzt und ernst genommen. Die Geschichte von Ferdinand ist eine nutzbare Ressource für den gedanklichen Dreh vom Problemdenken ins Zieldenken.

C: »Was genau wäre denn für Sie gewonnen, wenn die Programmierer das verstehen könnten?«

GP: »Na, dann würde ich sehen, dass meine Arbeit von denen als Mehrwert betrachtet wird und nicht als lästige Hürde. Die würden dann vielleicht auch mal auf *mich* zukommen anstatt immer nur umgekehrt. Und wer weiß – vielleicht hätte ich sogar wieder so etwas wie Lust auf meine Arbeit ...

Nun ist der Gesprächspartner dabei, von der erwünschten Zukunft zu sprechen. Damit ist er in der Lage, an einem konkreten Zielbild zu arbeiten.

4.6.3 Der Weg suchende Gesprächspartner

Er weiß ganz klar, was er erreichen möchte und worum es ihm in diesem Gespräch geht. Von einer meist kurz gehaltenen Problembeschreibung am Boden der Lösungspyramide wird dieser Gesprächspartner in vielen Fällen von selbst auf die erste Ebene springen und Ihnen sein Ziel mitteilen. Wenn Sie dann nach den Auswirkungen der Zielerreichung fragen, werden Sie vermutlich sehr rasch umfassende Antworten bekommen.

Lassen Sie den Weg suchenden Gesprächspartner das Tempo bis zur zweiten Ebene weitgehend selbst bestimmen. Eventuell kann bei der Beschreibung der Auswirkungen mit gezielten Fragen unterstützt werden (vgl. Abschnitt 4.2.2, das Wozu).

Neue Gedanken entwickelt dieser Gesprächspartner vermutlich auf der zweiten Ebene, auf der es darum geht, den Fokus auf Funktionierendes zu richten. Je größer das Bewusstsein für all die bereits vorhandenen Ressourcen und positiven Aspekte der aktuellen Situation ist, desto leichter wird es Ihrem Gesprächspartner fallen, nächste Schritte zu entwickeln, die darauf aufbauen. Investieren Sie daher auf der zweiten Ebene ausreichend Zeit und Energie. Ernten Sie anschließend den Lohn dafür auf der dritten Ebene der Lösungspyramide – auf der Ebene der nächsten Schritte.

Praxisbeispiel für einen »Weg suchenden Gesprächspartner« im Coaching

C: »Schön, dass Sie da sind. Herzlich willkommen. Was soll in dieser Stunde hier passieren, damit sich das Gespräch für Sie ausgezahlt haben wird?«

GP: »Vielen Dank, dass Sie Zeit für mich haben. Ich möchte mich gerne beruflich weiterentwickeln und brauche Unterstützung, um mir zu überlegen, wie das am besten möglich ist.«

C: »Das klingt für mich nach einer schönen Herausforderung, der Sie sich da stellen. Was genau möchten Sie denn beruflich erreichen?«

GP: »Wissen Sie, ich bin derzeit als Entwickler in einem auslaufenden Projekt beschäftigt. Während der letzten beiden Jahre habe ich immer wieder bemerkt, wie gerne meine Kollegen zu mir kommen und mich um Unterstützung bitten – und das nicht nur in fachlicher Hinsicht. Ich denke, ich wäre eine gute Führungskraft. Ich habe Ideen für die Zukunft unseres Unternehmens, komme mit den Menschen auf allen Hierarchieebenen gut klar und hätte auch Lust, ein wenig strategischer am Erfolg der Firma mitzuwirken.«

C: »Sie möchten also Führungskraft werden und auch strategisch mitwirken können? In welcher Position wären Sie denn künftig gerne tätig?«

GP: »Nun ja, ich weiß, dass eine Teamleiterin bei uns ein Kind erwartet. Sie möchte dann für mindestens zwei Jahre bei ihrem Baby zuhause bleiben. Ich denke, es wäre ein guter Start, als Teamleiter erste Führungserfahrungen zu sammeln und wer weiß, wohin sich der Weg dann später entwickeln kann ...«

C: »Und angenommen, Sie würden die Stelle Ihrer Kollegin als Teamleiter übernehmen können – was würde das für Sie verändern?«

GP: »Dann könnte ich mal ausprobieren, ob Führung so funktioniert, wie ich mir das denke. Ich würde viele Dinge anders machen als mein aktueller Teamleiter – obwohl ich weiß, dass er immer sein Bestes gibt. Zum Beispiel würde ich wesentlich mehr persönliche Gespräche mit den Teammitgliedern führen. Ich glaube, dass dann viel mehr Ärger einfach ausgesprochen werden würde anstatt hinuntergeschluckt. Vermutlich gäbe es dann auch weniger Missverständnisse im Team. Ich würde auch die Teammitglieder viel mehr selbst entscheiden lassen. Die haben oft richtig tolle Ideen, die leider heute niemand hören will. Solche Sachen eben. Vielleicht liege ich ja auch voll daneben – doch das glaube ich erst, wenn ich es ausprobiert habe.«

C: »Und welche privaten Veränderungen würde eine solche Position mit sich bringen?«

GP: »Hmmm... Darüber habe ich bisher noch nicht nachgedacht ... Vermutlich würde meine Partnerin mehr von den Dingen verstehen, die mich dann beschäftigen, als bisher. Die Leute würden möglicherweise anders reagieren, wenn ich erzähle, was ich beruflich mache – als Entwickler hat man doch immer noch oft das Image eines Eigenbrötlers, der sich nur für seinen PC interessiert und mit dem man keine normalen Gespräche führen kann.«

→

C: »Wenn es Nachteile geben würde, welche könnten das sein?«

GP: »Vielleicht die Verantwortung, die man dann zu tragen hat. Schließlich müssen Misserfolge des Teams vor der Abteilungsleitung gerechtfertigt werden. Aber das würde mir nichts ausmachen. Damit käme ich klar.«

C: »Sie haben mir erzählt, dass Sie gut mit Menschen kommunizieren können, dass Sie gute Ideen haben, wie Führung funktioniert, dass Sie Mut und Lust haben, strategisch am Unternehmenserfolg mitzuwirken, dass demnächst eine Position als Teamleiter zu besetzen ist. Was gibt es außerdem, das Ihnen Zuversicht gibt, Ihr Ziel erreichen zu können?«

GP: »Ich denke, ich genieße das Vertrauen unseres Personalchefs und meines Abteilungsleiters. Das aktuelle Projekt, in dem ich arbeite, ist – wie schon gesagt – demnächst fertig und ich habe mit zwölf Jahren Berufspraxis viel Erfahrung in unserem Geschäft. Ich bin ziemlich sicher, dass es schon viele gute Argumente gibt, die meine Zuversicht rechtfertigen.«

C: »Ich höre, Sie haben sich schon viele Gedanken dazu gemacht. Für mich klingt das alles sehr schlüssig und klar, was Sie mir da erzählen. Was wäre denn nun aus Ihrer Sicht als Nächstes zu tun, um Ihrem Ziel einen Schritt näher zu kommen?«

Durch die Fragen des Coachs ist der Gesprächspartner nun sehr zuversichtlich, sein Ziel erreichen zu können. Der Wunsch, dies zu tun, ist durch die Ausformulierung der positiven Auswirkungen ebenfalls gewachsen. Die nächsten Schritte zu formulieren, ist für ihn jetzt vermutlich leichter möglich als vor dem Gespräch.

4.7 Das Folgegespräch in der Lösungspyramide

Veränderungen finden meist zwischen den einzelnen Coaching-Sitzungen statt und nur selten in den Sitzungen selbst. Dort werden hauptsächlich Anstöße zur Veränderung gegeben und konkrete Schritte zur Umsetzung erarbeitet. Bei jedem Treffen gibt es also eine neue Ausgangssituation. Bei der Umsetzung der erarbeiteten Schritte können sich neue Themen ergeben und auch aktuelle Entwicklungen, die mit der ersten Sitzung gar nichts zu tun haben, können beim nächsten Treffen inhaltlich im Vordergrund des Interesses stehen.

Deshalb ist es zu Beginn jeder Coaching-Einheit nötig, eine neue Auftragsklärung voranzustellen, also wieder am Boden der Lösungspyramide zu starten. Erst wenn diese adressiert worden ist, kann gemeinsam entschieden werden, an welchem Ziel – dem alten oder einem neuen – diesmal gearbeitet werden soll. Die Lösungspyramide kann nun wieder als Wegweiser durch das Gespräch herangezogen werden.

Tauchen keine neuen Themen auf, liegt der Fokus auf den seit dem letzten Treffen erzielten Verbesserungen. Auf dieser Basis können weitere Schritte in Richtung Zielerreichung erarbeitet werden. Typische Fragen für den Beginn eines Folgegesprächs sind:

- »Was ist seit dem letzten Gespräch anders/besser?«
- »Was habt ihr erreicht?«
- »Woran wollen wir heute arbeiten?«

4.8 Selbstreflexion

- Was in diesem Kapitel ist für Sie neu/spannend/hilfreich?
- In welchen Situationen können Sie die Lösungspyramide praktisch nutzen?
- Wie können Sie Ihre Kollegen/Mitarbeiter/Kunden dabei unterstützen, in ihrer Arbeit und in der Erfüllung ihrer Aufgaben Sinn zu finden?
- Welche Reaktionen würde die Frage nach der Zuversicht in Ihren Gesprächen vermutlich auslösen?
- Welchen Unterschied könnte diese Frage für die Zielerreichung Ihrer Gesprächspartner machen?

4.9 Experimente und Übungen

- Bereiten Sie sich gedanklich auf ein bevorstehendes Gespräch, in dem Sie selbst ein Ziel erreichen möchten, mithilfe der Lösungspyramide vor:
  - Boden:
    Was ist das Thema? Worum geht es?
  - Ebene 1:
    Welches Ziel möchten Sie in dem Gespräch erreichen? Welche Auswirkungen wird die Zielerreichung für Sie/für andere haben? Und welche noch?
  - Ebene 2:
    Wie weit sind Sie schon auf dem Weg zu Ihrem Ziel? Was funktioniert bereits? Was haben Sie schon, das Ihnen dabei hilft, es erreichen zu können?
  - Ebene 3:
    Angenommen, Sie wären Ihrem Ziel schon einen Schritt näher, was wäre dann anders? Und was noch? Wie wird es Ihnen gelungen sein, diesen nächsten Schritt zu machen?
  - Ebene 4:
    Wie zuversichtlich sind Sie auf einer Skala von 0 bis 10, dass Sie das hinbekommen werden? Was muss in den nächsten Tagen passieren, damit Ihre Zuversicht gleich hoch bleibt? Was muss passieren, damit sie noch steigt? Wie können Sie das erreichen?

- Denken Sie an ein Ziel, das Sie gerne erreichen möchten: zum Beispiel ein nächster Karriereschritt, regelmäßig Sport treiben, gesündere Ernährung, mehr Zeit mit Freunden verbringen – es sollte etwas sein, was Ihnen wirklich wichtig ist. Versetzen Sie sich nun gedanklich in die gewünschte Zukunft, also in jenen Moment, wenn Sie Ihr Ziel vollständig erreicht haben werden.
  - Finden Sie mindestens 20 Dinge, die jetzt für Sie besser sind als vorher, und schreiben Sie sie auf. Was werden Sie anderes tun? Welche neuen Möglichkeiten hätten Sie? Was würden andere über Sie sagen? ...
  - Finden Sie nun weitere 20 Dinge, die sich durch Ihre Zielerreichung für andere verbessern, und notieren Sie diese ebenfalls.
  - Rufen Sie nun einen Freund an und lesen Sie ihm die Liste vor. Bitten Sie ihn, noch jeweils fünf Dinge zu ergänzen.
- Beobachten Sie in den folgenden Tagen, was Sie schon tun, um Ihrem Ziel näher zu kommen. Erzählen Sie auch Ihrem Freund davon, wenn Sie etwas entdecken.
- Versuchen Sie an einem beliebigen Tag der kommenden Woche die Worte *nicht* und *kein* zu vermeiden und stattdessen all Ihre Aussagen positiv zu formulieren. Seien Sie dabei geduldig mit sich selbst. Jedes *nicht* oder *kein,* das Ihnen auffällt, ist bereits ein Anzeichen für die Verinnerlichung der positiven Formulierung. Vielleicht möchten Sie gleichzeitig auch andere nach dem »Was stattdessen?« fragen, wenn Sie in Formulierungen ein *nicht* oder *kein* hören.

5 Einzelcoaching – das Team und seine Individuen

Was hat das Thema Einzelcoaching in einem Buch über Teamcoaching zu suchen? Nun, ein Team wird erst zum Team, wenn mehrere Individuen zusammen am selben Ziel arbeiten. Die Einzelperson ist daher im Team von hoher Bedeutung. Wenn auch nur ein einziges Teammitglied unglücklich, ausgeschlossen, in einer persönlichen Krisensituation oder im Widerstand gegen äußere Umstände ist, hat das Auswirkungen auf das gesamte Team.

Der Einsatz der unterschiedlichen Fähigkeiten und Stärken aller Teammitglieder ist es, was ein Team erfolgreich macht. Es sind dies unter anderem die ständige offene Kommunikation, das gemeinsame Feiern von Erfolgen und das gemeinschaftliche Lösen anstehender Herausforderungen.

Die Probleme Einzelner wirken sich auf alle aus und das kann zu Konflikten im Team führen. Oft sind die Ursachen privater Natur und können deshalb im Team nicht gelöst werden. Deshalb ist Einzelcoaching wichtig. Auch im Teamkontext.

5.1 Was im Einzelcoaching zu beachten ist

5.1.1 Vertraulichkeit und Vertrauen

Was auch immer Ihnen während eines Coachings – oder auch während eines anderen Gesprächs – unter vier Augen anvertraut wird, darf nur mit der ausdrücklichen Erlaubnis des Coachees bzw. Mitarbeiters an Dritte weitergegeben werden. Vertraulichkeit schafft den Raum für Vertrauen. Nur wenn Vertrauen gegeben ist, kann auch offen über Probleme gesprochen werden. Ein einziger Verstoß gegen diese wichtige Regel kann dazu führen, dass das Vertrauen für immer verloren ist.

Sollten Sie in die Situation kommen, durch die Personalabteilung eines Unternehmens oder eine Führungsperson zum Coachen eines Mitarbeiters beauftragt zu werden, dann muss das Thema Vertraulichkeit unbedingt Teil der Auftragsklärung sein. Selbstverständlich hat der Auftraggeber das Recht zu erfahren, ob das Coaching stattgefunden hat oder nicht. Die Weitergabe inhaltlicher Informationen oder auch Einschätzungen über den Coachee sind jedoch strikt abzulehnen.

Es gibt Ausnahmesituationen, in denen es aus dringenden Gründen wie dem Schutz eines Mitarbeiters notwendig ist, besprochene Inhalte weiterzugeben. In einem solchen Fall ist es erforderlich, sich dafür die ausdrückliche Zustimmung des Gesprächspartners zu holen. Wird die Zustimmung verweigert, gilt es, gemeinsam Alternativen zu erarbeiten.

Das für Offenheit erforderliche Vertrauen beruht im Einzelcoaching auf Gegenseitigkeit. Der Coachee muss darauf vertrauen dürfen, dass sein Coach ihm bei der Verbesserung seiner aktuellen Situation helfen möchte und dass er – wie bereits erwähnt – besprochene Inhalte für sich behält. Der Coach seinerseits muss Vertrauen in die Tatsache haben, dass der Coachee sein Bestes gibt und in der Lage ist, die für ihn passende Lösung für sein Problem finden zu können.

In Gesprächen zwischen Führungsperson und Mitarbeiter kommt dazu noch das notwendige Vertrauen, dass sich eine große Offenheit im Gespräch nicht nachteilig auf die Karriere des Mitarbeiters auswirken wird. Wenn Angst im Spiel ist, kann kein Gespräch erfolgreich sein. Die Konzentration liegt dann nicht beim eigentlichen Thema, sondern auf der Vermeidung möglicher Konsequenzen des Gesprächs.

5.1.2 Freiwilligkeit

Coaching kann nur dann wirksam sein, wenn es freiwillig stattfindet, wenn also der Coachee ein Anliegen hat, über das er sprechen möchte. Wenn Freiwilligkeit gegeben ist, können aktive Teilnahme am Gespräch, Offenheit und der Wille, etwas zu verändern, bereits vorausgesetzt werden. Durch Anwendung der lösungsfokussierten Haltungen und Fragetechniken ist der Weg zum Ziel oft rasch und einfach zu bewältigen.

In der Realität ist Freiwilligkeit nicht immer gegeben. Da sind es Führungskräfte, die ihrem Mitarbeiter empfehlen, Coaching in Anspruch zu nehmen, weil sie mit der Leistung oder dem Verhalten in so manchem Punkt nicht einverstanden sind und sich davon Hilfe versprechen. Da gibt es Personalverantwortliche, die Coaching verordnen, weil das aus ihrer Sicht ab einer gewissen hierarchischen Position nun mal dazugehört. Und manchmal ergeben sich auch Situationen, in denen eine Person Coaching in Anspruch nimmt, weil sie selbst denkt, dass sie das ihrer Position schuldet.

Wie geht ein Coach mit einer solchen Situation um? In vielen Fällen ist es möglich, auch bei ungünstiger Ausgangslage gute Coaching-Gespräche zu führen. Dazu braucht es viel Wertschätzung, Transparenz bezüglich des erteilten Auftrags und die volle Konzentration des Coachs auf den Gesprächspartner und dessen aktuelle Situation. Er muss Geduld aufbringen, um das Vertrauen des Coachees zu gewinnen und eine angemessene Auftragsklärung mit ihm durchführen. Dabei hat grundsätzlich der Coachee das Steuer in der Hand. Er bestimmt die Geschwindigkeit und die inhaltliche Richtung des Gesprächs.

Praxisbeispiel zum Thema »Freiwilligkeit«

Ein Beispiel zu diesem Thema hat Veronika gleich zu Beginn ihrer Coaching-Karriere erlebt. Sie war für ein Unternehmen tätig, das beauftragt wurde, Langzeitarbeitslose beim Wiedereingliederungsprozess in den Arbeitsmarkt zu begleiten. Ein obdachloser Mann kam zum Einzelcoaching, das für ihn verpflichtend war, um Geld vom Sozialamt zu erhalten. Er bat Veronika, ihre Unterschrift unter die Anwesenheitsbestätigung zu setzen, um anschließend gleich wieder gehen zu dürfen. Sie willigte ein, ihre Unterschrift in 50 Minuten zu leisten. Der Mann setzte sich und schwieg. Veronika schwieg ebenfalls. Dieses Schweigen dauerte ungefähr 20 Minuten an. Dann unterbrach der Mann die Stille mit der Frage, worüber denn in so einem Coaching normalerweise gesprochen würde. Sie fragte, worüber es denn für ihn sinnvoll wäre zu sprechen. Aus diesem holprigen Beginn entstand eine gute und wertschätzende Coach-Klienten-Beziehung. Der Mann kam von da an jede Woche pünktlich und gerne zu seinen Coaching-Sitzungen.

5.1.3 Setting

Damit Vertrauen und Offenheit im Gespräch entstehen können, ist es nötig, einen ungestörten und angenehmen Rahmen zu schaffen. Ein vorbereiteter Raum mit Tageslicht zum Beispiel, in dem zwei Stühle stehen, die einander zugewandt sind, und ein kleiner Tisch mit einem Wasserkrug, zwei Gläsern, Block und Stiften vermitteln schon beim Eintreffen das Gefühl, willkommen zu sein. Achten Sie auf kleine wichtige Details, die im Gespräch ablenken oder fehlen könnten:

- Nehmen Sie sich vor der Sitzung Zeit, sich persönlich auf das Treffen einzustellen. Damit ist gemeint, dass Sie möglichst alle Ihre Sorgen, den Tagesstress, Ihre Folgetermine, die Arbeit, die noch herumliegt, die schlechte Laune Ihrer Mitmenschen etc. für die Dauer des Termins zur Seite packen. Kreieren Sie Ihre eigene Strategie, um das gut hinzubekommen. Manchen hilft eine bewusst getrunkene Tasse Tee oder ein kleiner Spaziergang um den Block. Andere meditieren kurz oder ziehen sich bestimmte Kleidungsstücke an, die sie in die passende Rolle versetzen. Seien Sie sich dessen bewusst, dass Ihre persönliche Befindlichkeit sich auf Ihr Gegenüber überträgt und damit die Arbeit erleichtert oder auch erschwert. Was immer Ihnen dabei hilft, ganz für Ihren Gesprächspartner da sein zu können, ist richtig.
- Achten Sie darauf, dass Sie 15 Minuten vor dem Coaching bereit sind, Ihr Gegenüber zu empfangen. Das bedeutet, dass zu diesem Zeitpunkt der Raum fertig hergerichtet ist und dass Sie selbst bereit sind für das Gespräch.
- Schalten Sie das Telefon aus oder leiten Sie es um.
- Platzieren Sie eine Uhr hinter dem Stuhl Ihres Gesprächspartners, damit Sie während des Coachings die Zeit unauffällig im Blick behalten können. Die Uhr sollte leise und groß genug sein, um die Zeit bequem ablesen zu können.
- Sorgen Sie – für alle Fälle – für eine Packung Taschentücher in Ihrer Griffweite.

- Überlegen Sie, ob ein Flipchart benötigt werden könnte, und organisieren Sie es für diesen Fall rechtzeitig inklusive Papier und gut schreibenden Stiften.
- Reservieren Sie den Raum etwas länger. So haben Sie die Möglichkeit, ein wenig zu überziehen, wenn das Gespräch am Ende der vereinbarten Zeit gerade an einem heiklen Punkt angekommen ist, an dem Sie unbedingt weiterarbeiten wollen. Denken Sie auch daran, Ihre Folgetermine entsprechend zu planen.
- Platzieren Sie an einem großen Tisch die Stühle am besten über Eck. Ein Tisch wirkt wie eine Barriere zwischen Ihnen und dem Gesprächspartner und hat oft negative Auswirkungen auf die Offenheit und das Vertrauen im Gespräch.
- Um eine gute Arbeitsbeziehung herzustellen, braucht Ihr Gegenüber zu Beginn des Gesprächs ein wenig Zeit, um bei Ihnen anzukommen. Das gilt vor allem dann, wenn Sie sich davor nie begegnet sind. Führen Sie dazu ein wenig Smalltalk. Fragen Sie, ob der Weg hierher leicht zu finden war, freuen Sie sich über das tolle Wetter oder die aktuelle Jahreszeit. Was auch immer gerade passt, ist willkommen. So kann sich Ihr Gesprächspartner auf Ihre Stimme, das Sprechtempo und Ihre Art einstellen – und auch Sie lernen schnell, welches Verhalten für Ihr Gegenüber angemessen ist.
- Klären Sie gemeinsam, bevor Sie inhaltlich einsteigen, noch einmal die Rahmenbedingungen: die Dauer des Gesprächs, Möglichkeiten Notizen zu machen und die Vertraulichkeit der besprochenen Inhalte.

5.1.4 Gang-Gespräche

Es passiert recht häufig, dass Mitarbeiter bei einem zufälligen Zusammentreffen auf dem Gang oder in der Kaffeeküche ihre jeweiligen Anliegen platzieren möchten. Die Chance, einen kurzen Moment unter vier Augen sprechen zu können, ist vor allem in Großraumbüros selten und wird dann gerne ergriffen, wann immer sie sich bietet.

Gerade der lösungsfokussierte Coaching-Ansatz hat für solche Situationen die richtigen Techniken parat. Mit der richtig platzierten Zielfrage und einer folgenden Skala ist es in vielen Fällen möglich, auch in sehr kurzer Zeit wertvolle Hilfe zu leisten (siehe auch [Cooper & Castellino 2012]).

Sollte sich jedoch herausstellen, dass das vorliegende Thema tiefgreifender betrachtet werden muss, ist der öffentliche Rahmen für ein solches Gespräch ungeeignet. Zu groß ist die Gefahr, plötzlich unterbrochen zu werden. Je nach Intensität und Dringlichkeit des Anliegens empfiehlt es sich daher, den Moment zu nutzen, einen konkreten Gesprächstermin für das anstehende Thema auszumachen. Wenn die Gelegenheit und die jeweiligen Terminpläne es erlauben, kann natürlich auch sofort ein geeigneter Besprechungsraum zur Weiterführung des angesprochenen Themas gemeinsam aufgesucht werden.

Auch wenn die Verlockung manchmal groß ist, durch den *passenden Ratschlag* Soforthilfe zu leisten: Gönnen Sie sich und Ihrem Gesprächspartner die Möglichkeit, in Ruhe ein klärendes Gespräch zu führen. So können Sie am Ende sicher sein, dass die entwickelten Ideen auch auf fruchtbaren Boden treffen.

5.1.5 Umgang mit Coaching-Resistenz

Hin und wieder kann es vorkommen, dass eine Person sich absolut nicht von Ihnen coachen lassen möchte. Egal, welche der hier angeführten Techniken Sie dann auch anwenden – bei anderen mögen sie gut wirken, hier verfehlen sie ihre Wirkung. Das kann mehrere Ursachen haben und daher gibt es auch verschiedene Möglichkeiten, situativ passend vorzugehen:

1. Bleibt die Person beispielsweise in seinem Problemfokus und erzählt unermüdlich davon, wie unerträglich die Zusammenarbeit mit dem Stararchitekten im Team ist? Dann haben Sie vermutlich das vorliegende Problem noch nicht in seinem vollen Ausmaß verstanden und wertgeschätzt:
   - »Diese Situation scheint für dich wirklich schwierig zu sein. Vielen Dank, dass du so offen mit mir darüber sprichst. Wie schaffst du es denn bisher, damit umzugehen?«

   Sobald Ihr Gesprächspartner darauf vertraut, dass Sie ihn und sein Thema ernst nehmen, wird er vermutlich eher dazu bereit sein, Ihre Fragen zu beantworten. Vertrauen Sie darauf, dass das so ist. Nur, wenn Sie selbst daran glauben, wird auch er das tun.
2. Haben Sie den Eindruck, dass der Mitarbeiter trotz aller ehrlich entgegengebrachten Wertschätzung nicht bereit ist, mit Ihnen gemeinsam Wege in eine bessere Zukunft zu entwickeln? Eine mögliche Erklärung dafür wäre, dass es sich dabei um eine von *Ihnen* gewünschte Zukunft handelt, die der Mitarbeiter jedoch aus persönlichen Gründen ablehnt.

   Coaching funktioniert nur, wenn es freiwillig und gewollt ist. Coaching-Techniken für das Erreichen Ihrer eigenen Ziele anzuwenden, wird in den meisten Fällen scheitern. Es lohnt sich daher, in diesem Punkt ehrlich zu sein und zu erkennen, an wessen Ziel jeweils gearbeitet werden soll. Geht es dabei um Ihr eigenes, ist Coaching der falsche Weg. Nutzen Sie dafür besser die vier Schritte der Gewaltfreien Kommunikation oder auch die potenzialfokussierte Variante, wie sie in den Abschnitten 5.2.1 und 5.2.2 beschrieben sind.
3. Eine dritte Möglichkeit, die dazu führt, dass eine Person nicht gecoacht werden möchte, sind bestehende zwischenmenschliche Unstimmigkeiten zwischen Ihnen. Nur wenn Ihr Gesprächspartner Vertrauen zu Ihnen hat, wird er sich von Ihnen beim Finden eines Wegs unterstützen lassen. Dieses Vertrauen kann weder verordnet noch per Knopfdruck wiederhergestellt wer-

den, wenn es erst einmal verloren gegangen ist. Es wiederzugewinnen braucht Zeit und viele positive gemeinsame Momente.

Wenn Sie die betreffende Person dennoch unterstützen möchten, bieten Sie ihr an, mit einem anderen Coach zu arbeiten. Es besteht die Möglichkeit, dass auch dieses Angebot ausgeschlagen wird. Nehmen Sie das nicht persönlich, sondern signalisieren Sie stattdessen, dass Sie jederzeit zu einem Gespräch bereit sind. So legen Sie den nächsten Schritt vertrauensvoll in die Hände Ihres Kollegen. Das ist alles, was Sie an dieser Stelle tun können.

4. Wenn Sie als Coach für ein Coaching engagiert werden und der Coachee unfreiwillig zum Gespräch erscheint, also zum Beispiel von seinem Chef geschickt worden ist, kann auch hier der Eindruck von Coaching-Resistenz entstehen. Hier gilt es, eine persönliche und wertschätzende Beziehung zum Coachee aufzubauen. Bedanken Sie sich dafür, dass er zum Termin gekommen ist, und bitten Sie ihn darum, Ihnen die aus seiner Sicht erwünschten Ziele für dieses Gespräch zu nennen.

   Wenn sich dabei herausstellt, dass der Coachee die Ansichten seines Vorgesetzten nicht teilt, sollten Sie das ernst nehmen. Wahrscheinlich gibt es stattdessen ein anderes Thema, das für Ihren Gesprächspartner relevant ist – vielleicht die Beziehung zu seinem Vorgesetzten.

   Sie dürfen den systemischen Gesetzmäßigkeiten vertrauen: Wenn sich ein Problem für den Coachee lösen lässt, egal welches, wird dieser Umstand auch Auswirkungen auf andere Themen haben. Vermutlich wird sich dieser Umstand auch auf die Wünsche Ihres Auftraggebers positiv auswirken. Jedenfalls besteht so die Chance dazu. Auf der Besprechung eines Themas zu beharren, das für den Coachee irrelevant erscheint, ist in jedem Falle aussichtslos.

Es gibt auch noch weitere denkbare Szenarien, in denen Coaching-Resistenz scheinbar dazu führt, dass es nicht möglich ist, gemeinsam mit dem Gesprächspartner Lösungen zu erarbeiten. Es ist jedoch sinnlos, weiter nach ihnen zu forschen, denn Coaching-Resistenz kann es gar nicht geben, wenn der Grundsatz, dass Coaching immer nur freiwillig passiert, verstanden wurde und befolgt wird. In allen vier hier beschriebenen Fällen liegt ein Widerstand des Gesprächspartners vor und daher keine Bereitschaft für einen gemeinsamen Coaching-Prozess.

Stellen Sie sich in solchen Fällen die Frage, *wer* in der jeweiligen Situation tatsächlich das Problem hat und ob Coaching hier wirklich das richtige Mittel der Wahl ist, um zum Ziel zu kommen. Wünschen Sie sich eine Verhaltensänderung von Ihrem Gesprächspartner? Dann eignet sich viel mehr ein klärendes Gespräch. Hat Ihr Auftraggeber das Problem mit Ihrem Gesprächspartner? Vielleicht können Sie dann besser ihm mit einem Coaching-Gespräch weiterhelfen.

5.2 Feedback-Gespräche

Über das Thema Feedback gibt es zahlreiche Literatur. Das liegt unter anderem sicher daran, dass gerade in diesem Thema viel Konfliktpotenzial liegt. Dabei ist der Beweggrund für Feedback normalerweise positiv: Der Feedback-Geber möchte die Gelegenheit wahrnehmen, Unterstützung bei einer – aus seiner Sicht notwendigen – Verhaltensänderung zu leisten oder Wertschätzung zu vermitteln. Der Feedback-Empfänger möchte wertvolle Informationen erhalten, die er zur eigenen Weiterentwicklung nutzen kann, also Sicherheit erlangen in Bezug auf das eigene Verhalten. Und beides ist zweifellos wichtig und wünschenswert.

Wie kommt es dann, dass Feedback immer wieder als bedrohliches Szenario von beiden Seiten wahrgenommen wird? Und wie kann damit verfahren werden, sodass es für beide Seiten hilfreich und fruchtbar wird? Möglicherweise liegt es einfach am Begriff.

Gedanken für den Feedback-Nehmer:

Wozu möchten Sie, normalerweise, Feedback bekommen? Für viele Menschen geht es dabei darum, die eigene Sicherheit durch Bestätigung (vgl. Abschnitt 7.5 zum SCARF-Modell) zu erhöhen. Diese Sicherheit kann auf mehreren Ebenen gebraucht werden: »*Habe ich die Sache aus deiner Sicht gut gemacht? Bist du mit mir und meiner Leistung zufrieden? Soll ich das nächste Mal etwas besser machen? Unterstützt du mich und meinen Weg persönlich? Hast du noch ein paar Tipps für mich, wie ich mit erlebten Unsicherheiten künftig besser umgehen kann?*« All das sind Fragen, die hinter der Bitte um Feedback stehen können. Welche es nun genau sind, kann der Feedback-Geber nur erahnen, wenn sie nicht explizit ausgesprochen werden. Die Gefahr ist deshalb groß, dass die Antwort nicht in die erwünschte Kerbe schlägt, sondern stattdessen Auslöser für noch größere Unsicherheit ist.

Aus diesen Gründen möchten wir empfehlen, das Wort *Feedback* zu vermeiden und stattdessen konkrete Fragen zu stellen, um hilfreiche und dem Ziel dienliche Antworten zu erhalten. »*Was hat dir an meinem Vortrag gut gefallen? Was sollte ich aus deiner Sicht beim nächsten Mal anders machen? Denkst du, dass der Punkt XY bei den Anwesenden angekommen ist? Hast du dich persönlich angesprochen gefühlt? Was hättest du gebraucht, um meinem Vortrag noch aufmerksamer folgen zu können?*«

Gedanken für den Feedback-Geber:

In welchen Situationen nutzen Sie selbst das Wort *Feedback*? In der Praxis erleben wir, dass der Begriff fast immer eine Rede zu einer erwünschten Verhaltensänderung einleitet. Zum Beispiel: »*Peter, darf ich dir Feedback zu deinem heutigen Vortrag geben? Ich denke, dass du da ein paar Dinge anders hättest machen können.«* Peter hört in vielen Fällen: »*Ich habe Mist gebaut!*«, obwohl das mit keiner Silbe gesagt und oft auch anders gemeint war.

Wann immer das Wort Feedback fällt, gehen viele Menschen innerlich in Widerstand, weil sie fürchten, negative Kritik ertragen zu müssen [Dixon+ 2010]. [Hufnagl 2014, S. 58] beschreibt, dass dann in Erwartung eines unangenehmen Gesprächs bereits vieles, das gesagt wird, einseitig interpretiert wird und neutrales Zuhören kaum mehr möglich ist.

Die meisten Menschen fragen nicht nach, ob sie positives Feedback geben dürfen. Das tun sie dann einfach. Und sie nennen es meist auch nicht so. Sie sagen dann zum Beispiel: »*Peter, dein Vortrag heute war einfach großartig! Ich gratuliere dir! Du hast es gut geschafft, die wichtigen Informationen rüberzubringen, und auch noch die nötige Portion Humor hineingepackt. Bravo!*« Kein Feedback zur Einleitung – haben Sie es bemerkt?

Als Konsequenz möchten wir vorschlagen, das Wort Feedback gar nicht mehr zu verwenden. Formulieren Sie wertschätzende Bitten, zum Beispiel mit der Technik der *Potenzialfokussierten Kommunikation* (vgl. Abschnitt 5.2.2), wenn Sie sich zum Beispiel in einem Kritikgespräch eine Verhaltensänderung von Ihrem Gegenüber wünschen. Formulieren Sie persönliche Wertschätzung am besten in der Ich-Form (vgl. Abschnitt 3.3.1), wenn Sie positive Rückmeldung geben möchten.

Häufig ist die Aufgabe, ein Kritikgespräch zu führen, schwierig und unangenehm. Schließlich müssen Sie damit rechnen, dass der betroffene Mitarbeiter Ihre Kritik als Angriff auf beispielsweise seine Professionalität wertet. Er wird möglicherweise in Widerstand gehen, sich falsch verstanden fühlen oder sogar zum (Gegen-)Angriff ausholen. Die Bitte, die Sie am Ende Ihrer Ausführungen an ihn stellen wollten, wird – wenn Sie überhaupt noch dazu kommen, diese zu formulieren – dann oft zur Gänze überhört.

5.2.1 Die vier Schritte der Gewaltfreien Kommunikation

Eine Möglichkeit, Ihre Kritik und die dazugehörige Bitte so zu formulieren, dass der Mitarbeiter möglichst kooperativ bleiben kann, bietet Marshall B. Rosenberg [Rosenberg 2010] mit der *Gewaltfreien Kommunikation*. Seine Lehre ist sehr umfangreich, sie zu erlernen und zu perfektionieren, braucht bestimmt Jahre der intensiven Beschäftigung damit. Jener Teil davon, der zum Thema »Kritikgespräche führen« besonders hilfreich erscheint, heißt *Die vier Schritte der Gewaltfreien Kommunikation*.

Die vier Schritte werden hier kurz vorgestellt. Zum einen machen sie die Bedeutung der behutsamen Anwendung von Sprache in Kritikgesprächen deutlich und zum anderen kann diese Technik mit etwas Übung direkt angewendet werden.

Schritt 1: Wahrnehmungen und Beobachtungen schildern

Beginnen Sie das Gespräch damit, konkret zu beschreiben, welches Verhalten Sie beobachtet haben. Achten Sie darauf, dabei nicht zu interpretieren.

Wenn der Mensch etwas hört oder sieht, entwickelt er unweigerlich Hypothesen auf Basis seiner eigenen Erfahrungen. Wenn er seine Interpretationen als Wahrnehmung ausdrückt, kann sein Gegenüber berechtigterweise in den Widerstand gehen. Deshalb ist es wichtig, nur *echte* bewertungsfreie Beobachtungen zu benennen. Ein Beispiel dafür ist die Aussage: »Ich habe den Bericht, den du mir für heute Morgen um neun Uhr versprochen hattest, bisher nicht von dir erhalten« anstelle von: »Du agierst völlig unzuverlässig!«

Um herauszufinden, ob das, was ausgedrückt wurde, eine Wahrnehmung oder eine Interpretation ist, gibt es einen einfachen Test: Wenn der andere sagen kann: »Das stimmt nicht«, wurden keine Fakten benannt, sondern interpretiert und gewertet.

Schritt 2: Gefühle ausdrücken

Indem Sie ausdrücken, welches Gefühl die oben beschriebene Beobachtung in Ihnen auslöst, streichen Sie heraus, dass Sie persönlich davon betroffen sind. Es geht hier also um eine Sache, die Ihnen etwas bedeutet und nicht um irgendein graues Regelwerk, das nicht eingehalten wurde.

Für die meisten Menschen ist es ungewohnt, nach ihren Gefühlen gefragt zu werden, und es ist daher für sie schwierig, ihre Gefühle auszudrücken. Oft verkleiden sich Aussagen als Gefühle, die gar keine sind. Zum Beispiel beschreibt der Satz: »Ich habe das Gefühl, dass wir die User-Story in diesem Sprint nicht mehr hinbekommen werden«, kein Gefühl, sondern einen Gedanken. Das passiert jedes Mal, wenn ein Satz mit den Worten »Ich habe das Gefühl …« beginnt. Versuchen Sie es selbst, wenn Sie Lust dazu haben.

Ein weiterer Fehler, der beim Beschreiben von Gefühlen häufig gemacht wird, ist, dass Vergleiche gezogen werden. »Ich fühle mich, als hätte ich heute Geburtstag«, ist zwar für viele Menschen im positiven Sinne nachvollziehbar, jedoch gibt es auch einige, die ihre Geburtstage hassen und daher ein völlig falsches Bild von dem Gefühl bekommen, das hier beschrieben werden soll. Beginnt ein Satz mit den Worten »Ich fühle mich wie …«, folgt als Beschreibung ein bildhafter Vergleich, der falsch interpretiert werden kann. Daher sollte diese Form vermieden werden.

Besonders ungünstig wirkt sich meist jene Art der Gefühlsbeschreibung aus, die als versteckter Vorwurf gehört werden kann. Sie entsteht durch die Formulierung »Ich fühle mich …« und ein angeschlossenes Verb. Zum Beispiel birgt der Satz »Ich fühle mich verletzt« in sich den Vorwurf, dass andere offenbar aktiv dazu beigetragen haben, dass die betreffende Person verletzt wurde. Dass der Empfänger dieser Botschaft dies als ungerechten Vorwurf versteht und in Widerstand geht, ist hier durchaus zu erwarten.

Sie merken schon, das richtige Beschreiben von Gefühlen ist eine echte Herausforderung. Marshall B. Rosenberg hat auch hier einen Test parat, der zur Kontrolle eingesetzt werden kann. Ist der Satz »Darauf reagiere ich ...«, gefolgt von Ihrem Gefühlswort, sinnvoll, haben Sie gute Chancen, dass Ihr Gegenüber kooperativ bleibt. Ergibt hingegen der Satz »Er hat mich ...«, gefolgt von Ihrem Gefühlswort, einen Sinn, ist wahrscheinlich das Gegenteil der Fall.

- Beispiel 1: »Ich fühle mich traurig.«
  - Test 1: »Darauf reagiere ich traurig.«
  - Test 2: »Er hat mich traurig.«

Dieser Test ist erfolgreich. »Er hat mich traurig« ergibt keinen Sinn. Die Wahrscheinlichkeit, dass hier ein Vorwurf gehört wird, ist gering.

- Beispiel 2: »Ich fühle mich ausgenutzt.«
  - Test 1: »Darauf reagiere ich ausgenutzt.«
  - Test 2: »Er hat mich ausgenutzt.«

Dieser Test ist nicht erfolgreich. »Er hat mich ausgenutzt« ergibt einen Sinn. Die Wahrscheinlichkeit, dass hier ein Vorwurf verstanden wird, ist groß.

Es gibt Wörter, die zu beiden Varianten passen. Diese nennt Rosenberg Zwitter-Wörter. Diese Wörter sind mit Vorsicht zu benutzen. Selbst wenn sie als Gefühl gemeint sind, können sie als Vorwurf verstanden werden.

- Beispiel 3: »Ich fühle mich enttäuscht.«
  - Test 1: »Darauf reagiere ich enttäuscht.«
  - Test 2: »Er hat mich enttäuscht.«

Viele Menschen haben gelernt, dass sie für die Gefühle anderer verantwortlich sind. Das stimmt so nicht. Niemand kann jemand anderen wütend oder traurig machen. Ebenso wenig kann jemand einen anderen Menschen glücklich oder fröhlich machen. Für die eigenen Gefühle ist jede Person selbst verantwortlich. Gefühle entstehen nämlich, indem eine Wahrnehmung bewertet wird, also dadurch, dass man in bestimmter Weise über etwas denkt.

Der eine Kollege ärgert sich, weil er ohne Vorwarnung in seiner Arbeit unterbrochen und aus seinen Gedanken gerissen wird, weil jemand ihm eine Frage stellt. Der andere Kollege freut sich in derselben Situation, weil seine Expertise anerkannt wird und andere darauf vertrauen, dass man jederzeit zu ihm kommen und ihn um Rat fragen kann.

Für die eigenen Gefühle kann also niemand anderes verantwortlich gemacht werden als die betreffende Person selbst. Diese Einsicht mag im ersten Moment für manche schwer nachzuvollziehen sein, und doch eröffnet sie die Möglichkeit, Menschen und Situationen in einem neutraleren Licht zu sehen.

Schritt 3: Bedürfnisse (das Wozu) erklären

Nachdem Sie Ihre Beobachtung und das daraus entstandene Gefühl beschrieben haben, geht es im dritten Schritt darum, den Sinn Ihres Anliegens darzulegen. Nur wenn Ihr Gesprächspartner versteht, wozu er sein Verhalten ändern soll, und ihm das sinnvoll erscheint, wird er es auch tun. Mit dem Darlegen Ihres Bedürfnisses können Sie ihm dabei helfen, Sinn in Ihrer danach folgenden Bitte zu erkennen.

Die Begrifflichkeiten zur Beschreibung von Bedürfnissen sind immer abstrakt und nicht konkret. Bedürfnisse sind zum Beispiel Schutz, Erfolg, Gesundheit, ebenso Status, Gewissheit, Selbstbestimmung, Zugehörigkeit und Fairness (vgl. Abschnitt 7.5 zu SCARF).

Bedürfnisse und Strategien zur Bedürfnisbefriedigung werden häufig sprachlich und inhaltlich verwechselt. So ist zum Beispiel der Satz »Ich brauche einen Kaffee« eine Strategie zur Bedürfnisbefriedigung. Welches Bedürfnis befriedigt werden soll, also erhöhte Aufmerksamkeit, Erholung oder Wärme, kann alleine der Sprecher wissen. Andere können nur darüber spekulieren ...

Wenn Ihr Gesprächspartner Ihr Bedürfnis, also »das Wozu« Ihres Anliegens kennt, dann wird es leichter, diesem auf vielfältige Art gerecht zu werden. Wenn Bedürfnisse und Strategien zur Bedürfnisbefriedigung sauber getrennt werden, gibt es mehr Flexibilität in den Bitten – es gibt dann unzählige andere Möglichkeiten, ein Bedürfnis zu befriedigen, wenn eine Strategie abgelehnt wurde.

Wenn also die Kaffeemaschine gerade defekt ist und Ihr Gesprächspartner verstanden hat, dass Sie gerade etwas zur Erhöhung Ihrer Aufmerksamkeit brauchen, muss er Ihre Bitte nicht ablehnen. Er kann dann beispielsweise das Fenster öffnen, um frische Luft hereinzulassen, Ihnen eine Tasse Schwarztee anbieten oder nachsehen, ob noch eine Dose Energy-Drink im Haus ist.

Mit dem Ausdruck von Bedürfnissen zeigen Sie, was Ihnen wichtig ist. Ihre Bedürfnisse entsprechen somit Ihren Werten. Der Ausdruck von Werten erhöht die Wahrscheinlichkeit zu bekommen, was Sie brauchen. Bedürfnisse werden stets in der Ich-Form formuliert.

Praxisbeispiel zur »Formulierung von Bedürfnissen«

Stellen Sie sich das folgende Szenario vor: Es ist ein Riesenfehler bei der Entwicklung passiert. Bemerkt hat ihn *der Kunde* nach der Auslieferung. Der Product Owner ist verständlicherweise sehr verärgert. Die Aussage »Ich brauche Mitarbeiter, die keinen Mist bauen« wäre zwar an dieser Stelle verständlich, jedoch nicht zieltauglich. Anstelle von erhöhter Aufmerksamkeit und Kooperationsbereitschaft wären hier Widerstand und Rückzug des Entwicklungsteams zu erwarten. Schließlich hatten die Teammitglieder aus ihrer Sicht das Beste gegeben, das zu dem Zeitpunkt möglich war. Und Fehler passieren nun einmal. Sie fühlen sich vermutlich durch diese Aussage entwertet, bedroht und unfair behandelt. In ihrem Ärger würden sie die in *Schritt 4* angeschlossene Bitte wohl kaum hören können.

→

Die Formulierung »Mir ist es wichtig, mich auf euch verlassen zu können« hingegen würde ein Bedürfnis ansprechen, das aus dem Mund des Product Owner ehrlich und nachvollziehbar klingt. Es ist weder ein Vorwurf in dieser Aussage enthalten noch eine Drohung. Wer möchte, kann sogar etwas wie Zuversicht heraushören, dass Verbesserung möglich ist. Die Aufmerksamkeit des Teams bleibt so wahrscheinlich erhalten und die nun nachfolgende Bitte kann bei ihm ankommen.

Schritt 4: Bitten formulieren

Der vierte und letzte Schritt beinhaltet das Formulieren dessen, was Sie sich wünschen. Ähnlich wie beim Formulieren von Zielen benennt Rosenberg auch hier Kriterien, die beachtet werden müssen:

- Bitten müssen positiv formuliert sein. Es geht um das, was sein soll, anstatt darum, was nicht sein soll.
- Es muss um konkretes Verhalten gebeten werden und nicht um Gefühle.
- Die Bitte muss realisierbar sein.
- Sie darf keine Vergleiche beinhalten, da diese individuell interpretiert werden können.
- Bitten müssen Entscheidungsfreiheit gewähren – sie müssen abgelehnt werden dürfen. Anderenfalls handelt es sich um eine Forderung, nicht um eine Bitte. Der Unterschied liegt im Verlust oder Erhalt der Wertschätzung für den anderen bei Ablehnung.

Im oben genannten Beispiel mit dem Fehler, den der Kunde entdeckt hat, könnte der Product Owner nun zum Beispiel sagen: »Sorgt dafür, dass das nie wieder vorkommt!« Wenn eine Bitte abgelehnt wird, steckt dahinter einer von drei Gründen für ein *Nein*. Jeder dieser Gründe ist valide und daher zu akzeptieren.

- Die Erfüllung der Bitte ist nicht möglich: »... dass das *nie wieder* vorkommt.« – »Nein, das können wir nicht versprechen.«
- Die Erfüllung der Bitte steht einem eigenen Bedürfnis entgegen: »Nein, wir müssen gerade eine andere Großbaustelle reparieren, die uns vom Management vorgegeben wurde. Wir können gerne die ärgsten Schäden beheben, nachhaltige Verbesserungen können wir erst nächste Woche in Angriff nehmen.«
- Die Bitte wird als Forderung verstanden: »Wieso sollen *wir* dafür sorgen? Wenn *du* uns genauere Infos zu den Anforderungen gegeben hättest und bei Rückfragen für uns erreichbar gewesen wärst, wäre das doch nicht passiert.«

Gerade bei dem letzten Grund für ein Nein können Missverständnisse schnell zu Konflikten werden. Eine kurze Erklärung, *wozu* die Bitte formuliert wird, kann dem entgegenwirken. Der Product Owner könnte zum Beispiel sagen:

»Ich bitte euch um eure Ideen, wie solche Fehler in Zukunft vermieden werden können, damit wir im nächsten Sprint anders vorgehen können.«

Zusammenfassung

Als Hilfestellung bewährt sich in vielen Fällen die Integration der vier Schritte in folgender Kurzfassung, die wir vom Tiroler Coach und Schuldirektor Andreas Wurzrainer kennen:

1. Wenn ich sehe (höre ...), dass (Beobachtung),
2. dann bin ich ... (Gefühl).
3. Weil es mir wichtig ist, dass ... (Bedürfnis),
4. bitte ich dich ... (Bitte).

Beispiel 1: »Wenn ich vom Kunden erfahre, dass hier ein Riesenfehler passiert ist, bin ich wütend. Weil es mir wichtig ist, mich auf euch verlassen zu können und auch beim Kunden den Ruf zu haben, verlässlich zu sein, bitte ich euch, mir Ideen zu liefern, wie wir im nächsten Sprint anders vorgehen müssen, damit so etwas nicht noch einmal passiert.«

Beispiel 2: »Wenn ich beobachte, dass die heutige Besprechung dreimal durch Lieferanten unterbrochen wurde, bin ich ärgerlich. Weil es mir wichtig ist, dass wir Ruhe und Konzentration für die Bearbeitung unserer Themen haben, bitte ich dich, einen anderen Besprechungsraum für uns zu organisieren.«

5.2.2 Die Potenzialfokussierte Kommunikation

Bei seiner Arbeit an der Weiterentwicklung der *Potenzialfokussierten Pädagogik* entdeckte Andreas Wurzrainer die Möglichkeit, die vier Schritte der *Gewaltfreien Kommunikation* in lösungsfokussierter Weise zu formulieren. Die Idee entwickelte er wenige Wochen vor dem Entstehen dieses Buches und es ist ein glücklicher Zufall, dass wir sie hier erstmals in seinem Namen veröffentlichen dürfen.

Schritt 1: Die erwünschte Beobachtung

Anstelle der realen unerwünschten Beobachtung wird im ersten Schritt beschrieben, welche zukünftige Beobachtung wünschenswert ist. Dieses Vorgehen hat gleich mehrere wesentliche Vorteile. Einmal wird gleich zu Beginn der eigentliche Wunsch klar mitgeteilt. Die angesprochene Person weiß also sofort, worum es geht. Nachdem hier von einer positiven zukünftigen Situation gesprochen wird, sind die Gefahr der Interpretation und das Entstehen von Missverständnissen dabei ausgeschlossen:

- »Wenn am Ende des nächsten Sprint alle Storys umgesetzt sind ...«
- »Wenn die Qualität des Produkts bei der nächsten Auslieferung so gut ist, dass der Kunde anruft, um uns dazu zu gratulieren ...«
- »Wenn du beim morgigen Standup Meeting pünktlich kommst ...«

Schritt 2: Das erwünschte Gefühl

Auch das beschriebene Gefühl, das beim Eintreten der erwünschten zukünftigen Situation erwartet wird, ist – wie die erwünschte Beobachtung – positiv. Die Regeln, die es beim Formulieren von Gefühlen zu beachten gilt, um niemanden ungewollt zu beschuldigen oder zu beleidigen – wie es beim Ausdrücken negativer Gefühle leicht passieren kann –, sind dabei hinfällig:

- Anstatt »Ich fühle mich schlecht ...« wäre diese Formulierung möglich: »... dann werde ich mich gut fühlen ...«
- Anstatt »Ich bin traurig ...« könnte man sagen: »... dann werde ich froh sein ...«
- Anstelle von »Ich bin besorgt ...« passt vielleicht: »... dann werde ich sicher sein ...«

Schritt 3: Das Bedürfnis, das dann erfüllt sein wird

Das Darlegen des Bedürfnisses, das durch Eintreten der neuen Situation erfüllt werden kann, gleicht jenem, das auch Marshall B. Rosenberg in seinem dritten Schritt vorschlägt. Es geht dabei um die Erklärung, wozu die Erfüllung der eingangs ausgesprochenen Wunschvorstellung für den Sprecher wichtig ist:

- »Mir ist es wichtig, dass ich mich auf euch verlassen kann.«
- »Ich brauche die Sicherheit, dass die Qualität unserer Arbeit hoch ist.«
- »Für mich ist es wichtig, dass ich weiß, dass jeder alle notwendigen Informationen für die gemeinsame Arbeit hat.«

Schritt 4: Die lösungsfokussierte Frage

Anstelle einer Bitte – der Wunsch wurde ja schon im ersten Schritt ausgesprochen – schlägt Wurzrainer als vierten Schritt das Formulieren einer passenden lösungsfokussierten Frage vor. Dabei wird Kooperationsbereitschaft des Gesprächspartners bei der Erfüllung des Wunsches vorausgesetzt. Dieser kann freilich immer noch ablehnen. Die Wahrscheinlichkeit einer Einigung ist allerdings – den bisherigen Erfahrungen zufolge – deutlich höher:

- »Wie könnten wir das gemeinsam hinbekommen?«
- »Wie könnt ihr es schaffen, noch höhere Qualität zu liefern?«
- »Wie könntest du es schaffen, morgen zur vereinbarten Zeit da zu sein?«

Zusammengefasst würde die Formulierung wie folgt lauten:

1. Wenn ich beobachten werde ... (erwünschte Beobachtung),
2. dann werde ich mich ... fühlen (positives erhofftes Gefühl),
3. weil ich ... brauche (Bedürfnis).
4. Wie/wann/wo könntest du ...? (lösungsfokussierte Frage)

Beispiel 1: »Wenn die nächste Auslieferung an den Kunden fehlerfrei erfolgt, dann werde ich zuversichtlicher sein, dass er uns weiterhin als verlässlichen Partner für seine Aufträge betrachtet. Wie können wir das im nächsten Sprint und für die Zukunft hinbekommen?«

Beispiel 2: »Wenn wir bei der nächsten Besprechung ungestört durcharbeiten können, dann bin ich sehr zufrieden, weil es mir wichtig ist, dass wir Ruhe und Konzentration für die Bearbeitung unserer Themen haben. Wie könnten wir das hinbekommen?«

5.3 Weiterentwicklung begleiten

Menschen streben grundsätzlich danach, in ihren jeweiligen Interessengebieten besser zu werden. Mit Interessengebieten sind dabei nicht unbedingt nur Hobbys gemeint oder Tätigkeiten, die Spaß machen. Es gehören auch alle Themen dazu, bei denen aus Sicht der jeweiligen Person eine Verbesserung sinnvoll, nützlich oder notwendig ist. Die eigene Weiterentwicklung zu planen, macht Freude und weckt Energie, wenn dieser Prozess freiwillig geschieht. Die Umsetzung unfreiwillig geplanter, also angeordneter Entwicklungsschritte erfolgt hingegen – wenn überhaupt – nur halbherzig. Und dementsprechend sind dann auch die Ergebnisse oft unbefriedigend.

Man kann die Weiterentwicklung der Fähigkeiten von Mitarbeitern, Kollegen oder auch Kunden lösungsfokussiert begleiten. Die Teilnahme an solchen Entwicklungsgesprächen darf durchaus auch verpflichtend sein. Die Richtung der Weiterentwicklung, die zu setzenden Schritte und das geplante Tempo der Umsetzung sollten dabei jedoch Sache der jeweils betroffenen Person bleiben.

Eine lösungsfokussierte Methode für das Führen von Entwicklungsgesprächen, die sich auch im agilen Umfeld bestens bewährt, soll hier im Folgenden vorgestellt werden. Sie setzt die Bereitschaft voraus, zuzuhören, Fragen zu stellen und dabei den Gesprächspartner als Experten seiner Situation wahrzunehmen.

Das Solution Focused Rating

Skalen sind für die Sichtbarmachung von Unterschieden sehr gut geeignet. Die Art der üblichen Verwendung von Skalen in Mitarbeitergesprächsformularen hingegen verhindert eine solche Darstellung von Unterschieden. Vielmehr wird durch das Wählen eines einzigen Werts auf einer Skala anstelle von Veränderung Stabilität suggeriert.

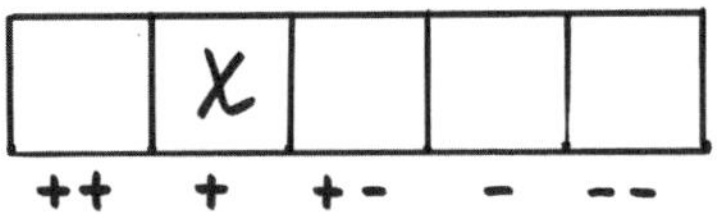

Manchmal gelingt es besser, manchmal weniger gut, in einem bestimmten Bereich Leistung zu erbringen. Mit einem einzigen Wert lässt sich diese Unterschiedlichkeit nicht abbilden. Durch das Eintragen mehrerer Werte kann sie hingegen besser dargestellt und berücksichtigt werden. Beim Solution Focused Rating (SFR) [Lueger 2006; 2012] wird der Gesprächspartner gebeten, insgesamt 100 Punkte in Zehnerschritten auf der Skala so zu verteilen, wie es seiner subjektiven Leistungseinschätzung im Betrachtungszeitraum entspricht.

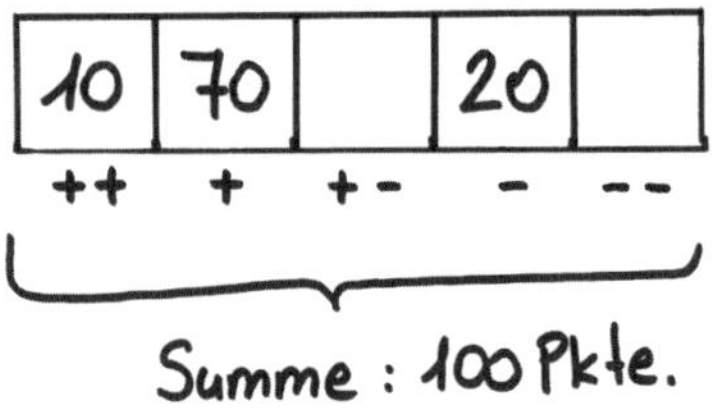

Nachdem die Selbstbewertung vorgenommen wurde, unterstützt der Coach bzw. die Führungskraft das Entstehen eines Maßnahmenplans mit lösungsfokussierten Fragen wie diesen:

- »Was soll weiterhin passieren, damit der Wert bei + auch im nächsten Jahr so hoch bleibt (oder sogar noch ein wenig höher wird)?«
- »Welche Ideen hast du, wie auch im nächsten Jahr wieder ein Wert bei ++ stehen könnte?«
- »Was soll weiterhin so bleiben, damit der Wert bei - so klein bleibt?«
- »Was könnte aus deiner Sicht dazu führen, dass der Wert bei - im nächsten Jahr etwas kleiner wird oder ganz verschwindet?«
- »Angenommen, in den Feldern mit - bzw. -- wird im nächsten Jahr von dir kein Wert angegeben. Was wäre dann anders?«
- »Und wie wäre das gelungen?«
- »Und was wäre dein Beitrag dazu gewesen?«
- »Was fällt dir noch dazu ein?«
- »Wie zuversichtlich bist du, dass du deine Ideen auch tatsächlich umsetzen wirst (auf einer Skala von 0 bis 10)?«
- »Was müsste passieren, damit du eventuell noch ein wenig zuversichtlicher wirst?«

Die Antworten auf diese Fragen ergeben eine Liste an konkreten Schritten, die vom Gesprächspartner selbst entwickelt wurde und daher eine große Chance hat, auch tatsächlich zur Umsetzung zu gelangen. Der Fokus wird dabei auf die positiven ebenso wie auf die negativen Ausnahmen gelegt. Jede einzelne Maßnahme schreibt der Gesprächspartner selbst unter die Skala. Das Blatt nimmt er nach dem Gespräch mit, um die Maßnahmen umsetzen zu können.

Veronika hat 2006 ihre Masterarbeit zur Evaluierung dieses Vorgehens erstellt und dazu mit zehn Führungskräften und deren Mitarbeitern eine kleine Studie durchgeführt [Kotrba 2006]. In den anschließenden Interviews mit den Probanden kam heraus, dass die Entwicklungsgespräche mit dem SFR als gerechter, motivierender und vertrauensbildender wahrgenommen wurden als jene, die mit gewohnten Vorgehensmodellen geführt worden sind. Die Führungskräfte gaben an, dass sämtliche Mitarbeiter sich selbst strenger eingeschätzt haben, als sie es getan hätten. Außerdem hätten die Gespräche zwar länger gedauert als früher, wären jedoch trotzdem deutlich entspannter gewesen, sodass danach sogar noch Energie für private Unternehmungen wie etwa Sport geblieben sei.

Der Umgang mit SFR braucht zu Beginn eine gute Schulung der Gesprächspartner und das Stellen der lösungsfokussierten Fragen etwas Übung. Die Ergebnisse sprechen für sich – auch, was die Quote der tatsächlichen Veränderung danach betrifft.

Solche SFR-Gespräche können auch Kollegen miteinander führen. Da keine Fremdbewertung stattfindet, ist egal, wer das Gespräch anleitet und wie viel diese Person von der Leistung des Gesprächspartners aus der eigenen Erfahrung heraus kennt. Eigenständiges Arbeiten in Teams führt häufig dazu, dass Führungskräfte kaum Einblick in die tägliche Leistung der einzelnen Teammitglieder haben. Dieser Umstand macht das Vorgehen speziell auch im agilen Umfeld anschlussfähig.

Praxisbeispiel zur Anwendung von »Solution Focused Rating«

A: »Sprechen wir nun über das Thema Teamfähigkeit. Wenn du dich selbst im Zeitraum des letzten halben Jahres betrachtest, wie würdest du dich beim Thema Teamfähigkeit einschätzen? Bitte verteile 100 Punkte in Zehnerschritten auf der Skala.«

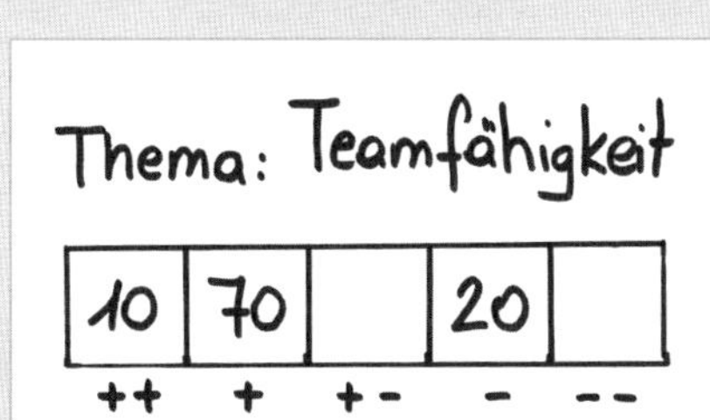

A: »Ich sehe hier einen hohen Wert von 70 bei +. Was musst du aus deiner Sicht weiterhin machen, damit dieser Wert auch im nächsten halben Jahr mindestens gleich hoch bleibt?«

→

B: »Nun, ich denke, dass alle Teammitglieder wissen, dass ich für sie da bin, wann immer sie etwas von mir brauchen. Ich bin selten krank, erledige meine Arbeit gewissenhaft und bin pünktlich bei allen Meetings zur Stelle. Wenn ich einmal eine Abmachung nicht halten kann, gebe ich Bescheid, sobald sich das abzeichnet. So können meine Kollegen zeitgerecht reagieren und unterstützen.«

A: »Und was noch?«

B: »Was noch? Lass mich kurz überlegen ... Ich bringe immer wieder mal was zu knabbern mit. Zählt das auch?«

A: »Für mich auf jeden Fall! Du hast hier einen Wert von 10 bei ++ stehen. Welche Ideen hast du, wie du auch im nächsten Beobachtungszeitraum hier wieder einen Wert eintragen kannst?«

B: »Vielleicht könnte ich ja wieder einmal einen neuen Mitarbeiter freiwillig begleiten, damit er sich gut bei uns integrieren kann. Ich denke, dass ich darin gut bin und dass das hilfreich für das ganze Team ist. Das will sonst ohnehin niemand bei uns machen. Sonst fällt mir im Moment nichts dazu ein.«

A: »Na, das ist doch schon eine Idee. Und hier hast du noch einen Wert von 20 bei – eingetragen. Was könntest du im nächsten halben Jahr tun, um diesen Wert so klein zu halten oder vielleicht sogar noch ein wenig kleiner zu machen?«

B: »Ja, das ist eine gute Frage. Da geht es um die Zusammenarbeit mit Nik. Er ist der Einzige im Team, bei dem es mir schwerfällt, kollegial und hilfsbereit zu sein. Er stellt sich ständig in den Vordergrund, hält sich für etwas Besseres und lässt neben sich niemanden gelten.«

A: »Und welche Ideen hast du, hier im nächsten halben Jahr etwas anders zu machen als im letzten halben Jahr, damit sich eine kleine Verbesserung der Situation einstellen kann?«

B: »Vielleicht könnte ich mal versuchen, mich nicht mehr über ihn zu ärgern. Könnte ja sein, dass das etwas bringt ...«

A: »Und was würdest du tun, anstatt dich zu ärgern?«

B: »Vielleicht gelingt es mir ja herauszufinden, was Nik braucht, um kooperativer zu sein. Ich meine, an sich ist er ja kein übler Kerl. Könnte ja sein, dass er schlechte Erfahrungen mit früheren Teamkollegen gemacht hat und einfach erst Vertrauen fassen muss. Da fällt mir ein, ich denke, dass ihn noch keiner gefragt hat, ob er Donnerstagabend noch auf einen Drink mitkommen möchte. Da gehen zwar ohnehin nie alle mit, doch man könnte ihn ja mal fragen.«

A: »Sieh mal deine Liste an konkreten Maßnahmen durch, die du bisher erstellt hast. Fällt dir spontan noch etwas ein, das du ergänzen möchtest?«

B: »Nein, die sieht gut aus. Vielen Dank. Ich freu mich schon auf die Teamzusammenarbeit im kommenden halben Jahr.«

A: »Wie zuversichtlich bist du auf einer Skala von 0 bis 10, dass du diese Maßnahmen auch umsetzen wirst?«

→

B: »Sehr zuversichtlich, also 10. Nur dass ich mich nie mehr über Nik ärgern werde, kann ich nicht versprechen. Das steht auch nicht auf der Liste.«

Hier ist die Liste der Maßnahmen, die B in diesem Gespräch zusammengestellt hat:

1. *Weiterhin für die Teammitglieder da sein, wenn sie etwas brauchen.*
2. *Die Arbeit weiterhin gewissenhaft erledigen.*
3. *Weiterhin pünktlich zu den Meetings erscheinen.*
4. *Rechtzeitig Bescheid geben, wenn ich Hilfe oder mehr Zeit brauche.*
5. *Neue Mitarbeiter freiwillig einführen und begleiten.*
6. *Herausfinden, was Nik braucht, um zu kooperieren.*
7. *Nik fragen, ob er zum Donnerstags-Drink mitkommen möchte.*

5.4 Selbstreflexion

- Was in diesem Kapitel ist für Sie neu/spannend/hilfreich?
- Wie können Sie SFR in Ihrem Berufsalltag nutzen?
- In welchen Situationen, die Sie schon erlebt haben, war Einzelcoaching sinnvoll bzw. wäre Einzelcoaching sinnvoll gewesen?
- Wer aus Ihrem beruflichen Umfeld könnte von einem Einzelcoaching vermutlich profitieren?
- Wie könnten Sie für den Fall eines Einzelcoachings in Ihrem beruflichen Umfeld das passende Setting arrangieren?
- Wie könnten Sie Ihren Kollegen/Mitarbeitern/Kunden die Möglichkeit eines Einzelcoachings anbieten, ohne dabei das Prinzip der Freiwilligkeit zu gefährden?

5.5 Experimente und Übungen

- Finden Sie ein Thema, in dem Sie sich ein wenig verbessern möchten – und das Ihnen wichtig ist –, und schreiben Sie es auf. Verteilen Sie anschließend 100 Punkte in der dafür vorgesehenen Skala in Zehnerschritten. Stellen Sie sich nun die Fragen von Abschnitt 5.3 zu Solution Focused Rating.
- Bitten Sie einen Freund, ein solches Gespräch mit ihm führen zu dürfen, und besprechen Sie anschließend sowohl den Prozess als auch das Ergebnis.
- Finden Sie beim nächsten Teamgespräch einen *Sinn suchenden Gesprächspartner*. Schaffen Sie es, ihn an Bord zu holen?
- Gibt es jemanden, von dem Sie sich ein anderes Verhalten wünschen? Versuchen Sie, diesen Wunsch mit der *Potenzialfokussierten Kommunikation* von A. Wurzrainer in vier Schritten zu formulieren.

6 Teamentwicklung

Teamentwicklung ist ein kontinuierlich laufender Prozess und kann nicht durch einen Workshop oder ein Seminar ersetzt werden. Viele Führungskräfte versuchen diese Verantwortung an externe Trainer und Coachs abzugeben. Auch wenn ein Teamentwicklungs-Workshop dazu beitragen kann, aktuell bestehende Missverständnisse auszuräumen: Nachhaltige Ergebnisse können nur durch kontinuierliche, in den Berufsalltag eingebaute Teamentwicklungsarbeit erzielt werden.

6.1 Ziele der Teamentwicklung

Teams werden gebildet, um gemeinsam Ergebnisse zu erzielen, die Einzelpersonen nicht hinbekommen würden [Sprenger 2012, S. 51 ff.]. Dazu ist es nötig, vorhandene Ressourcen wie Fähigkeiten und Fertigkeiten, Kreativität und die Erfahrung der einzelnen Teammitglieder so miteinander zu verbinden, dass sie gemeinsam über sich hinauswachsen können. Das Zusammenwirken dieser verschiedenen Stärken wird erst möglich, wenn Vorsicht, Misstrauen und Konkurrenzdenken einem guten und vertrauensvollen Miteinander im Team gewichen sind. Dies zu erreichen, ist das vorrangige Ziel von Teamentwicklungsprozessen.

6.1.1 High-Performance-Teams

Wer möchte sie nicht haben, sogenannte High-Performance-Teams? Doch was zeichnet sie aus? [Losada & Heaphy 2004] charakterisieren High-Performance-Teams basierend auf drei Kriterien:

- Wirtschaftlichkeit (Gewinn/Verlust)
- Kundenzufriedenheit (Surveys und Interviews)
- 360-Grad-Evaluierungen (Einschätzungen von Teammitgliedern, Vorgesetzten, Peers und Mitarbeitern)

Dies erscheint eine angemessene Einschätzung, da sie kontextbezogen vorgenommen wird. [Losada & Heaphy 2004] haben herausgefunden, dass folgende drei Indikatoren mit der Teamleistung korrelieren:

- Balance zwischen Nachfragen und eigenen Standpunkt vertreten (Inquiry/ Advocacy)
- Positive/Negative Äußerungen (Positivity/Negativity)
- Balance zwischen über sich selbst und über andere reden (Other/Self)

High-Performance-Teams zeigen, dass sie eine ausgewogene Art der Gesprächsführung haben, was das Nachfragen und Vertreten der eigenen Standpunkte betrifft. Ebenso sprechen sie gleich viel über sich selbst und über andere. Sie treffen außerdem deutlich mehr positive Aussagen als negative. Diese Erkenntnisse können in der Teamentwicklung optimal genutzt werden, indem man die Stärkung der kennzeichnenden Eigenschaften im Team gezielt fördert, denn positives Denken führt auch zum Erfolg [Lyubomirsky+ 2005; Achor 2010].

Praxistipp

Um die Anzahl der positiven Aussagen in der Teamkommunikation zu erhöhen, gibt es viele Möglichkeiten. Einige Beispiele sollen hier zusammengefasst werden:

- Wann immer Sie negativ formulierte Aussagen hören, also solche, die die Wörter *nicht* oder auch *kein* enthalten, fragen Sie »Was stattdessen?«, um eine positiv formulierte Aussage zu erhalten.
- Erzählen Sie regelmäßig Erfolgsgeschichten und bitten Sie Ihre Teamkollegen, das auch zu tun.
- Geben Sie positive Rückmeldungen weiter, die Sie erhalten haben.
- Feiern Sie gemeinsame Erfolge.
- Sprechen Sie darüber, was schon alles funktioniert, bevor Sie danach suchen, was anders werden soll.
- Sorgen Sie immer wieder für Möglichkeiten, sich auch über private Themen austauschen zu können.

Bestimmt finden Sie im Alltag unzählige weitere Möglichkeiten, die positiven Aussagen im Team aktiv zu fördern, wenn Sie danach suchen.

Teams sind Gruppen von Menschen, die eine gemeinsame Zielsetzung haben, die für alle Beteiligten Sinn ergibt. Sie wollen dabei gute Teamarbeit leisten, wirkungsvolle Resultate erzielen und dabei alle im Team vorhandenen Talente einsetzen. Die Teammitglieder fühlen sich kollektiv verantwortlich für den Erfolg. Erfolgreiche Teams beobachten das, was in der Zusammenarbeit gut funktioniert, und arbeiten stets an einer weiteren Verbesserung dieser Zusammenarbeit. Sie sind sich darüber einig, dass sie bei allen Partnern einen guten Ruf erzielen wollen. Alle Teammitglieder kommen also mit dem festen Willen und der Haltung zur Arbeit, gemeinsam mit dem Team Spitzenresultate zu erzielen.

Die Frage: »Für wen stellen wir was her, wozu und mit welchem Nutzen (für den Kunden, die Teammitglieder, das Team als Ganzes, die Firma bzw. Organisation, eine weitere Umwelt)?«, steht am Anfang eines jeden gemeinsamen Projekts. Nur durch die umfassende Beantwortung dieser Frage kann ein anziehendes Ziel entstehen sowie Sinn in der Aufgabe und Zusammenarbeit gefunden werden. Die Existenz einer gemeinsamen und für alle Teammitglieder erstrebenswerten Aufgabe ist eine notwendige Bedingung für sinnvolle und funktionierende Teamarbeit (siehe auch [Gerber & Gruner 1999]).

Eine weitere Voraussetzung dafür ist, dass sich das Team mit seiner Umwelt in ständigem Austausch befindet und mit Partnern, Kunden und Lieferanten in Beziehung steht. Es achtet daher darauf, dass alle Beteiligten an einem Projekt wenigstens zeitweise in den Arbeitsprozess integriert werden.

Erfolgreiche Teams nutzen – wie bereits erwähnt – die Talente aller Teammitglieder. Dazu ist es nötig, diese Talente erst einmal zu (er)kennen. Offener und wertschätzender Umgang miteinander sowie eine gute Kommunikationskultur fördern dieses Wissen zutage und machen es immer wieder nutzbar.

Erfolgreiche Teams halten ihre Grenzen offen, um sich jederzeit sinnvoll erweitern und ergänzen zu können. Zum Beispiel sind Präsentationen von Ergebnissen bei Kunden, Vorgesetzten oder Partnern durch das Einbeziehen der Ideen der Zuhörer gekennzeichnet. Anstatt Überzeugungsarbeit zu leisten, werden die Inputs als wertvolle Ergänzung anerkannt und in die Ergebnisse zur weiteren Verbesserung eingearbeitet.

Praxisbeispiel: »Mein persönlicher Stil«

Im November 2016 hat Veronika bei einem Teamentwicklungs-Workshop folgende Übung durchgeführt:

Ein fünfköpfiges Team nimmt im Stuhlkreis Platz. Veronika bittet Alex (Name geändert), der neben ihr sitzt, in den nächsten Minuten nur gut zuzuhören, ohne zu sprechen. Er sollte jedoch nicken oder auch den Kopf schütteln, um die Aussagen der Kollegen zu bewerten.

»Beginnen wir also mit Alex. Was glaubt ihr denn schon darüber zu wissen, was Alex braucht, um gut arbeiten zu können und sich bei seiner Arbeit wohlzufühlen?«

Die Kollegen sagen nun, was ihnen dazu einfällt. Alex bewertet jede Aussage mit einem Nicken oder einem Kopfschütteln. Jede zugestimmte Aussage wird auf dem Alex-Flipchart festgehalten. Im Anschluss daran bekommt Alex die Möglichkeit, Irrtümer richtigzustellen und eigene Vervollständigungen hinzuzufügen. Veronika stellt auch Fragen, um relevante Ergänzungen zu erfahren, wie zum Beispiel:

»Wenn jemand etwas von dir braucht, bevorzugst du dann einen Anruf, eine E-Mail oder die persönliche Ansprache?«

Wenn alles das, was Alex für relevant hält, aufgeschrieben ist, kommt der nächste Kollege an die Reihe. Diese Übung braucht zwar etwas Zeit, das Verständnis füreinander und für jeweils andere Arbeitspräferenzen hilft jedoch enorm dabei, gerade in stressigen Arbeitsphasen besser aufeinander achten zu können.

6.1.2 Selbstorganisation in agilen Teams

Agile Teams zeichnen sich dadurch aus, dass sie selbstorganisierend sind. Jedenfalls ist es das, was in der agilen Welt seit Jahren erfolgreich propagiert wird. Wir haben diese Aussage bis vor Kurzem ebenfalls vertreten. Und dann geschah Folgendes: Einer unserer Kunden wünschte sich von uns einen Trainingstag zum Thema »Systemisches Denken und Handeln«. Zur Vorbereitung vertieften wir uns nach langer Zeit wieder in die Grundlagenbücher, um die relevanten Aussagen dafür auszuarbeiten. Bei dieser Recherche stießen wir auf Texte der Biologen Maturana und Varela, die sich unter anderem mit den Merkmalen toter und lebender Systeme beschäftigten [Maturana & Varela 1987; Ludewig & Maturana 1992]. Was wir da lasen, eröffnete uns einen völlig neuen Blick mit weitreichenden Konsequenzen für unsere tägliche Arbeit: Maturana und Varela behaupten, dass jedes lebende System – und damit jede Gruppe von Lebewesen – selbstorganisierend ist und sich erst dadurch von toten Systemen unterscheidet.

Während Agile Coaches also mit allen Mitteln versuchen, Teams in die Selbstorganisation zu begleiten, sind diese ohnehin schon immer dort. So wird auch rasch verständlich, dass die gut gemeinten Versuche der Veränderung häufig mit Widerstand vonseiten der Teams beantwortet werden. Wenn es also nicht um das Fördern von Selbstorganisation geht, worum geht es dann beim Etablieren agiler Teams?

Sichtbar wird dies anhand eines praktischen Beispiels: Sie besuchen eine IT-Konferenz und betreten gemeinsam mit ungefähr 400 anderen Personen den Haupt-Konferenzsaal. Dort stehen Stühle in ordentlichen Reihen angeordnet bereit und warten auf die Besucher. Was tun Sie? Vermutlich wählen Sie einen der noch freien Sitzplätze aus und ziehen dabei verschiedene Bedürfnisse ins Kalkül. Möglicherweise möchten Sie Fotos vom Vortragenden und seinen Folien machen und suchen daher einen Platz in den vorderen Reihen mit ungehindertem Blick auf das Geschehen. Vielleicht bleiben Sie auch lieber am Rand, weil Sie lange Beine haben und Bequemlichkeit schätzen. Oder Sie platzieren sich bevorzugt in der letzten Reihe, um unauffällig den Saal verlassen zu können, wenn Ihnen die Keynote nicht gefällt. Und was tun all die anderen Konferenzbesucher? Die machen dasselbe. Sie suchen sich ebenfalls einen Platz, der zu ihren Bedürfnissen passt und lassen sich dort nieder. Am Ende sitzen alle – oder jedenfalls die meisten – Konferenzbesucher in Stuhlreihen, alle mit Blick in Richtung Bühne ausgerichtet, in diesem Raum und warten auf den Start der Konferenz. Niemand sitzt verkehrt herum. Niemand sitzt auf dem Boden oder gar auf der Bühne. Und das funktioniert ganz ohne Hinweisschilder, Teambuildingsequenz oder Platzanweiser. Ein klarer Beweis für die funktionierende Selbstorganisation lebender Systeme.

Was wäre wohl passiert, wenn die Stühle im Konferenzsaal kreisförmig angeordnet gewesen wären? Sie ahnen es schon: Die Besucher würden sich in diesem Stuhlkreis niederlassen – mit Blick in die Mitte.

Die Konsequenz dieses Gedankenexperiments ist für agiles Coaching enorm. Es geht bei der Begleitung von Teams hin zu mehr Agilität in der Zusammenarbeit keineswegs darum, den Teammitgliedern Selbstorganisation beizubringen. Vielmehr ist gefragt, die gegebenen Rahmenbedingungen zu überprüfen und so abzuändern, dass ein Team sich in zieldienlicherer Weise als bisher selbstorganisieren kann und wird.

Praxistipp

Stellen Sie die folgenden Fragen, wenn Sie die gegebenen Rahmenbedingungen für Selbstorganisation betrachten:

- »Welches Teamverhalten ist wünschenswert und wozu?«
- »Wer bzw. was unterstützt dieses Verhalten bereits?«
- »Auf einer Skala von 0 bis 10, wobei 10 bedeutet, dass das Teamverhalten bereits diesem gewünschten Verhalten völlig entspricht, und 0 das Gegenteil, wo ist die derzeitige Realität aus Ihrer Sicht einzustufen?«
- »Was funktioniert bereits, sodass Sie diesen Wert wählen konnten?«
- »Welche Veränderungen würden sich für wen ergeben, wenn das Team schon einen Schritt weiter wäre?«

Ziehen Sie dabei positive und auch mögliche negative Auswirkungen für betroffene Personen in Betracht. Würde dieser Schritt für jemanden Kompetenzgewinne oder auch -verluste bedeuten? Würden Kosten gespart oder neue entstehen? Wären logistische Maßnahmen erforderlich? Würde die Einhaltung von Dienstwegen in Gefahr geraten?

Die Antworten auf diese und ähnliche Fragen können Aufschluss darüber geben, mit welchen aktuellen Hindernissen ein Team möglicherweise auf seinem Weg zu mehr Agilität konfrontiert ist. Langjährige Gewohnheiten, unausgesprochene Ängste, informelle Regeln oder Resignation sind die erlernten Ergebnisse ungünstiger Umgebungsbedingungen, die häufig anzutreffen sind. Sie sind oftmals die wahren Blockaden agiler Erfolgsgeschichten, schwierig aufzuspüren und hartnäckig in ihrer Erhaltung. Und sie bedingen oftmals Anzeichen von sichtbarer Starre, Widerwillen oder gar Aggression einzelner Teammitglieder. In Wahrheit handelt es sich jedoch lediglich um eine Form funktionierender Selbstorganisation, die sich entsprechend den jeweiligen Erfahrungen etabliert hat.

Lebende Systeme lernen und passen sich ständig an. Die gute Nachricht ist, dass erlerntes Verhalten bei nachhaltig veränderten Rahmenbedingungen auch wieder umgelernt werden kann. Dazu ist es nötig, neue Erfahrungen zu machen. Zu Beginn fühlen sich diese neuen Erfahrungen ungewohnt an und lösen Misstrauen aus. Verständlich, dass etwa plötzlich angebotene Freiräume in vorher streng geführten Teams zunächst abgelehnt werden. Wenn das Angebot jedoch trotz der Ablehnung ehrlich bestehen bleibt, wenn die erste vorsichtige Nutzung der Freiräume immer wieder bestärkt wird, dann kann neues Vertrauen entstehen.

Es sind also die Umgebungsbedingungen eines Teams, die nachhaltig und dauerhaft zu ändern sind, wenn Sie sich eine andere Form der Selbstorganisation wünschen – und nicht die Teammitglieder selbst.

6.2 Das E.R.F.O.L.G.-Modell für Teamentwicklung

Als Hilfestellung und Checkliste für die tägliche Teamentwicklung soll das E.R.F.O.L.G.-Modell dienen. Es beinhaltet Sichtweisen und Interventionen, die Teams zu Erfolgsteams werden lassen.

E. – Erreichtes erzählen

»*Tue Gutes und rede darüber*«, sagt ein bekanntes Sprichwort. Es sollte deutlich häufiger Beachtung finden. Das Sprechen über Erfolge bringt Selbstvertrauen, Motivation und Anerkennung – damit sind neuerliche Erfolge sozusagen *vorprogrammiert*. Dennoch beinhalten die meisten Berichte des Tags stattdessen Ärger, Schwierigkeiten und Probleme. Warum ist das so?

Vermutlich ist das eine Kulturfrage. Viele Menschen haben gelernt, auf das zu achten, was falsch ist. Das beginnt schon in der Schule. Was immer ein Kind an Leistung vollbringt, wird korrigiert, indem das, was falsch ist, mit roter Farbe markiert wird. Wie also soll das Kind lernen, dass die richtigen und guten Teile einer Arbeit wichtiger sind?

Praxistipp

Sie können Ihre Kollegen und Mitarbeiter oder Kunden dabei unterstützen, aus diesem Fehlersuchkreis auszusteigen, indem Sie Fragen stellen. Interessieren Sie sich konsequent für alles das, was gut funktioniert. Fragen Sie nach Erfolgen und kommentieren Sie sie in wertschätzender Weise, wenn Sie zufällig solche beobachten.

Beginnen Sie jedes Meeting und jede Unterhaltung mit etwas Positivem: Das kann entweder eine gute Nachricht für alle Anwesenden sein, ein Bericht über positive Rückmeldungen zur Teamleistung oder auch eine Frage nach schönen oder auch erfolgreichen Begebenheiten Ihrer Gesprächspartner.

R. – Rückschläge relativieren

Die Businesswelt dreht sich immer schneller und schneller. Das ist weder Geheimnis noch neue Erkenntnis – es ist ein Faktum. Fortschritt, Verbesserung und Beschleunigung werden als Erfolgsfaktoren der Weltwirtschaft betrachtet. Diese Betrachtung beginnt ganz oben in den Führungsetagen und zieht sich durch bis ins Herz jedes einzelnen Mitarbeiters. Kaum einer kann sich dem entziehen. Gerade deshalb wird jedes auftretende Hindernis mit Argwohn und als Feind betrachtet. Alles, was bremst, ist unerwünscht.

Sie könnten natürlich auch diese von außen kommenden Hindernisse als Frühwarnindikatoren wertschätzen. Möglicherweise machen sie darauf aufmerksam, dass man vor engen Kurven auch mal bremsen muss, um auf dem gewünschten Kurs zu bleiben. Wann immer also ein Weg durch sich ändernde äußere Umstände abgeändert werden muss, ist es an der Zeit, sich das Ziel noch einmal zu vergegenwärtigen. Dann kann unter Berücksichtigung der neuen Rahmenbedingungen ein neuer Weg dahin gefunden und eingeschlagen werden – ganz im Sinne von agilem »Inspect und Adapt«.

Praxistipp

Hören Sie sich Beschwerden und Unmut über unvorhergesehene Veränderungen in aller Ruhe an. Es ist dabei hilfreich, die dahinterliegende Sorge zu verstehen und ehrlich wertzuschätzen, anstatt sich gedanklich um Lösungen zu bemühen. Spielen Sie die vorgebrachten Ereignisse dabei nicht herunter. Für Ihre aufgebrachten Gesprächspartner wirken sie in ihrer Erscheinung wichtig und einschneidend. Jedes Herunterspielen zieht sofortigen Widerstand nach sich – und dann ist es nicht mehr möglich, gemeinsam an hilfreichen Lösungen zu arbeiten. Machen Sie sich stattdessen noch einmal klar, worum es Ihnen am Ende geht, und finden Sie dann gemeinsam neue Möglichkeiten, doch noch zu erreichen, was Sie möchten.

F. – Fehlversuche feiern

Ein Umdenken ist auch bei dem Thema *Umgang mit Fehlern* – und hier vor allem mit Fehlversuchen – hilfreich. Fehler passieren ja zwangsläufig, wenn gearbeitet wird. Und wann immer jemand neue Vorgehensmodelle ausprobiert, muss mit der Möglichkeit des Scheiterns gerechnet werden. Natürlich kann man – wie es in vielen Teams üblich ist – jene Person, die für den Fehler verantwortlich ist, an den Pranger stellen. Man kann die Augen verdrehen oder sich laut ärgern. All das sind sehr verständliche Reaktionen, wenn Fehler und Scheitern in einer Unternehmenskultur als etwas Negatives etabliert sind. Der Mensch verhält sich gerne so, wie er denkt, dass es andere von ihm erwarten. Davon verspricht er sich einen unschätzbaren Gewinn – Anerkennung, Zugehörigkeit und Harmonie.

Darin liegt auch gleichzeitig eine große Chance. Versuchen Sie den Spieß umzudrehen und Fehler als Ausgangspunkt für Verbesserungen zu betrachten. Wann immer jemandem ein Fehlversuch unterläuft, gilt es, eine neue Erkenntnis daraus zu ziehen und diese als Fortschritt zu begrüßen. Es geht dabei um eine innere Einstellung zum Thema Experimente – und zu damit verbundenen Fehlversuchen. Wenn es gelingt, in einem Team eine konstruktive Lernkultur zu etablieren, wird man feststellen, dass sich Teammitglieder häufiger trauen, Neues auszuprobieren und kreativer zu sein. Und es wird sich herausstellen, dass die Teammitglieder mit großem Selbstbewusstsein gemeinsam ungeahnte Erfolge generieren können. Das große Ziel, Anerkennung, Zugehörigkeit und Harmonie zu gewinnen, kann so auf einem neuen, wertschöpfenden Weg erreicht werden.

Als eine spezielle Form des Fehlerfeierns hat sich in vielen Unternehmen das Format der Fuck-up-Nights etabliert (*fuckupnights.com*). Dabei werden Geschichten von Misserfolgen und des Scheiterns geteilt sowie die Erkenntnisse daraus gefeiert. Ziel dieser Veranstaltungen ist es, einen Kulturwandel bezüglich des Umgangs mit Fehlern zu initiieren.

Praxistipp

Achten Sie auf Ihre Sprache! [Dweck 2009] schreibt in ihrem Buch *Mindset* (deutscher Titel: *Selbstbild*) über zwei verschiedene Arten zu denken, die auch durch unsere Sprache beeinflusst werden. Die eine Richtung des Denkens nennt sie Fixed Mindset. Es verhindert das Lernen aus Fehlern und wird unter anderem durch folgende sprachliche Wendungen genährt, die Stabilität suggerieren:

- »Das ist richtig. Das ist falsch.«
- »Das kannst du gut! Das kannst du nicht!«
- »Du bist ein guter Programmierer! Du bist ein schlechter Zuhörer.«

Die zweite Denkweise – Growth Mindset – hingegen führt zu Möglichkeiten des persönlichen Wachstums. Hier werden schwierige Situationen als Herausforderungen wertgeschätzt und Scheitern als Lernschritte verstanden. Auch diese Denkweise kann sprachlich unterstützt werden, indem der Weg und die jeweiligen Fortschritte betont werden:

- »Ich finde, das hast du schon gut hingekriegt. Das solltest du dir noch einmal vornehmen.«
- »Das gelingt dir schon gut, finde ich. Da kannst du noch besser werden.«
- »Das Programmieren hast du dir schon richtig gut erarbeitet, wie es scheint. Wenn du dich darauf konzentrierst und es übst, wird dir auch das genaue Zuhören immer leichter fallen.«

O. – Ordnung organisieren

Ordnung zu organisieren bedeutet,

1. dafür zu sorgen, dass der *unverhandelbare Rahmen* allen Mitarbeitern bekannt ist und eingehalten wird,
2. dass die *institutionellen Regeln* zwar grundsätzlich befolgt, jedoch regelmäßig hinterfragt und bei Bedarf angepasst werden, und
3. dass Platz für das immerwährende Aushandeln punktuell nötiger *Teamregeln* gegeben ist.

Damit sich ein Team gut entwickeln kann, braucht es einen klaren Rahmen und einige wenige Grenzen, die von außen vorgegeben sind und innerhalb derer es sich frei entfalten kann. Dies wird als der *unverhandelbare Rahmen* bezeichnet. Wie der Name schon sagt, sind diese Grenzen nicht verhandelbar, also fest verankert und jedes Überschreiten muss geahndet werden. Der unverhandelbare Rahmen muss bekannt und gut überlegt sein – und er sollte maximal vier Punkte (wie die vier Seiten eines Rahmens) beinhalten. Zum Beispiel Sätze wie

- *Ich achte und bewahre den guten Namen des Unternehmens* oder
- *Ich begegne unseren Kunden mit Respekt und Wertschätzung*

könnten Teile eines unverhandelbaren Rahmens sein.

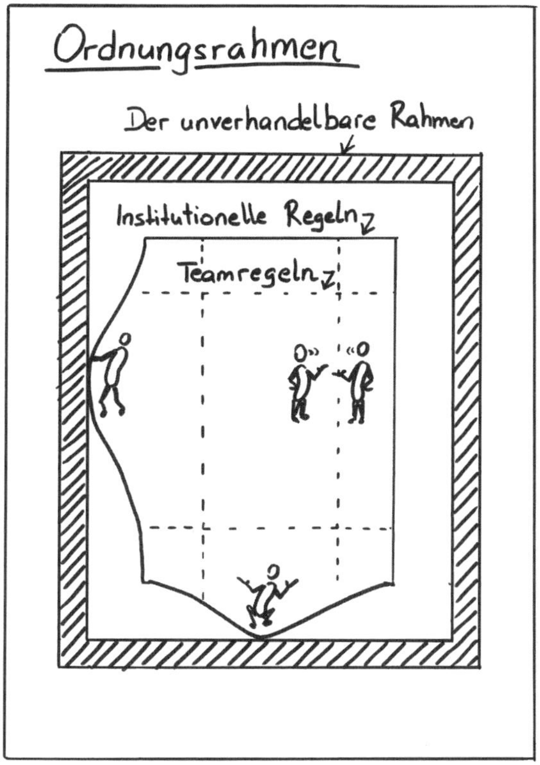

Institutionelle Regeln, die zusätzlich aufgestellt werden, und deren Kontrollen sollten einen eher flexiblen Rahmen darstellen, um Weiterentwicklungen zu ermöglichen. Sie dienen der grundsätzlichen Orientierung zur Zusammenarbeit und gegenseitigen Verständigung innerhalb eines Unternehmens bzw. einer Organisation. So sollen sie Vertrauen und Sicherheit fördern. Wenn dieses Regelsystem jedoch starr wird, dann verhindert es die Verwirklichung genau dieser Intention.

Wer sich vor Konsequenzen ängstigt und keine Möglichkeit hat, eigene Ideen zum besseren Zusammenleben in einem Unternehmen einzubringen, wird zum angepassten, unauffälligen Mitarbeiter, der resignierend seine Arbeit verrichtet. Besonderes Engagement darf dann nicht erwartet werden. Daher fordert [Sprenger 2012] sogar einen Störungsauftrag vom Management, also dass Führungskräfte ein System immer wieder aktiv instabil machen sollen, damit es nicht einfriert. Zum institutionellen Rahmen könnten etwa die Punkte

- *Ich halte beim Kommunizieren von entdeckten Fehlern den jeweiligen Dienstweg ein* oder auch
- *In der Kernarbeitszeit (Mo bis Do von 10 bis 15 Uhr und Fr von 10 bis 13 Uhr) ist die persönliche Anwesenheit aller Mitarbeiter ohne Außendiensttätigkeit verpflichtend*

gehören.

Und dann gibt es noch viele verhandelbare *Teamregeln*, die ein gutes Zusammenleben ausmachen. Diese Teamregeln sollte das Team gemeinsam erarbeiten und sie sollten zu jeder Zeit verhandelbar bleiben. Wann immer ein Problem in der Zusammenarbeit oder beim Zusammenleben im Team auftritt, gilt es dafür Sorge zu tragen, dass Raum geschaffen wird, bestehende Regeln zu überdenken und gegebenenfalls zu verändern oder neue hinzuzufügen. Solche Regeln können zum Beispiel sein:

- *Das Kaffeetrinken während der Meetings ist gestattet, solange alle pünktlich erscheinen* oder auch
- *Wann immer ein Teammitglied um Hilfe bittet, ist dieser Bitte Folge zu leisten.*

Praxistipp

Geben Sie nur ganz wenige (maximal vier), dafür sehr klare Regeln vor. Sie bilden den sogenannten *unverhandelbaren Rahmen* und dienen als Leitplanken für die Zusammenarbeit.

Wann immer Situationen auftauchen, in denen jemandem etwas nicht passt, diskutieren Sie gemeinsam, ob es eine neue Regel braucht und wie sie heißen soll. Achten Sie darauf, dass neue Regeln nur mit Zustimmung aller Betroffenen eingeführt werden sollten. Nur so wird deren Einhaltung auch wahrscheinlich funktionieren.

Jede Regel darf nur so lange gelten, wie sie funktionell ist. Überdenken Sie daher gemeinsam mit Ihrem Team immer wieder in angemessenen Abständen das Regelsystem und halten Sie es so schlank wie möglich.

L. – Lösen lassen

Wann ist eine Führungskraft, ein Coach oder auch jemand, der eine andersgeartete führende Rolle, wie zum Beispiel die eines Scrum Master, innehat, hilfreich für andere? Diese Frage wird heute zunehmend anders beantwortet als noch vor einigen Jahren. Es war immer klar, dass diese Personen dann einen guten Job machen, wenn sie die Probleme anderer möglichst schnell lösen und dadurch gut weitergearbeitet werden kann.

Diese Erwartungshaltung hat dazu geführt – und das gibt es auch heute noch –, dass vor allem Führungspositionen mit jenen Personen besetzt wurden, die fachlich die größten Experten waren, dafür jedoch keinerlei Führungskenntnisse mitbrachten. So hat das Team einen Fachexperten in der täglichen Umsetzung verloren und dafür eine Führungskraft gewonnen, die bei persönlichen Themen kaum weiterzuhelfen vermag. Ein schlechter Tausch.

Das neue Bild von guter Hilfestellung sieht hingegen anders aus. Weder Führungskraft noch Agile Coach oder Scrum Master müssen die größten Fachexperten im Team sein. Dafür gibt es ja die Teammitglieder als Experten, die die tägliche Arbeit verrichten.

Heute sind Menschen für diese Positionen gefragt, die sich darauf verstehen, anderen den Rücken zu stärken, sie wachsen zu lassen und gleichzeitig gute Rahmenparameter zu schaffen, sodass gute Zusammenarbeit möglich wird. Sie helfen ihren Kollegen dabei, auftretende Probleme selbst zu lösen, wann immer die Lösung in deren Wirkungsbereich fällt. Natürlich treffen sie auch Entscheidungen für das Team – um eben diesen Raum zu schaffen, in dem sich das Team gut bewegen kann. Die Rollen und ihre Anforderungen haben sich verändert. Und das trägt wesentlich zum Selbstbewusstsein der Teammitglieder und ,damit zur Teamentwicklung bei.

Praxistipp

So mancher Mitarbeiter erwartet heute noch, dass sein Scrum Master oder seine Führungskraft fachlich mehr drauf hat als er selbst. Das sieht er als Grundvoraussetzung dafür, die jeweilige Person als Autorität anzuerkennen. Viele moderne Scrum Master und Führungskräfte kämpfen mit dieser alten Sichtweise. Der erfahrungsgemäß beste Ausweg aus dieser Situation ist einmal mehr Wertschätzung. Geben Sie offen und selbstbewusst zu, dass Sie dieses oder jenes Wissen nicht abdecken. Offenbaren Sie Ihre Dankbarkeit dafür, dass Sie in Ihren Kollegen hochkarätige Experten für alle operativen Fragen haben und nur so gemeinsam erfolgreich sein können. Und betonen Sie dabei auch Ihre eigene Expertise, nämlich die des Führens, des Überblickbewahrens, des Verantwortens, des Rückenfreihaltens oder auch des Netzwerkens zum Wohle der gemeinsamen Unternehmung.

G. – Gutes erwarten

Eine wesentliche Voraussetzung für die erfolgreiche Zusammenarbeit in einem Team ist gegenseitiges Vertrauen. Leider kann man dieses Vertrauen nicht kurzfristig herstellen oder schaffen, Vertrauen muss wachsen. Es muss entstehen aus der Erfahrung heraus, dass man sich aufeinander verlassen kann – auch dann, wenn es mal schwierig wird. Und genau hier kommt wieder diese Sache mit dem Fokus ins Spiel, von der in diesem Buch an so vielen Stellen geschrieben wird. Wer davon ausgeht, dass er niemandem vertrauen kann, der findet auch ständig Beweise dafür, dass dem so ist, weil er (unbewusst) danach sucht. Sucht man hingegen nach Beweisen dafür, dass man anderen sehr wohl vertrauen kann, findet man auch dafür ausreichende Beweise und das Vertrauen wächst.

Es hängt also von der eigenen Grundannahme der Teammitglieder ab, ob eher Vertrauen oder Misstrauen in einem Team wachsen wird. Leider kann eine positive Grundannahme niemandem verordnet werden. Sie können jedoch mit gutem Beispiel vorangehen, indem Sie stets das Gute bei Ihren Kollegen oder Kunden erwarten und ihnen damit Ihr Vertrauen schenken. Denn eines ist Vertrauen auf jeden Fall: Es ist ansteckend.

Praxistipp

Vertrauen beruht auf positiven Erfahrungen. Je mehr gute Dinge Sie über einen anderen Menschen hören, desto stärker ist auch Ihr Vertrauen in diese Person. Denken Sie zum Beispiel an Agile Coaches. Welchem würden Sie Ihr Vertrauen schenken, wenn Sie einen zu einer Transition hinzuziehen müssten? Vermutlich – ähnlich wie wir – dem, mit dem Sie schon persönlich gute Erfahrungen gemacht haben, oder dem, über den Sie von zuverlässiger Quelle schon viel Gutes gehört haben. Sorgen Sie also auch in Ihrem Team dafür, dass die Teammitglieder viel Gutes übereinander hören. Bedanken Sie sich öffentlich immer wieder auch für Kleinigkeiten und bitten Sie ebenfalls Ihre Kollegen, gegenseitigen Dank auszusprechen, wann immer sich dazu Gelegenheit bietet.

6.3 Werkzeuge für die Teamentwicklung

Alle hier vorgestellten Werkzeuge und Interventionen streichen die im Team vorhandenen Stärken und Fähigkeiten heraus. Durch den Fokus und das öffentliche Aussprechen dieser Ressourcen steigt das Vertrauen der Teammitglieder in sich selbst und in die anderen.

Der Ressourcentratsch

Für diese Übung wird ein bekanntes und beliebtes Phänomen der menschlichen Kommunikation zum Vorbild genommen: das Tratschen über andere hinter deren Rücken. Allein das Beschreiben dieses Umstands hebt in vielen Teams bereits die Stimmung.

Bitten Sie das Team, Gruppen zu je drei oder vier Personen zu bilden. Die Kleingruppen sollten möglichst aus gleich vielen Teilnehmern bestehen. Sie sollen sich mit ihren Stühlen so zusammensetzen, dass sie gut miteinander sprechen können. Jeweils ein Teammitglied dreht seinen Stuhl um und kehrt so den anderen den Rücken zu, wobei die Möglichkeit des Zuhörens gut gewährleistet bleibt.

→

Auf Ihr Kommando haben nun alle Gruppen zwei Minuten Zeit, über jene Person zu sprechen, die ihnen den Rücken zugekehrt hat. Dabei tratschen sie über alles, was sie an der betreffenden Person gut finden, also über deren Ressourcen, Fertigkeiten und Fähigkeiten, wofür sie den Kollegen bewundern etc.

Nach Ablauf der zwei Minuten dreht sich jene Person, über die getratscht wurde, zurück zu den anderen Kollegen und die benachbarte Person wendet den Stuhl, damit nun über sie getratscht werden kann. Dieser Vorgang wiederholt sich, bis alle Teilnehmer an der Reihe waren.

Sollten ein oder zwei Teammitglieder übrig bleiben, weil zum Beispiel eine oder zwei Vierergruppen unter vielen Dreiergruppen waren, wird über diese anschließend im Plenum positiv getratscht. Die Teilnehmer berichten immer wieder über die fantastische Wirkung dieser Übung. Es tut gut, wertgeschätzt zu werden, und es tut gut, andere wertzuschätzen. In einer abschließenden Reflexion kann dieser Wirkung noch Ausdruck verliehen werden.

Eine andere Form, einander Wertschätzung entgegenzubringen und Funktionierendes in den Fokus zu rücken, ist Dankbarkeit. Viel zu oft werden gegenseitige Hilfe und Unterstützung als Selbstverständlichkeit angesehen. »Danke« zu sagen, zeigt, dass die geleistete Hilfe bemerkt und geschätzt wird. Häufig führt es sogar dazu, dass die gegenseitige Unterstützung und Zusammenarbeit noch verstärkt wird und in ihrer Qualität steigt.

Die Merci-Runde

Dies ist eine einfache und kurze Übung zur gegenseitigen Wertschätzung, die den Blick stark auf die Ressourcen in der Gruppe lenkt. Zur Vorbereitung hat der Coach oder Moderator die Namen der Anwesenden einzeln auf die Rückseite von PostIt's™ notiert, zusammengeklebt und in einem Hut vermischt. Der Hut macht nun die Runde und jedes Teammitglied zieht einen Namen. Wer den eigenen Namen zieht, meldet dies sofort und tauscht den Zettel aus. Nach den PostIt's™ wird auch jeweils ein Stück Merci-Schokolade ausgeteilt.

→

Die Teilnehmer haben nun die Aufgabe, sich für denjenigen, dessen Namen sie gezogen haben, ein ernst gemeintes Kompliment, ein Dankeschön oder eine Wertschätzung zu überlegen. Nacheinander wird dieses Dankeschön dann öffentlich im Plenum an seinen Empfänger gemeinsam mit einem Merci überreicht.

Appreciation Cards

Eine andere Form, »Danke« zu sagen, bietet die Verwendung von den sogenannten Appreciation Cards. Martin Heider, Agile Coach und langjähriger Mitorganisator der Agile Coach Camps Deutschland, hat eine Variante davon entwickelt, die wunderbar dazu geeignet ist, kleine Botschaften der Wertschätzung und des Dankes bei vielen Gelegenheiten zu verteilen. Die Karten sehen so ähnlich aus wie diese hier:

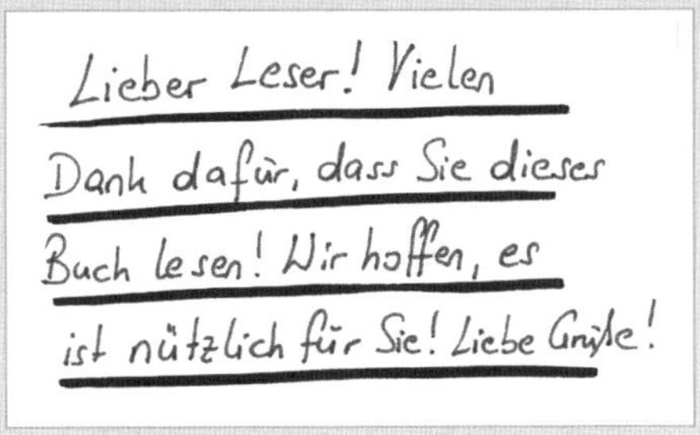

Rolf Dräther hat uns verraten, dass er in seinem aktuellen Projekt erlebt hat, wie mit 10er-Blöcken dieser Karten *Dankeschön-Staffeln* gestartet wurden. Dabei hat jene Person, die wertgeschätzt wurde, die für sie geschriebene Karte bekommen und dazu noch den verbleibenden Stapel leerer Karten. Damit lag der Staffelstab bei ihr, die nächste Karte zu schreiben und den Block weiterzugeben.

Für viele Menschen ist es sogar noch schwieriger, die eigene Leistung positiv zu betrachten als jene der anderen. Tatsächlich ist beides notwendig, damit Vertrauen entstehen kann und gute Zusammenarbeit möglich wird. Es ist daher sinnvoll, auch den wertschätzenden Umgang mit den eigenen Fähigkeiten zu üben.

Der Qualitätsspiegel

Diese Übung von [Röhrig 2011] ist sehr gut in Teamentwicklungssituationen einsetzbar und auch in Workshops zur optimalen Zusammenarbeit oder zu Ressourcenfokussierung.

Jeder Teilnehmer erhält ein Zeichenblatt (A3) und wird gebeten, es einmal in der Mitte zu falten und wieder aufzuklappen, sodass zwei A4-Hälften entstehen. Oben in der Mitte wird der eigene Name notiert. In der linken Spalte werden die Anwesenden gebeten, ihre drei wichtigsten beruflichen Stärken zu notieren, in der rechten Spalte die drei wichtigsten privaten. Das Blatt wird danach gut zugänglich positioniert. Die Verfasser gehen dann zu den anderen Blättern und ergänzen, wo möglich, die Stärkenlisten aus eigener Sicht.

→

Am Ende holt sich jeder das eigene Papier wieder und hält damit einen Qualitätsspiegel in der Hand, der sowohl Eigen- als auch Fremdbild der vorhandenen Ressourcen umfasst. Eine Reflexion im Plenum kann die positive Stimmung nach dieser Übung noch verstärken.

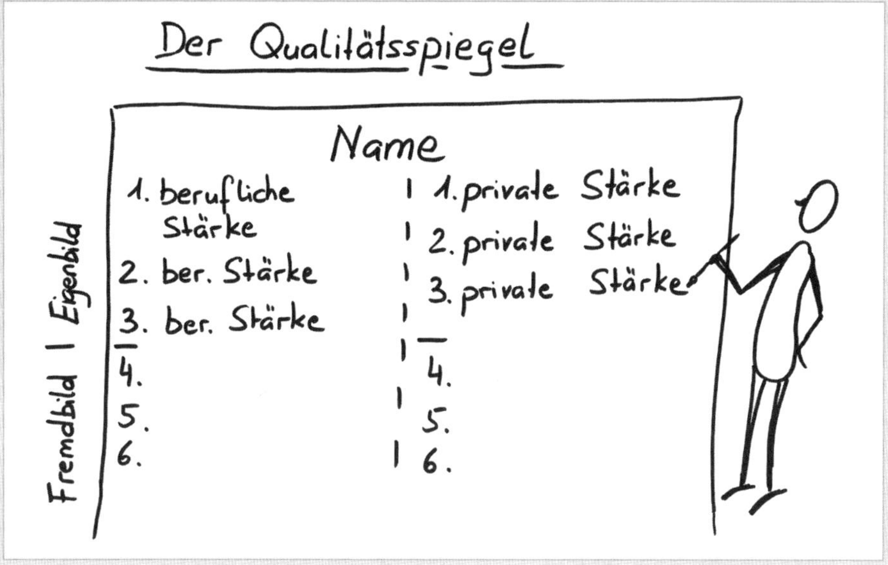

Neben solchen kurzen Interventionen, die auch zwischendurch zu Beginn oder am Ende eines Meetings oder Workshops eingesetzt werden können, gibt es umfassende lösungsfokussierte Teamentwicklungskonzepte, die langfristiger ausgelegt sind. Das wahrscheinlich Bekannteste davon wird im Folgenden kurz vorgestellt.

Reteaming

Die Methode des Reteaming, entwickelt von Ben Furman und Tapani Ahola (Finnland) und im deutschsprachigen Raum publiziert durch [Geisbauer 2012], ist ein lösungsfokussierter Teambildungsprozess, der sich trotz vieler einzelner Etappen durch relativ geringen Zeitaufwand und hohe Effizienz auszeichnet. Mit Reteaming gelingt es, den Teamgeist zu fördern, Probleme bei der Zusammenarbeit zu lösen und gemeinsam Zielorientierung zu gewinnen.

Die drei Hauptaspekte sind *die Methode*, *die Werkzeuge* und *eine besondere Art der Beziehung vom Coach zum Klientensystem*. Es ist wesentlich, dass der Coach in der Lage ist, alle drei Aspekte harmonisch zu vereinen. Es gibt eigene Ausbildungsmöglichkeiten zum Reteaming-Coach.

→

Als Beispiel werden hier die 16 Schritte einer »Mission Possible«, wie in [Geisbauer 2012] beschrieben, vorgestellt. Die Formulierungen unter den einzelnen Überschriften bieten jeweils eine mögliche Kurzform der Anmoderation für die konkrete Arbeit mit Teams, die Sie nutzen können:

1. **Zeitreise**
   »Stellt euch vor, dass ein oder zwei Jahre lang alles sehr gut für euch läuft. Schreibt gemeinsam als Team einen Brief aus dieser *guten Zukunft* und informiert mich darüber, wie euer Leben dort aussieht.«
2. **Veröffentlichung**
   »Zeigt mir und anderen Leuten im Unternehmen anschließend diesen Brief.«
3. **Projekt**
   »Findet gemeinsam ein Ziel, das euch dabei helfen wird, zu dieser Zukunft zu gelangen, und entscheidet euch für ein Projekt, das ihr umsetzen wollt, um dieses Ziel zu erreichen.«
4. **Name**
   »Gebt eurem Projekt einen besonderen und kreativen Namen, der euch als Team gut gefällt.«
5. **Symbol**
   »Findet ein Symbol, einen Talisman, mit dem ihr euer Projekt symbolisieren könnt.«
6. **Unterstützer**
   »Bindet eine Anzahl von Unterstützern in euer Projekt ein. Wen könntet ihr bitten, euer Vorhaben aktiv zu unterstützen?«
7. **Lohn**
   »Findet heraus, wie das Ergebnis eures Projekts euch und anderen Leuten helfen wird, was ihr also davon haben werdet.«
8. **Optimismus**
   »Beantwortet die Frage, was euch dazu veranlasst, zu glauben, dass ihr eine gute Chance habt, euer Projekt erfolgreich zu beenden.«
9. **Unterstützung**
   »Fragt, warum andere Leute denken, dass ihr gute Chancen habt, euer Projekt erfolgreich zu beenden.«
10. **Treppe**
   »Erstellt eine Fortschrittstreppe. Auf ihr könnt ihr sehen, was ihr bereits getan habt, was euer nächster Arbeitsschritt ist, welcher euer nächster Schritt sein wird und was ihr in eurem Projekt bereits erledigt habt.«
11. **Tätigkeit**
   »Unternehmt einen konkreten kleinen Schritt, um euer Projekt voranzubringen.«
12. **Bericht**
   »Veröffentlicht euren ersten Schritt und dankt den Leuten für ihre Unterstützung.«

→

13. **Logbuch**
»Setzt euer Projekt fort, indem ihr weitere kleine Schritte unternehmt. Schreibt ein Protokoll über jene Dinge, die ihr tut, und die Fortschritte, die ihr macht.«
14. **Feier**
»Plant, wie ihr die Erfolge, die ihr am Ende eures Projekts erzielt haben werdet, gemeinsam feiern könnt.«
15. **Rückschläge**
»Bereitet euch auf etwaige Rückschläge vor.«
16. **Zukunft**
»Führt eure Feier durch und entscheidet, wie ihr gemeinsam eure weitere *gute Zukunft* anstreben werdet.«

Gegenseitiges Vertrauen entsteht auch im gemeinsamen Tun. Dabei werden die vorhandenen Fähigkeiten und Talente der Teammitglieder in ihrer Anwendung direkt sichtbar. Gemeinsam Ergebnisse zu produzieren, kann im kleinen Format geübt werden. Die dort entwickelten Erfolgsrezepte können dann in die tägliche Zusammenarbeit überführt werden.

Der Team-Werbeprospekt

Das Team erstellt je eine Art Werbeprospekt (Folder) für alle, die mit ihm zu tun haben, also einen für Kunden, einen für das Management, einen für andere Abteilungen etc. Welche seiner Stärken und Talente wird dieses Team zum Lieblingsteam anderer Abteilungen werden lassen? Was muss der Kunde wissen, um zu erkennen, dass dieses Team der beste Partner für die Verwirklichung großer Pläne ist? Und woran erkennt das Unternehmen, dass hier eine echte Erfolgsstütze des Hauses am Werk ist?

Bei der Ideenentwicklung werden alle Vorschläge und Beiträge ernst genommen und weiterentwickelt. Alle Ideen und Inputs werden schriftlich festgehalten (PostIt's™, Flipcharts ...). So geht kein Beitrag verloren und neu hinzukommende Teammitglieder können schnell integriert werden.

Erst danach wird entschieden, ob ein Vorschlag ausreichend Gehalt für die tatsächliche Übernahme in den Folder hat oder nicht. Dieser Folder wird gemeinsam mit Text und Bildern angereichert, sodass das Team diesen auch tatsächlich weitergeben kann.

6.4 Lösungsfokussierte Timeline-Arbeit

Die Timeline wird als Instrument vor allem in Retrospektiven gerne genutzt. Das Ziel ist, eine kollektive Sichtweise auf die Ereignisse der Vergangenheit mittels einer Visualisierung zu erhalten [Kerth 2001, S. 121 ff.]. Eine hilfreiche Ergänzung ist der emotionale Seismograph [Derby & Larsen 2006, S. 52 ff.], mit dem es möglich ist, den Stimmungsverlauf im betrachteten Zeitraum sichtbar zu machen. Diese gemeinsame Betrachtung dessen, was war, führt zu einem besseren

Kennenlernen und Verständnis der Teammitglieder. Das Arbeiten mit einer Timeline ist daher auch wunderbar geeignet, um Teamentwicklung gezielt zu fördern.

Bei der Timeline-Arbeit ist das konkrete Ziel des Teams zu berücksichtigen. Wenn es um den Abschluss eines Projekts geht und eine Rückschau erwünscht ist, werden andere Aspekte beleuchtet, als wenn es um eine agile Retrospektive geht, bei der Gelerntes sofort umgesetzt werden kann. Im Folgenden sollen zwei Anwendungen genauer betrachtet werden.

6.4.1 Aus der Vergangenheit in die Zukunft

Das Ziel ist, dass die Teammitglieder einen Überblick über die vergangenen Ereignisse erhalten und einander für Erfolge wertschätzen. Außerdem sollen positive Erfahrungen in die Zukunft mitgenommen werden. Auch sollen Situationen betrachtet werden, die man rückblickend anders angehen würde. Der Timeline-Horizont erstreckt sich somit von der Vergangenheit bis ins Heute.

Vorbereitung: Nehmen Sie eine Rolle Papier (z.B. weißes Packpapier) und platzieren Sie es an einer Wand. Zeichnen Sie einen Mittelteil ein, auf dem später der Stimmungsverlauf abgebildet werden soll. Markieren Sie Zeitpunkte wie Ostern, Weihnachten, Monatsanfänge o.Ä., sodass sich die Teilnehmer orientieren können.

Legen Sie Moderationskarten oder große PostIt™-Notes, passende Stifte und geeignetes Befestigungsmaterial (z.B. Klebeband) bereit. Anregungen, wie Sie Farbcodierungen oder weitere zusätzliche Visualisierungen einsetzen können, finden Sie bei [Derby & Larsen 2006, S. 52 ff.].

Teil 1 – Die Timeline aufbauen

Die Teammitglieder können Kleingruppen bilden oder allein arbeiten. Sie werden gebeten, für sie wichtige Momente aufzuschreiben und an der Timeline entsprechend der Chronologie zu platzieren. Dabei helfen die folgenden Fragen:

- »Was ist während des betrachteten Zeitraums passiert?«
- »Wie würdet ihr den Moment persönlich bewerten? Eher positiv oder eher negativ?«
- »Wer war involviert?«

Im Anschluss bitten Sie jedes Teammitglied, den eigenen Stimmungsverlauf einzuzeichnen. Dabei kann es hilfreich sein, jede Person eine eigene Farbe wählen zu lassen, sodass man die Linien im Gespräch auseinanderhalten kann. Um die nachträgliche Anonymität zu gewährleisten, sollten die Linien ohne Namen dargestellt werden.

Alternativ, wenn das Vertrauen in einem Unternehmen beispielsweise stark beeinträchtigt ist, können die Personen auch alle die gleiche Farbe nutzen, um die Anonymität bereits während der Erstellung sicherzustellen. Bei der Diskussion im

Anschluss kann dann ein gemeinsames Hypothetisieren der dargestellten Inhalte weiterhelfen. Wir nutzen jedoch, wann immer es möglich ist, für das Zeichnen der Timeline unterschiedliche Farben zugunsten der Übersichtlichkeit für das anschließende Gespräch.

Man könnte natürlich eine Timeline mit nur positiven Momenten erstellen lassen. Erfahrungsgemäß führt dies zur Ablehnung durch die Teammitglieder. Sie möchten, wie bei der Lösungspyramide beschrieben, sichergehen, dass ihre Probleme ernst genommen werden.

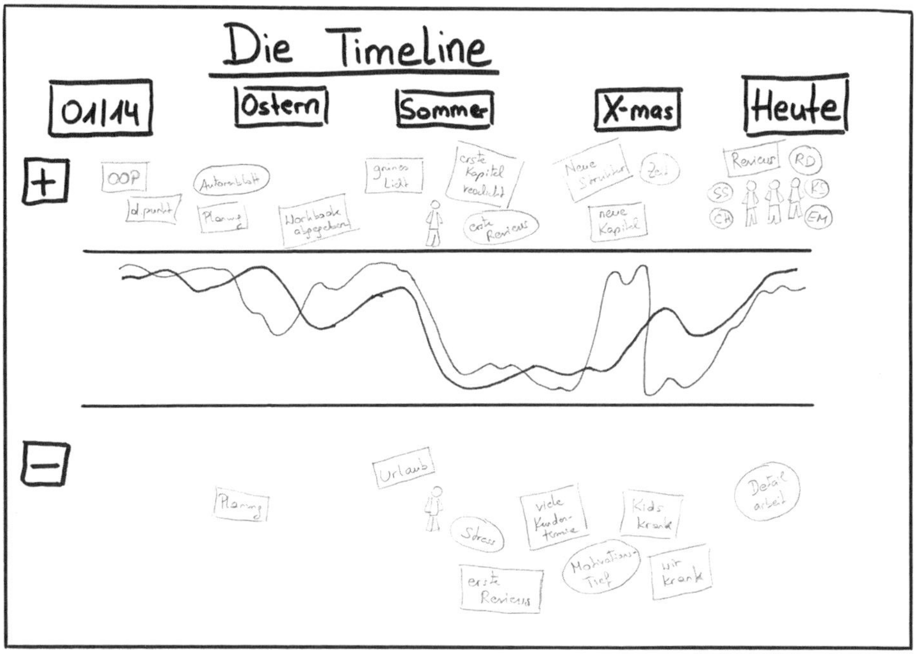

Teil 2 – Die Timeline analysieren

Der wesentliche Dreh in Richtung Lösungsfokus geschieht anschließend, wenn Fragen nach dem Gelingen gestellt werden:

- »Was haben wir geschafft? Welche Erfolge haben wir erreicht? Wie ist uns dies gelungen?«
- »Was war hilfreich? Was wollen wir unbedingt für die Zukunft mitnehmen?«
- »Welchen Nutzen hatte … diese oder jene Situation? Für wen?«
- »Wie hast du es geschafft, dass es dort wieder aufwärtsging?« – »Wer hat dir dabei geholfen?« (Zeigen Sie dabei auf markante Momente im Stimmungsverlauf einzelner Personen.)
- »Was würdet ihr rückblickend betrachtet anders machen?«

Gerade die letzten Fragen ermöglichen es, auch problematische Situationen mit dem lösungsfokussierten Blick zu betrachten. Insgesamt wird nach dem Gold gesucht, wie [Kerth 2001, S. 124] es nennt.

In einem Projektabschlussworkshop kann an dieser Stelle die Arbeit beendet werden. Sammeln Sie wichtige Erfahrungen, die firmenweit zu berichten sind, und erstellen Sie einen kurzen Report an Ihre Firmenleitung und eventuell auch an Ihre Kunden.

Bei Teams, die weiterhin zusammenarbeiten werden, bietet es sich nun an, auch in Richtung Zukunft zu blicken. Lassen Sie das Team gemeinsam seine Zukunft gestalten und finden Sie Stärken, sodass sich alle für den weiteren Weg gut gerüstet fühlen. Dabei helfen die folgenden Fragen:

- »Was müssen wir in Zukunft hinbekommen?«
- »Welche besonderen Ereignisse kann es in Zukunft geben, die für unsere Zusammenarbeit wichtig sein werden?«

Und verbinden Sie die Zukunft mit der Vergangenheit durch weitere Fragen:

- »Was können wir aus der Vergangenheit mitnehmen?«
- »Worauf können wir aufbauen?«
- »Was werden wir wieder so machen?«
- »Was würden wir anders machen – und wie?«

Dieser Ansatz entspricht jenem von [Grubert 2014], der bei der SOLworld-DACH-Konferenz vorgestellt wurde. Ähnlich wie im Gesprächsverlauf nach der Lösungspyramide kann auch bei der Timeline-Arbeit zeitlich vor- und zurückgegangen werden.

6.4.2 Aus der Zukunft in die Gegenwart

Liegt ein aktuelles Problem vor, das gelöst werden soll, so kann am Ende der Timeline – also in der Zukunft – begonnen werden [Dierolf 2013, S. 83]. Dazu bietet sich die Wunderfrage (siehe Abschnitt 3.2.4), der Solution Talk (siehe Abschnitt 8.6.2) oder ein anderes zukunftsorientiertes Werkzeug an. Die Teammitglieder werden aufgefordert, alle konkreten Anzeichen der erwünschten Zukunft auf die Timeline aufzutragen – auch wieder entsprechend der Chronologie der Ereignisse:

- »Was soll am Ende sein? Was wollen wir erreichen?«
- »Woran können wir erkennen, dass wir das geschafft haben?«
- »Woran kann unser Auftraggeber dies erkennen?«
- »Woran erkennen wir, dass ein Wunder geschehen ist? Woran erkennen es andere?«

Dann kann man durch gezieltes Nachfragen auf der Zeitachse zurückgehen:

- »Wie haben wir ... dies und das erreicht?«
- »Was ist davor passiert?«
- »Welche Schwierigkeiten mussten wir überwinden?
  Wie ist uns dies gelungen?«

Nachdem das Zukunftsbild ausgestaltet wurde, lohnt sich noch ein Blick auf die vorhandenen Stärken und Fähigkeiten, um voller Vertrauen in die Zukunft gehen zu können:

- »Was steht uns im Moment zur Verfügung?«
- »Auf welchen Ressourcen, Fertigkeiten und Fähigkeiten können wir aufbauen?«
- »Wer kann uns behilflich sein? Und wie?«
- »Was wäre ein konkreter erster Schritt in Richtung der erwünschten Zukunft?«

Lassen Sie alle Antworten auf Kärtchen notieren und entsprechend der Chronologie platzieren. Abschließend hilft die in Abschnitt 4.5 beschriebene Ergebnisprüfung:

- »Wie zuversichtlich seid ihr, dass wir unsere erwünschte Zukunft erreichen werden?«
- »Was benötigt ihr noch, um etwas zuversichtlicher sein zu können?«

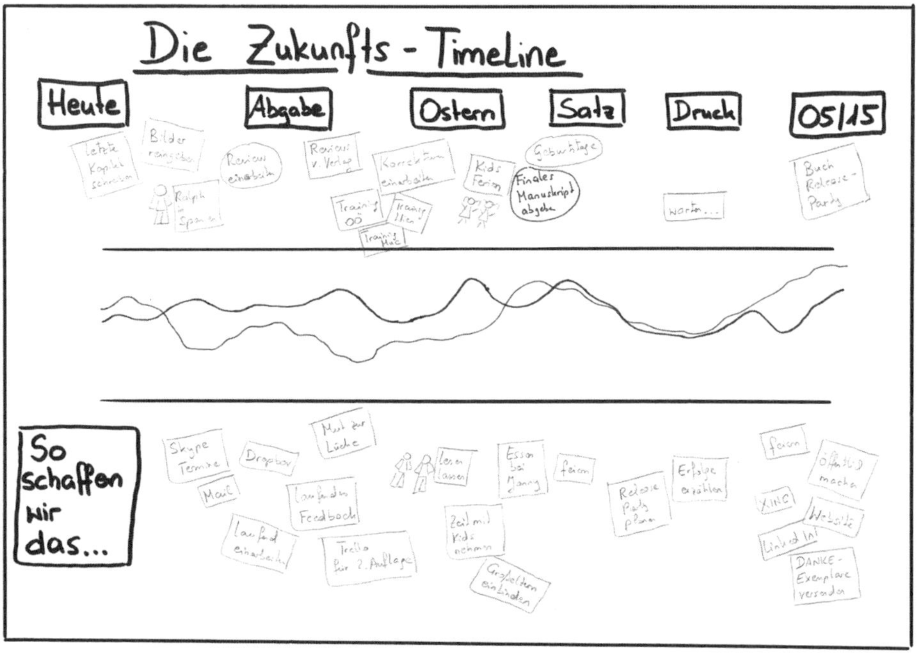

Der hier vorgestellte Ansatz lässt sich auch mit der *Futurespective* von [Mackinnon 2005] kombinieren. Die *Futurespective* basiert auf der Übung *Develop a Time Line* von [Kerth 2001, S. 121 ff.] sowie *Remember the future* von [Hohmann 2006]. In Essenz ist die *Futurespective* eine Retrospektive aus dem Blickwinkel der erfolgreichen Zukunft.

6.5 Teamvisionsentwicklung

»Damit das Mögliche entsteht, muss immer wieder das Unmögliche versucht werden.«

[Hesse 1960]

Zusätzlich zur Produktvision, also dem Zweck des Teams, sollten die Teammitglieder auch eine Vorstellung von der eigenen Zukunft entwickeln. Wie werden sie gemeinsam arbeiten, miteinander umgehen, sich täglich begegnen? Was wird sie jeden Arbeitstag begeistern? Worauf können sie sich verlassen und was dürfen andere von ihnen erwarten? Wofür werden sie sich am Ende wertschätzen und feiern?

Eine gemeinsam entwickelte und getragene Vision ist ein wichtiges Bindeglied für alle Teammitglieder. Sie unterstützt das Zugehörigkeitsgefühl zum Team, hilft dabei, Sinn zu finden, und kann damit einen wertvollen Beitrag zur Selbstmotivation leisten.

Die Entstehung einer solchen Teamvision sollte nicht dem Zufall überlassen werden. In Abschnitt 7.5 (das SCARF-Modell) wird beschrieben, dass das menschliche Gehirn immer eine Zukunft vorherzusagen versucht. Diese Vorhersage basiert jeweils auf jenen – oft negativen – Erfahrungen, die in der Vergangenheit gemacht worden sind. Hier gilt es anzusetzen, um neue *lösungsorientierte* Vorhersagen und damit positivere Erfahrungen zu ermöglichen. Dazu wird ein dedizierter Workshop zur Teamvisionsentwicklung empfohlen. Zum Start passt beispielsweise eine Übung, die die Stärken eines Teams in den Vordergrund stellt.

Wohlwollendes Hypothetisieren

Diese Übung von [Eberling & Hargens 1996, S. 159] ist vor allem dann geeignet, wenn sich die Teammitglieder noch nicht gut kennen. Dann bringen sie besonders viel hilfreiches Nicht-Wissen über die anderen mit.

Als Moderator erklären Sie die Aufgabe: »Jeder soll wohlwollende Hypothesen darüber äußern, welche Stärken, Fertigkeiten und Fähigkeiten die versammelten Teammitglieder haben könnten.«

Suchen Sie einen Freiwilligen, der bereit ist, als Erster die positiven Hypothesen zu hören, die andere über ihn anstellen. Nun dürfen alle Teilnehmer ihre diesbezüglichen Gedanken äußern. Es kommt manchmal vor, dass eine Hypothese auf den ersten Blick negativ klingt. Fragen Sie nach: »Inwieweit ist diese angenommene Eigenschaft eine Stärke des Kollegen oder in welchen Situationen könnte sie sich als hilfreich erweisen?«

→

Zum Abschluss bitten Sie die Person, kurz Rückmeldung darüber zu geben, welche Stärken, Fertigkeiten und Fähigkeiten sie sich auch selbst zuschreiben würde und worüber sie sich am meisten gefreut hat. Bevor sie zum nächsten Teilnehmer übergehen, wiederholen Sie die Aufgabenstellung noch einmal und betonen dabei, dass es um Stärken und günstige Eigenschaften gehen soll.

Sollten die Teammitglieder einander schon kennen, kann der Workshop mit dem Sammeln positiver Erinnerungen und Wertschätzungen beginnen:

- »Bitte erzähle uns allen von einem herausragenden Moment in einem früheren Projekt. Etwas, das, wenn es wieder auftreten sollte, dich sehr freuen würde.«
- »Für welches deiner Erlebnisse aus einem deiner früheren Projekte bist du dankbar?«

Für viele Teammitglieder ist ein solcher Start ungewöhnlich und wird als erfrischend aufgefasst. Erklären Sie nun das Ziel, eine gemeinsame Zukunft zu erfinden, ja zu erträumen. Dabei dürfen auch unrealistisch erscheinende Vorstellungen geäußert und alle aktuellen Rahmenbedingungen vergessen werden:

- »Angenommen, ihr könntet euch euer Traumteam basteln, wie würde das aussehen?«
- »Wie würdet ihr eure Traumarbeitsumgebung gestalten, wenn es keine Vorgaben gäbe?«
- »Wie würdet ihr am liebsten miteinander arbeiten?«

Für die Visionsarbeit bietet sich auch der Solution Talk (siehe Abschnitt 8.6.2) an:

- »Angenommen wir treffen uns in genau einem Jahr wieder und ihr berichtet mir von eurem Superteam, was werdet ihr mir dann erzählen? Und was noch und was noch ...?«

Als Coach und Moderator sind immer wieder die Annahmen des Teams zu hinterfragen. Eine Welt ohne Rahmenbedingungen ist für viele nur schwer vorstellbar. Nachdem das Team seine erwünschte Zukunft so klar wie möglich beschrieben hat, werden erste Schritte dorthin formuliert:

- »Wie könnt ihr euch auf den Weg dorthin begeben?«
- »Was könntet ihr sofort zu tun beginnen?«
- »Die Verwirklichung welcher Aspekte ist vielleicht doch realistischer als zuerst gedacht?«

Aus den gesammelten Ideen kann dann eine Team-Charter für die Zusammenarbeit im Team erstellt werden [Larsen & Nies 2011].

Praxisbeispiel einer »Visionsarbeit« mit einem realen Team

Das nachfolgende Bild zeigt das Ergebnis einer Visionsarbeit mit einem agilen Team. Bei der Erstellung wurden Plastilin, Stifte und Farben verwendet. Vorbereitend hatte das Team über seine Zukunft gesprochen. Dann entstand das Kunstwerk, woran sich alle Teammitglieder aktiv beteiligten. Im Nachhinein wurde dann nochmals besprochen, was die einzelnen Elemente für sie als Team bedeuten.

Zwei Teammitglieder erinnern sich:

»Es war der Prozess, das Plakat zu erstellen, der spannend war und Eindruck hinterlassen hat. Er hat das Gefühl der Zusammengehörigkeit und der Gemeinschaft gestärkt. Das Bild bedeutet für uns *Aufbruch* und *Vorwärts*. Das Feuer veranschaulicht unseren Antrieb und es verbrennt die Fehler in der Software. Vorne ist die Brücke zum Rest der Projektwelt. Die Hände sind die *helfenden Hände*, der Hubschrauber-Landeplatz zum Andocken für andere Teams gedacht.

Mögliche Titel für das Plakat waren: Teammission, Mission Possible, Der Auftrag, Zu neuen Welten, Der Weg ist das Ziel.

Als es später im Teamraum gehangen ist, haben die Leute sich regelmäßig gerne an die Aktivität und dadurch an den ganzen Workshop erinnert.«

(Katharina Fritz und Jutta Bednarik)

6.6 Teamentwicklung mit großen Gruppen

Es gibt Produktentwicklungen, die nicht mehr von einem Mitarbeiterteam alleine gemeistert werden, sondern in denen viele Teilteams mitarbeiten. Auch für ein solches großes Team sind Teamentwicklungsmaßnahmen hilfreich, damit alle das Große-Ganze im Blick haben und die Kommunikation zwischen den Teilteams funktioniert. Im Folgenden stellen wir Ihnen drei Beispiele für Großgruppenverfahren kurz vor. Für eine vertiefende Auseinandersetzung mit den Themen folgen Sie bitte den angegebenen Literaturempfehlungen.

Der Solution-Focused Espresso

Der Solution-Focused-(*SF-)Espresso* von [Schenck 2013] ist ein kurzes Großgruppenverfahren, basierend auf dem World Café-Format von [Brown+ 2001]. Schenck beschreibt einen Workshop für 40 Personen, der ca. 2½ Stunden dauert. Er besteht aus sieben Aufgaben, die in Tischgruppen bearbeitet werden. Die Gruppenzusammensetzung wechselt dabei für jede Aufgabe:

1: **Eigene Stärken**
Sie werden anhand einer erlebten Situation in Erinnerung gerufen, darüber mit anderen gesprochen und schriftlich auf Papier gesammelt. (ca. 40 Minuten)

2: **Future Perfect**
»Stellt euch vor, ihr werdet in einem Jahr zum besten Unternehmen der Branche gewählt. Was würde intern dann anders laufen als heute?« (ca. 30 Minuten)

3: **Skalierung**
Mit Klebepunkten auf einer Skala schätzen die Teilnehmer ihren aktuellen Stand auf dem Weg zu dieser tollen Zukunftsperspektive ein. (ca. 5 Minuten)

4 & 5: **»Woran würden eure Kunden** (4) **bzw. eure Kollegen** (5) **bemerken, dass ihr schon einen Wert weiter seid auf dem Weg zur Zehn?«**
Die Antworten werden auf Moderationskarten gesammelt und auf Pinnwänden im Plenum vorgestellt. (je Schritt ca. 15 Minuten)

6: **Vernissage der Resultate** (mit Fruchtcocktail in der Hand)
Die Ergebnisse auf den Pinnwänden und den Tischdecken werden betrachtet und darüber in lockerer Atmosphäre gesprochen. (ca. 15 Minuten)

7: **Commitment-Partner** (paarweise Absprache)
Jeder Teilnehmer nimmt sich einen eigenen Beitrag zur Erreichung vor und teilt einem Kollegen dieses Vorhaben mit. Es wird ein Termin vereinbart, wann die Commitment-Partner einander verlässlich an die Umsetzung erinnern. (ca. 10 Minuten)

Die Autoren haben auch schon einen kürzeren SF-Espresso mit Klaus Schenck genossen [Schenck 2014].

Das lösungsfokussierte Zukunftsforum

[Christiansen 2014] beschreibt ein Workshopdesign für 60 Personen, für dessen Umsetzung 3½ Stunden inklusive Abendessen zur Verfügung standen. Das Ziel des Workshops bestand darin, die Mitarbeiter einer Institution in einem Veränderungsprozess zu unterstützen und dabei den Fokus auf Lösungen zu richten. Der Ablauf gliedert sich in fünf plus zwei Schritte:

0: **Die Vorbereitungs-E-Mail**
Sie beinhaltet auch eine Hausaufgabe: »Bitte beobachtet von nun an bis zum Workshop, was für dich zur Freude bei der Arbeit beiträgt.«

1: **Willkommensübungen**
Stilles Ressourcengrüßen (die Teilnehmer gehen durch den Raum und grüßen einander mit Blicken, während sie an die möglichen Stärken des anderen denken; ca. 4 Minuten) und *Klebende Namen* (die Teilnehmer gehen im Raum aufeinander zu und stellen sich zuerst mit ihrem eigenen, danach mit dem jeweils zuletzt gehörten Vornamen vor; ca. 4 Minuten). Ein Teil der Willkommensübung ist auch das Erheben der kühnsten Hoffnungen für das Zukunftsforum.

2: **Das Zukunftsinterview**
Arbeitspaare interviewen andere Arbeitspaare mit der Frage, welchen Erfolg sie in einem Jahr erreicht haben werden und welchen Unterschied das im Vergleich zu heute machen wird. Für diesen Schritt hat Christiansen 10 Minuten für die Anleitung und das Finden der Paare eingeplant sowie 35 Minuten für das Interview (2 × 15 Minuten, zuzüglich 5 Minuten für den Wechsel). Bei seinem Workshop gab es danach ein 30-minütiges Abendessen.

3: **Zurück aus der Zukunft**
Nach einer kurzen Einleitung (5 Minuten) wird in Gruppen zu maximal 6 Personen ein Erfahrungsaustausch aus der Interviewübung und der Hausaufgabe über die Arbeitsfreude durchgeführt. (ca. 25 Minuten).

4: **Anzeichen & Ressourcentratsch**
Anschließend werden erste Hinweise des Gelingens gesammelt: »Wo sehe ich Anzeichen der Zukunft bereits in meinem Alltag?« Jedes Teammitglied sagt dazu etwas und jeder, der seine Erfahrungen mitgeteilt hat, dreht dann der Gruppe den Rücken zu und die anderen unterhalten sich positiv über diese Person. Diese Übung dauerte ca. 45 Minuten (zuzüglich 5 Minuten Anmoderation) und dient der Stärkung der Potenziale und der Potenzialerkennung.

5: **Wissensaustausch**
Eine oder zwei Entdeckungen, von denen die Kollegen profitieren können, werden auf bunte Blätter Papier geschrieben – dann gibt es eine Schneeballschlacht mit den bunten Blättern, sodass jeder am Ende eine Botschaft von einem Kollegen mitnehmen kann. Dieser Teil dauerte bei Christiansen ca. 10 Minuten.

6: **Nachfolge-E-Mail**
Sie beinhaltet einige Beobachtungsfragen und wird eine Woche später verschickt, damit die Teilnehmenden sich den Workshop und die Erkenntnisse nochmals in Erinnerung rufen.

Great Gatherings

Ausgehend von seinen Erfahrungen, Interventionen für Großgruppen lösungsfokussiert zu gestalten, entwickelte [Christiansen 2015] einen Ansatz, den er Great Gatherings nennt. Dabei wird auch er von den Formaten World Café [Brown+ 2001] und Open Space [Owen 2008] inspiriert. Great Gatherings haben in etwa den folgenden Ablauf:

0: **Das Ziel des Events**
Setting, Fokus, erwünschtes Ergebnis – wird vor dem Event mit den Stakeholdern festgelegt.

1: **Persönliche Ziele**
Persönliche Ziele – der Einzelne im großen Bild, die persönliche Motivation – werden zum Beispiel per E-Mail vor dem Event abgefragt.

2: **Erfolgsgeschichten**
Erfolgsgeschichten aus dem Arbeitsalltag werden geteilt und so vorhandene Ressourcen sichtbar gemacht.

3: **Erfolgreiche Zukunft**
Eine erwünschte Zukunft wird detailliert gemeinsam beschrieben, inklusive aller Konsequenzen.

4: **Vorboten**
Basierend auf der Zukunftsbeschreibung suchen die Teilnehmer, wo in der Organisation Ähnliches schon ansatzweise passiert.

5: **Nächste Schritte**
Die Teilnehmer versetzen sich gedanklich in die bessere Zukunft. Sie erzählen einander, was hier alles anders ist und wie das erreicht werden konnte. Diese Schritte werden anschließend gesammelt, zum Beispiel mittels eines Aktionsplans.

Als Leser dieses Buches würden Sie nun vielleicht noch *6: Zuversicht prüfen* in den Ablauf einbauen.

Praxistipp

Beim Scrum Gathering 2012 in Barcelona hat Veronika Folgendes erlebt: Bei der Eröffnung des Open Space [Owen 2008] sollte es eine Startübung für die anwesenden 200+ Teilnehmer geben. Es war laut im Saal. Plötzlich hob eine Person die Hand, dann die nächste und so weiter. Innerhalb von Sekunden hatten beinahe alle Anwesenden eine Hand gehoben und im Raum herrschte Stille. Die Blicke der Teilnehmer richteten sich auf den Moderator, der dann mit der Anmoderation der Übung beginnen konnte. So etwas hatte Veronika vorher noch nie erlebt. Das war er also – der wahr gewordene Traum eines Großgruppenmoderators.

→

Diese Methode scheint in der agilen Bewegung recht bekannt zu sein. Falls Ihre Workshopteilnehmer diese Intervention noch nicht kennen sollten, dann erklären Sie sie zu Beginn Ihrer Veranstaltung: »Wenn Sie eine erhobene Hand sehen, dann beenden Sie bitte Ihre Ausführung, und als Zeichen dafür, dass Sie nun auch still sind, heben Sie anschließend ebenfalls Ihre Hand, sodass die anderen Teilnehmer dieses auch sehen können.« So kann in sehr kurzer Zeit die Gruppe wieder zur Ruhe kommen und Sie können weitermoderieren.

6.7 Selbstreflexion

- Was in diesem Kapitel ist für Sie neu/spannend/hilfreich?
- Welche Punkte des E.R.F.O.L.G.-Modells sind für Sie in Ihrer Praxis bereits selbstverständlich? An welchem Punkt möchten Sie als Nächstes arbeiten? Was genau möchten Sie tun?
- Welche Konsequenzen hätte eine Überschreitung dieses unverhandelbaren Rahmens für die Teammitglieder?
- Welchem Ihrer Kollegen haben Sie zuletzt persönlich gedankt? Und wie haben Sie das getan? Wie hat er darauf reagiert?
- Welchen Ihrer Kollegen haben Sie schon lange nicht mehr persönlich wertgeschätzt? Wie könnten Sie das tun? Wie würde er darauf reagieren?

6.8 Experimente und Übungen

- Interessieren Sie sich für das, was Ihrem Team gut gelungen ist. Fragen Sie gleich morgen früh als Erstes danach.
- Gehen Sie mit gutem Beispiel voran und erzählen Sie von sich aus von Ihren Erfolgen – auch und vor allem von den kleinen.
- Beantworten Sie versuchsweise einen halben Tag lang jede Frage mit einer lösungsfokussierten Gegenfrage. Wie viele Probleme können Sie dadurch lösen lassen?
- Verfassen Sie eine Liste Ihrer persönlichen Stärken und Fähigkeiten. Bitten Sie danach einen guten Freund (oder auch zwei), diese Liste mit Ihnen gemeinsam noch zu ergänzen. Vielleicht möchte Ihr Freund ja auch eine solche Liste für sich selbst erstellen?

7 Konflikte im Team

Konflikte sind im Zusammenleben von Menschen offenbar unvermeidlich. Ob diese Konflikte nützlich sind oder schädlich werden, hängt vom Umgang mit ihnen und den Konfliktparteien ab. Doch was ist ein Konflikt? Basierend auf einiger Literatur zum Thema wird hier ein Konfliktbegriff für unseren Kontext in diesem Buch beschrieben.

Der lösungsfokussierte Ansatz nach De Shazer und Berg betrachtet ein Problem als Ausgangspunkt einer Lösung. Die Lösung steckt sozusagen schon im Problem – ansonsten würde eine Situation nicht als Problem verstanden werden. Danach stellt sich die Frage nach dem *Stattdessen*. Was soll anstatt des Problems sein? Es geht dabei um die Anwesenheit von Erwünschtem statt der Abwesenheit von Unerwünschtem, denn die lösungsfokussierte Vorgehensweise verzichtet weitestgehend auf eine Problemanalyse und wendet sich schnell der Lösungsfindung zu.

Ähnlich soll es im Konfliktfall gehalten werden. Statt zu analysieren, wo der Konflikt herkommt, wie lange er schon besteht, welcher Konflikttyp vorliegt, wer angefangen hat und wer schuld ist, liegt die Konzentration auf der Zeit nach dem Konflikt – darauf, was dann anders sein wird und wie dies gelungen sein wird. Die vier Phasen der Lösungspyramide stellen dabei eine Art Leitfaden dar und führen hoffentlich Schritt für Schritt zu gegenseitigem Verständnis und Kooperation.

7.1 Der Konfliktbegriff

Erleben Sie derzeit einen Konflikt? Können Sie sich an einen Konflikt erinnern? Was sind oder waren dabei die wesentlichen Faktoren, die die Situation zu einem Konflikt werden ließen?

Möglicherweise begann es mit ein paar Differenzen im Wahrnehmen, Denken, Vorstellen, Fühlen und/oder Wollen. Der eine glaubt, dass der Code vollständig dokumentiert sein muss, während der andere denkt, dass gute Klassen- und Methodennamen ausreichend sind. Entsprechend den eigenen Vorstellungen wird dann auch unterschiedlich agiert. Der eine fügt Änderungen in den Code des anderen ein. Dieses Verhalten wird als Beeinträchtigung, Behinderung oder sogar

Bedrohung wahrgenommen. Nach [Berkel 2003, S. 399] reicht das schon aus, damit ein Konflikt entsteht. Oft kommt es dann zu weiteren Aktionen bzw. Gegenaktionen, die den Konflikt verschärfen [Mack & Snyder 1957, S. 217 ff.].

Angelehnt an [Montada & Kals 2001a, S. 67] formuliert [Milek 2006]: »*Damit ein sozialer Konflikt zwischen zwei Parteien entsteht, muss eine subjektive oder objektive Unvereinbarkeit von Anliegen vorliegen, bei der sich mindestens eine Partei beeinträchtigt oder bedroht fühlt und der anderen Partei zuschreibt, dass diese für die Bedrohung verantwortlich gemacht werden kann oder sie trotz Wiedergutmachungs- bzw. Unterlassungsaufforderungen ohne Entschuldigung oder nachvollziehbarer Rechtfertigung bewusst in Kauf nimmt.*« Oft wird die Bedrohung gegenseitig wahrgenommen.

Hier kommt der Aspekt der vermuteten Absicht hinzu und somit auch der Aspekt einer Schuldzuschreibung. Ein Konfliktpartner glaubt, dass für den anderen eine Wahlmöglichkeit bzw. Chance, anders zu handeln, bestand und keine überzeugende Rechtfertigung erfolgte. In Konflikten sieht sich jede Seite im Recht. Daher sind die meisten Absichten auch nicht zwangsläufig böswillig, sondern aus der individuellen Sicht lediglich zielfördernd.

[Stangl o.J.] bringt noch einen weiteren Aspekt ein, damit von einem Konflikt gesprochen werden kann – das Vorhandensein von Gefühlen. Hierbei geht es ausschließlich um die negativen Gefühle, die den Konflikt antreiben. Diese Gefühle lösen eine Handlungsbereitschaft aus. Je stärker die Gefühle sind, desto stärker ist auch die Handlungsbereitschaft. Starke Gefühle haben auch den Nebeneffekt, dass sie die kritische Urteilskraft vermindern [Dörner 2010].

Wie Sie sehen, gibt es vielfältige Definitionen und Betrachtungsweisen zum Konfliktbegriff. Dieses Buch nutzt die folgende Definition:

Der Konfliktbegriff

Ein Konflikt setzt das Zusammentreffen von drei Faktoren voraus:

1. Es gibt eine erlebte Unvereinbarkeit im Denken, Fühlen oder Handeln, die für mindestens eine Partei beeinträchtigend bzw. bedrohlich wirkt.
2. Es wird eine eindeutige Schuldzuweisung getroffen – jemand wird für die Beeinträchtigung/Bedrohung verantwortlich gemacht.
3. Es wird eine Aktion gegen den bzw. die Schuldigen gesetzt.

Konflikte können vielfältig unterschieden werden. Eine mögliche Unterscheidung ist die nach dem inneren und dem äußeren Konflikt. In diesem Abschnitt wird gezeigt, wie in äußeren Konflikten, also in solchen, an denen mehr als eine Person beteiligt sind, lösungsfokussiert agiert werden kann.

Beim inneren Konflikt (auch intraindividuell genannt) ist nur eine Person von dem Konflikt betroffen. Hier besteht die Unvereinbarkeit in verschiedenen Bedürfnissen der Person. Eine Interventionsform wie »Das innere Team« von

[Schulz von Thun 2009] könnte hier die inneren Konfliktparteien darstellen und anschließend wäre mit den Techniken für die Auflösung äußerer Konflikte weiterzuarbeiten.

Abgrenzung des Konfliktbegriffs

Da der Konfliktbegriff selbst schon sehr vielfältig ist, soll er von einigen anderen Begriffen abgegrenzt werden.

- Eine *Differenz* ist eine Unterschiedlichkeit in der Wahrnehmung, in der Vorstellung, in Gedanken, in Gefühlen und/oder im Wollen. Eine Differenz bedeutet noch keinen Konflikt – sie ist ein natürlicher Bestandteil des Zusammenlebens. Wie oben beschrieben, sind Differenzen allerdings Teil einer Konfliktsituation.
- Ein *Problem* (griechisch problēma = das Vorgelegte, die gestellte (wissenschaftliche) Aufgabe) beschreibt eine schwierige, meist ungelöste Aufgabe bzw. Fragestellung. Ein Problem kann Ausgangspunkt für einen Konflikt sein, wenn die Lösung von verschiedenen Personen angegangen wird, die Lösungswege sich gegenseitig behindern und alle auf ihren Wegen beharren. Die Gemeinsamkeit der Beteiligten besteht in der Lösung des Problems.
- Ein *Dilemma* bietet zwei Möglichkeiten zur Entscheidung, wobei beide Möglichkeiten solche Vor- bzw. Nachteile haben, dass man sich für keine der Möglichkeiten entscheiden möchte. Ein Dilemma kann ebenfalls zu einem Konflikt führen, da hier eine Unvereinbarkeit von Interessen hervortritt.
- Ein *Missverständnis* entsteht, wenn zwei oder mehr Personen ein unterschiedliches Verständnis zu Aussagen und/oder Situationen entwickeln. Dies geschieht meist aufgrund von unterschiedlichen Erfahrungen. Unaufgeklärte Missverständnisse können ebenfalls zu Konflikten führen, falls durch das Missverständnis Unvereinbarkeiten und gefühlte Benachteiligungen hervortreten. Meist sind diese Unvereinbarkeiten nur dem Anschein nach da und könnten leicht beseitigt werden.

7.2 Die neun Stufen der Konflikteskalation nach Glasl

Friedrich Glasl hat insgesamt neun Konflikteskalationsstufen identifiziert und beschrieben, die Aufschluss darüber geben, welche Interventionen in bestimmten Situationen hilfreich sein können und mit welchen Auswirkungen bei Nichtklärung allenfalls zu rechnen ist [Glasl 1998, S. 92 ff.]. Sie werden im Folgenden vorgestellt, wobei speziell der Wechsel von Stufe 3 auf Stufe 4 im Coaching-Kontext von Bedeutung ist.

1. **Verhärtung**
   Die Standpunkte verhärten sich und prallen aufeinander. Das Bewusstsein bestehender Spannungen führt zu Verkrampfungen. Trotzdem herrscht die Überzeugung, dass die Spannungen durch Gespräche lösbar sind. Es gibt noch keine starren Parteien oder Lager. Die Kooperation ist noch größer als die Konkurrenz.
   Konflikte auf dieser Stufe klären die Konfliktpartner in den meisten Fällen selbst. Ein Einschreiten von außen ist meist nicht nötig. Das Angebot zur Hilfestellung kann trotzdem ausgesprochen werden. Oft ist dies der Auslöser für die Konfliktpartner, sich von sich aus zusammenzusetzen und ein klärendes Gespräch zu führen.
2. **Debatte**
   Es findet ein Polarisieren im Denken, Fühlen und Wollen statt. Es entsteht Schwarz-Weiß-Denken. Es zeigen sich erste Anzeichen von verbaler Gewalt und dem Reden über Dritte, um Punkte zu gewinnen. Es gibt eine Diskrepanz von Oberton und Unterton und einen einsetzenden Kampf um Überlegenheit. Kooperation und Konkurrenz wechseln ständig.
   Hier kann es hilfreich sein, eine Aussprache dringend und aktiv zu empfehlen. Sollten die Konfliktparteien nicht bereit sein, sich trotz dieser Empfehlung auszusprechen, sollte auf jeden Fall das Angebot einer Moderation erfolgen und die Dringlichkeit einer positiven Konfliktlösung klargemacht werden.
3. **Aktionen**
   Die Überzeugung, dass »Reden nicht mehr hilft«, gewinnt an Bedeutung und man verfolgt eine Strategie der vollendeten Tatsachen. Es entsteht eine Diskrepanz zwischen verbalem und nonverbalem Verhalten, wobei das Nonverbale dominiert. Die Empathie mit dem »anderen« geht verloren, die Gefahr von Fehlinterpretationen wächst. Eine pessimistische Erwartung aus Misstrauen bewirkt die Konfliktbeschleunigung. Die Konkurrenz ist nun größer als die Kooperation.
   Ist ein Konflikt bereits auf dieser Ebene angelangt, ist eine allparteiliche Konfliktmoderation unbedingt zu empfehlen. Diese Moderation kann durchaus von einem Kollegen durchgeführt werden, der die dazu nötigen Kenntnisse hat und zudem weder inhaltlich noch persönlich involviert ist.

Achtung!

Prüfen Sie, ob die Konfliktpartner sich noch gegenseitig wertschätzen können. Wenn nicht, hat sich der Konflikt wahrscheinlich über Stufe 3 hinaus entwickelt und externe Hilfe zur Auflösung wird benötigt.

Ab diesem Punkt ist eine professionelle Moderation durch einen Mediator nahezu unumgänglich. Die Eskalationsstufen vier bis neun dienen zur Einschätzung einer aktuellen Situation und beinhalten Warnsignale, die beachtet werden müssen.

4. **Images/Koalitionen**
   Die »Gerüchteküche« kocht, Stereotypen und Klischees werden aufgebaut. Die Parteien manövrieren einander in negative Rollen und bekämpfen diese. Es findet eine Werbung um Anhänger statt. Auch wird verdeckt gereizt, gestichelt und geärgert. Es entstehen selbsterfüllende Prophezeiungen durch die Fixierung auf Bilder.
5. **Gesichtsverlust**
   Es kommt zu öffentlichen und direkten (verbotenen) Angriffen, die auf den Gesichtsverlust des Gegners abzielen.
6. **Drohstrategien**
   Eine Spirale von Drohungen und Gegendrohungen entsteht. Durch das Aufstellen von Ultimaten wird die Konflikteskalation beschleunigt.

Achtung!
Spätestens jetzt ist die persönliche Sicherheit psychisch, manchmal auch körperlich gefährdet. Zum Schutz der Beteiligten müssen die Konfliktparteien voneinander getrennt werden. Personelle Veränderungen sind nun nötig.

Sollte der Konflikt trotz aller Bemühungen nicht positiv beizulegen sein, spätestens jedoch ab Stufe sieben, müssen personelle Veränderungen zum Schutz aller Beteiligten vorgenommen werden. Nehmen Sie dabei Hinweise von Kollegen ernst und sprechen Sie mit den betreffenden Akteuren unter vier Augen. Sobald Sie den Verdacht haben, dass die Sicherheit eines Mitarbeiters in Gefahr ist, sollten Sie schnell erste Deeskalationsmaßnahmen ergreifen. Zu langes Abwarten kann irreparable Folgen für die Beteiligten und das gesamte Team haben.

7. **Begrenzte Vernichtungsschläge**
   Der Gegner wird nicht mehr als Mensch gesehen. Begrenzte Vernichtungsschläge werden als »passende« Antwort durchgeführt. Umkehrung der Werte: Ein relativ kleiner eigener Schaden wird bereits als Gewinn bewertet.
8. **Zersplitterung**
   Die Zerstörung und Auflösung des feindlichen Systems wird als Ziel intensiv verfolgt.
9. **Gemeinsam in den Abgrund**
   Es kommt zur totalen Konfrontation ohne einen Weg zurück. Die Vernichtung des Gegners zum Preis der Selbstvernichtung wird in Kauf genommen. Dies geht bis hin zur Lust an der Selbstvernichtung, wenn nur der Feind auch zugrunde geht.

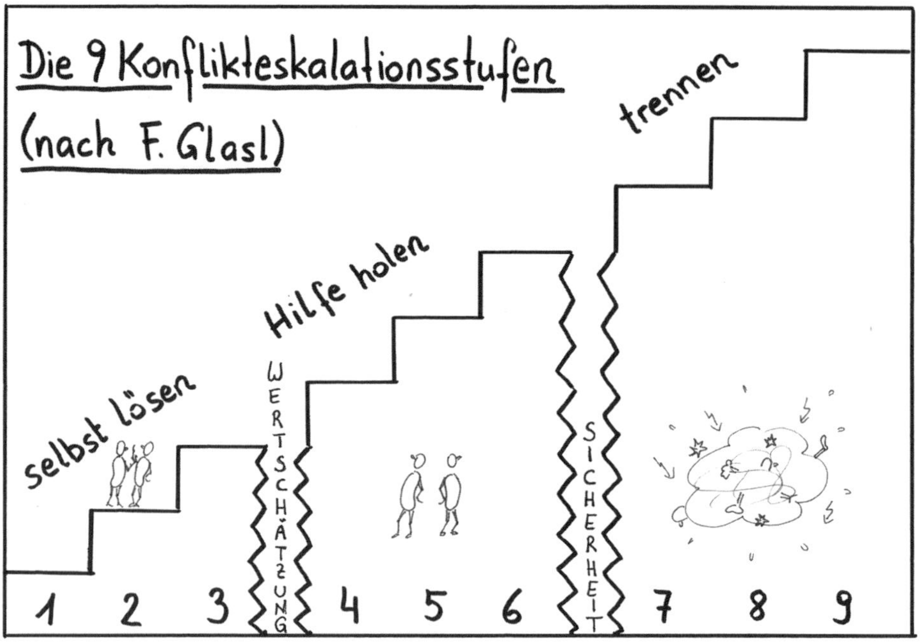

7.3 Der Nutzen von Konflikten

Wenn man die Konflikteskalationsstufen betrachtet, wird klar, warum Konflikte meist nur negativ gesehen, ja sogar häufig gefürchtet und daher gemieden werden. Es soll an dieser Stelle ein gutes Wort für Konflikte eingelegt werden. Wenn es gelingt, mit konfliktreichen Situationen in positiver und klärender Weise umzugehen, haben Konflikte auch gute Seiten – ohne sie gäbe es weniger Fortschritt, weniger Kommunikation und damit mehr Gleichgültigkeit. Und – wahrscheinlich sehen Sie das genauso – Gleichgültigkeit hat noch nie zu herausragenden Ergebnissen geführt!

Ausgangspunkt für positive Veränderungen

Am Anfang jeder Veränderung steht die gefühlte Unzufriedenheit mit einer aktuellen Situation. Sobald jemand eine Aktion setzt, um die Situation zu verändern, kommt es fast immer zum Konflikt mit jenen, die vom Status quo begünstigt sind und sich daher von einer Veränderung bedroht fühlen. Wird der Konflikt konstruktiv aufgelöst, so entsteht eine neue und bessere Situation für alle Beteiligten.

Blick auf Gemeinsamkeiten

Es klingt paradox, doch das gemeinsame Interesse, einen Konflikt zu lösen, führt auch dazu, dass die Beteiligten sich über ihre gemeinsamen Ziele und Bedürfnisse klar werden. Dadurch können sie eine gemeinsame Zukunft für sich entwickeln.

Einsicht und Zugriff auf unterschiedliche Sichtweisen

Bei der Konfliktbewältigung muss jeder Konfliktpartner sich selbst beobachten, erkennen, was die eigenen grundlegenden Bedürfnisse sind, und diese dann auch artikulieren können. Auch ist es wichtig und hilfreich, sich in die Lage der anderen Person hineinzuversetzen, um deren Rolle bzw. Perspektive nachvollziehen zu können. Diese Fähigkeit führt zu einem größeren gegenseitigen Verständnis und damit zu einem geringeren Eskalationspotenzial von Konflikten. Sie ist in vielen Lebenslagen hilfreich.

Erwünschtes Bestehendes erhalten

Wenn eine neue Idee abgelehnt wird, dann heißt dies gleichzeitig, dass das bestehende Konstrukt gefestigt wird. Der Konflikt führt zu einer Bewusstmachung dessen, was es zu erhalten gilt. So entstehen Normen und Regeln für ein gutes Zusammenleben.

Größere Reaktionsmöglichkeiten auf äußere Einflüsse

Einfache Modelle oder Antworten entsprechen oft nicht der Realität. Die Diskussion darüber fördert neue Erkenntnisse zutage und erhöht so die Komplexität der Modelle. Beim Atommodell beispielsweise oder beim kopernikanischen Weltbild ist das so abgelaufen. Beide wurden zuerst abgelehnt, weil die Vorstellung dazu fehlte. Erst die gemeinsame intensive Auseinandersetzung führte zu jeweils einem Modell, das schließlich auch verstanden und angenommen werden konnte. Durch solche Aushandlungsprozesse erwirbt eine Gruppe neben einem besseren und realitätsnäheren Bild auch die Fähigkeit, schneller auf Veränderungen einzugehen.

Praxisbeispiel für den »Nutzen von Konflikten«

Ähnliches kann auch beim Schätzen von Komplexität und Aufwänden in der Produktentwicklung beobachtet werden. Zuerst gibt es einen Konflikt aufgrund unterschiedlicher Auffassungen von der Aufgabe. Durch Diskussionen werden Lücken in der Aufgabenbeschreibung klar, die vom Team und dem Product Owner geschlossen werden können. Dadurch kann ein gemeinsames Verständnis für den tatsächlichen Aufwand entstehen.

Langfristiges Zusammenschweißen

Als Effekt einer erfolgreichen Konfliktbewältigung fühlen sich die Konfliktpartner enger aneinander gebunden. Sie haben wichtige Information über den anderen erhalten und konnten lernen, wie man miteinander verständnisvoller umgeht. So kommt es im Optimalfall auch zur Wiedereingliederung von Einzelnen, die im Zuge eines Konflikts eine exponierte Stellung erlangt haben.

Denken Sie beispielsweise an einen Tester, der durch scheinbar übertriebene Sorgfalt beim Entwicklungsteam in Ungnade gefallen ist. Wird hier die Kommunikation über die unterschiedlichen Ziele und Bedürfnisse der Teammitglieder professionell unterstützt, kann das gegenseitige Verständnis für das Verhalten des jeweils anderen wachsen und das Team sich wieder festigen. Die Entwickler erkennen zum Beispiel, dass der sorgfältige Tester das Team vor zukünftigen Problemen schützen möchte, indem er die Fehler vor den Kunden findet. Der Tester versteht wiederum, dass die Entwickler schnell Rückmeldungen vom Kunden wollen, um daraufhin notwendige Anpassungen vornehmen zu können. Missverständnisse werden ausgeräumt und die Beteiligten sehen sich gegenseitig in einem neuen Licht. Gemeinsam können sie ein Vorgehen festlegen, das die Interessen aller berücksichtigt. In der weiteren Zusammenarbeit gehen Entwickler und Tester kollegialer miteinander um, und am Ende feiern sie gemeinsam ihren Erfolg.

7.4 Die nachvollziehbare Absicht

Um von all diesen positiven Effekten am Ende profitieren zu können, ist es notwendig, Konflikte in positiver und konstruktiver Weise in neue Wege der Kooperation zu verwandeln. Aus Konfliktparteien sollen Kooperationspartner werden. Dieser Prozess ist naturgemäß schwierig. Emotionen und unterschiedliche Bedürfnisse prallen aufeinander und verstellen die Sicht auf Gemeinsamkeiten.

Viktor Frankl, Begründer der Logotherapie, hat dazu eine hilfreiche Antwort parat. Er geht davon aus, dass jeder Mensch danach strebt, Sinnvolles zu tun und Verantwortung zu übernehmen [Frankl 2012]. Allem Tun und Handeln liegt irgendeine nachvollziehbare – und für die jeweilige Person im Kern positive – Absicht zugrunde. Wenn es Ihnen gelingt, diesen Ansatz als Grundhaltung zu verinnerlichen und sich bei erlebten Unvereinbarkeiten auf die Suche nach dieser nachvollziehbaren Absicht zu begeben, wird Konfliktpotenzial zu Lösungspotenzial.

Die Suche nach der nachvollziehbaren Absicht

Egal ob Sie nun Teil eines Konflikts sind oder in positiver Weise in konfliktreiche Situationen eingreifen wollen – der schnellste, beste und einfachste Weg zu einer spürbaren Verbesserung der Situation ist die Suche nach der nachvollziehbaren Absicht hinter einer gesetzten Handlung. Für diese Suche nutzen Sie am besten den Werkzeugkoffer der lösungsfokussierten Fragestellungen:

- »Was wolltest du mit deinem Handeln erreichen?«
- »Worum geht es dir?«
- »Was brauchst du von mir?«
- »Wozu hast du das gemacht?«

Besonders in solchen heiklen emotionalen Situationen wird empfohlen, auf die Warum-Frage vollkommen zu verzichten (vgl. auch Abschnitt 3.2.6), denn sie verlangt nach Rechtfertigung und erzeugt damit ein Machtgefälle, das wiederum kontraproduktiv zur Erreichung Ihres Ziels, nämlich dem Herstellen von Kooperation, ist.

Praxistipp

Mit der Frage nach dem »Wozu?« fragen Sie direkt nach der nachvollziehbaren Absicht hinter einer Handlung und fördern somit gegenseitiges Verständnis. Gleichzeitig wird so die Wahrscheinlichkeit von auftretenden Missverständnissen minimiert und die Eskalation eines Konflikts unwahrscheinlicher.

7.5 Das SCARF-Modell

Für eine gelingende Zusammenarbeit ist Kooperation Voraussetzung und Widerstand auf Dauer hinderlich. Beide, Kooperation und Widerstand, hängen davon ab, wie sehr eine Person ihre grundlegenden sozialen Bedürfnisse in einer bestimmten Situation erfüllt oder gefährdet sieht.

Die Auswirkungen *sozialer Schmerzen*, wie zum Beispiel Zurückweisung, sind für den Menschen dabei ähnlich wie körperliche Schmerzen. Das menschliche Gehirn macht hier kaum einen Unterschied [Lieberman & Eisenberger 2008]. Fühlen wir uns sozial bedroht, finden verschiedene biochemische Prozesse im Körper statt wie ein Anstieg des Testosteronlevels, eine Veränderung der Sauerstoffzufuhr zum Gehirn etc. Gerade dann, wenn es also darum geht, in Stresssituationen einen kühlen Kopf zu bewahren, kann dies nicht oder nur schwer gelingen. Andererseits werden auch positive soziale Interaktionen mittels Dopamin und Oxytocin im Gehirn honoriert.

[Rock 2008; 2009] geht davon aus, dass das Gehirn, vereinfacht gesagt, gleichzeitig versucht uns vor Gefahren zu schützen und unsere Bedürfnisbefriedigung zu maximieren (Minimize Danger and Maximize Reward). Basierend auf wissenschaftlichen Erkenntnissen der Gehirnforschung hat [Rock 2008; 2009] ein einfach zu merkendes Modell entwickelt, das die fünf grundlegenden sozialen Bedürfnisse des Menschen beschreibt: das SCARF-Modell. SCARF ist ein Akronym und steht für Status, Certainty (Gewissheit), Autonomy (Selbstbestimmtheit), Relatedness (Verbundenheit, Zugehörigkeit) und Fairness (Gerechtigkeit).

Sobald eines oder mehrere dieser Bedürfnisse gefährdet scheinen, ist Kooperation kaum möglich. Das Wissen um SCARF kann dabei helfen, in Situationen so zu agieren, dass Kooperation wahrscheinlicher wird.

In [Rock & Cox 2012] werden zahlreiche neuere Forschungsergebnisse zum SCARF-Modell vorgestellt. Zusätzliche spannende Erklärungen zum theoretischen Hintergrund finden Sie auch in [Hufnagl 2014].

7.5.1 Die fünf Faktoren

Folgende Faktoren haben großen Einfluss auf die Kooperationsbereitschaft von Menschen:

- Status
- Certainty (Gewissheit)
- Autonomy (Selbstbestimmtheit)
- Relatedness (Verbundenheit, Zugehörigkeit)
- Fairness (Gerechtigkeit)

Status bezeichnet die wahrgenommene persönliche Stellung im Vergleich zu anderen. *Gewissheit* bezieht sich auf das Bedürfnis nach Klarheit und die Möglichkeit, passende Vorhersagen zur eigenen Zukunft zu treffen. Bei der *Autonomie* geht es um das Bedürfnis, Kontrolle über die Ereignisse im eigenen Leben zu haben, sowie darum, dass die selbst gesetzten Handlungen auch Einfluss auf die eigene Situation haben. *Zugehörigkeit* betrifft den Wunsch nach Verbundenheit zu anderen Menschen sowie nach Sicherheit im Umgang mit ihnen. *Fairness* bezieht sich auf das Bedürfnis nach gerechtem und unvoreingenommenem Austausch zwischen Menschen.

Basierend auf diesen fünf Faktoren entscheidet das Gehirn, ob es eine Gefahren- oder Belohnungssituation vor sich hat. Der Mensch hat über diese Entscheidung zunächst keine Kontrolle, da sie im Unterbewusstsein getroffen wird. Werden mehrere SCARF-Faktoren gleichzeitig beeinflusst, multiplizieren sich die Effekte.

Jede Person reagiert unterschiedlich auf die einzelnen Faktoren. Jene, die größeres Vertrauen in die eigenen Fertigkeiten und Fähigkeiten haben, können leichter mit unsicheren Situationen umgehen als andere. Manche Menschen empfinden gegenüber fremden Personen eine geringere Ablehnung als andere. Beachten Sie daher, dass Ihre eigene Einschätzung einer Situation eine völlig andere sein kann als die Ihrer Kollegen oder Mitarbeiter.

Ist wenigstens ein SCARF-Faktor erst einmal angegriffen, braucht es nach [Hufnagl 2014, S. 18] wenigstens zwei Minuten, bis der reaktiv eingetretene Widerstand vergeht und logisches Denken wieder einsetzt. Als Konsequenz für Konfliktsituationen bedeutet das, dass in Momenten gefühlter Angriffe eine sachliche Argumentation zunächst nicht beim Empfänger ankommen kann. Stattdessen sollten Sie nun erst einmal Zeit gewähren, damit die entstandenen negativen Emotionen abgebaut werden können. Sobald sich der Widerstand gelegt hat, kann begonnen werden, die Betroffenen bei den einzelnen SCARF-Bedürfnissen abzuholen:

- Schätzen Sie die Expertise wert und stärken Sie somit den Status der Teammitglieder,
- ermöglichen Sie Sicherheit und Gewissheit, indem Sie benötigte Informationen weitergeben,
- lassen Sie Autonomie bei der Lösungsentwicklung zu,
- zeigen Sie, dass die Person, die ein Problem hat, unterstützt wird, und
- zeigen Sie Verständnis dafür, dass manches als ungerecht wahrgenommen wird.

Status

»Wo stehe ich im Bezug zu anderen Menschen?« Das ist eine grundsätzliche und motivierende Frage, die sogar noch wichtiger ist als die nach dem Einkommen. Die meisten ungebetenen Ratschläge oder Zurechtweisungen werden als Angriff auf den Status des Einzelnen wahrgenommen. Zu sagen, dass jemand etwas besser machen kann, kann aus der Sicht des Empfängers bedeuten, dass man diese Person *kleiner* macht. Mitarbeiter selbst ihre Veränderungswege entwickeln zu lassen, bewirkt hingegen oft, dass sowohl ihr wahrgenommener Status als auch ihre Motivation steigen.

Zurück zum agilen Team: Alle Teammitglieder sind gut ausgebildete Experten. Es ist ihre Aufgabe, komplexe Sachverhalte zu erfassen und diese in die Softwareproduktentwicklung einfließen zu lassen. Ein Werk über den wertschätzenden Umgang mit solchen *Geeks* stammt von [Glen 2003]. Zeigen Sie Ihre Anerkennung, indem Sie bei Ihren Fachkräften nachfragen, wie gewisse Situationen zu meistern sind. Das hebt den Status der Kollegen, weil sie sich so als Experten gewürdigt wissen.

Sollten Sie einmal mit der Leistung einer Person unzufrieden sein, bitten Sie diesen Kollegen, die eigene Arbeit selbst einzuschätzen, anstatt Kritik an ihm zu üben. Sie werden sehen, so kritisch, wie die Teammitglieder mit der Leistung anderer umgehen, gehen sie oft auch mit ihrer eigenen um. Durch eine solche Selbsteinschätzung erfahren Sie möglicherweise wichtige Details zum besseren Verständnis der Situation, zum Beispiel, dass der Person Informationen fehlen, um einen besseren Job zu erledigen bzw. die Arbeitsleistung im Kontext anders zu bewerten. In Abschnitt 5.3 haben Sie als Instrument für eine solche Selbstbewertung das Solution Focused Rating kennengelernt.

Im lösungsfokussierten Arbeiten wird immer wieder auf vorhandene Fähigkeiten und Fertigkeiten des jeweiligen Gegenübers geachtet und diese werden auch zurückgemeldet. Das ist ein Weg, den Status von Menschen anzuerkennen und *von außen* positiv zu beeinflussen. Erwähnenswert ist an dieser Stelle auch, dass der Erfolg im Wettkampf mit sich selbst im Gehirn ähnlich belohnt wird wie der mit anderen. Werden also eigene Leistungen überboten, erhält man dafür eine *intrinsische* Belohnung. Der eigene Status – das Selbstwertgefühl – steigt.

Gewissheit (Certainty)

Die Gehirnforschung zeigt, dass der Mensch bei gefühlter Unsicherheit bzw. Ungewissheit in jeder Form ähnlich wie in einer Gefahrensituation reagiert. Das Gehirn versucht ständig vorherzusagen, was als Nächstes passiert. Deshalb ist es wichtig, dass stets klare Erwartungen geäußert werden und dass transparent ist, was geschehen wird. In noch unklaren Situationen hilft es zu sagen, wann mit mehr Information gerechnet werden kann, um Vorhersagbarkeit zu erhöhen.

Gewissheit zu ermöglichen, funktioniert also am besten durch Klarheit und Transparenz. Seien Sie verständlich in Ihren Aussagen und fragen Sie sicherheitshalber nach, was gehört und verstanden wurde. Auch eine schlechte Neuigkeit sollte stets offen ausgesprochen werden. Nur so kann sie von den Betroffenen verarbeitet und als Basis für ein neues Ziel genutzt werden. Den Weg zum Ziel zu finden, überlassen Sie am besten den Teammitgliedern selbst. Manchmal ist trotz aller Transparenz Verunsicherung zu bemerken. Fragen Sie in solchen Situationen am besten nach, was noch an Informationen benötigt wird, und ergänzen Sie diese, wenn Sie sie haben.

Das Bedürfnis nach Gewissheit ist gemäß [Rock & Cox 2012] das am stärksten ausgeprägte Bedürfnis. Die persönliche Wahrnehmung ist dabei bei jeder Person anders und jede geht mit gefühlter Ungewissheit anders um.

Ein Beispiel dazu aus dem agilen Kontext ist der Umgang mit der Ergebnissicherheit der Entwicklung. Anstatt die Anforderungen vorher festzuschreiben, werden viele Feedback-Schleifen in die Vorgehensmodelle eingebaut und die Zusammenarbeit gefördert. Dadurch wird angestrebt, dass alle Beteiligten ausreichend Sicherheit und Gewissheit erlangen.

Im lösungsfokussierten Arbeiten werden Sicherheit und Gewissheit unter anderem durch das genaue Betrachten der besseren Zukunft erreicht. Es werden die Auswirkungen von Veränderung durchgespielt sowie klare erste Schritte erarbeitet.

Selbstbestimmtheit (Autonomy)

Das Gehirn reagiert mit Stresssignalen, wenn es gefühltermaßen keine Kontrolle über eine Situation gibt. Wenn hingegen trotz einer schwierigen Situation doch Kontrolle und Wahlmöglichkeiten existieren, ist das Stressniveau deutlich niedriger. Mitarbeiter sollten also stets das Gefühl haben, wählen zu können. Schon alleine dieses Gefühl von Autonomie ist intrinsisch motivierend.

[Rasmusson 2009] hat auf Basis eines empfehlenswerten Artikels von [Drucker 2005] die *Drucker-Übung* kreiert. Dabei geht es darum, Autonomie und Status zu fördern, indem man die Teammitglieder fragt, was ihre Stärken sind, welche Werte sie haben, was man von ihnen erwarten kann und wie sie am besten arbeiten. Das Offenlegen jener persönlichen Eigenschaften fördert die Einsicht bei den Teammitgliedern zu den jeweiligen Arbeitspräferenzen und ermöglicht auf dieser Basis eine sachlichere Diskussion zur weiteren Teamorganisation. Lassen Sie den Mitarbeitern genügend Raum, um basierend auf den Erkenntnissen der Übung ihre Arbeitsform weitestgehend selbst zu gestalten.

Praxisbeispiel zur besseren Zusammenarbeit

In seinen Team-Workshops nutzt Ralph gerne die *Drucker-Übung*. Er weist kurz darauf hin, dass es bei der Zusammenarbeit auch auf die einzelnen Arbeitspräferenzen ankommt. Dazu erzählt er die Geschichte von John F. Kennedy, der ein guter freier Redner war und nur Stichpunkte für seine Ansprachen brauchte. Sein Nachfolger, Lyndon B. Johnson, hingegen bevorzugte es, fertig ausgearbeitete Reden zu halten. Nach Kennedys Tod übernahm Johnson das bestehende Personal, was zu einigen Problemen führte, da die Leute ihm in genau derselben Weise wie schon seinem Vorgänger zuarbeiteten, in der Annahme, das Richtige zu tun.

Dann erhalten die Teammitglieder ca. 10 Minuten Zeit, um für sich selbst zu klären:

Was kann ich richtig gut? (Zuhören, Detailtreue, schnell Ideen liefern etc.) Wie arbeite ich am besten? (Bin ich ein Morgenmensch? Brauche ich Ruhe oder eher gemeinsames Arbeiten?) Welche Werte sind mir wichtig? (etwa Ehrlichkeit, Qualität, Pünktlichkeit, Vertrauen, ...) Welche Ergebnisse kann ich beisteuern bzw. was kann man von mir erwarten? (z.B. Qualitätsarbeit etc.)

Anschließend stellt jeder die Antworten vor, die er mit dem Team teilen möchte.

Autonomie benötigt Sicherheit. Erst wenn die Freiheiten und Grenzen des Handelns bekannt und Fehler erlaubt sind, kann frei und ohne Angst agiert werden. Auch entsprechender Status kann zu mehr Autonomie führen: Ein erfolgreiches Team wird üblicherweise weniger kontrolliert.

Beim agilen Arbeiten sollte viel Autonomie bei den Teams liegen. Sie organisieren sich selbst und bestimmen autonom, wie sie eine Aufgabe lösen. Im Team muss die persönliche Autonomie des Einzelnen mit den Zielen des Teams in Einklang gebracht werden. Dazu ist es hilfreich, gemeinsame Teamregeln festzulegen und häufig miteinander zu reden.

Im lösungsfokussierten Coaching werden die Teammitglieder als Experten ihrer Situation wahrgenommen und geschätzt. Sie werden angeregt, ihre eigenen Lösungen zu entwickeln – autonom und geleitet von ihrer intrinsischen Motivation.

Zugehörigkeit (Relatedness)

Es ist ein menschliches Bedürfnis dazuzugehören, Teil von etwas Größerem zu sein. Das Gehirn kategorisiert dabei Personen in *Nicht-wie-wir* und *Wie-wir.* So entstehen auch die Gruppierungen in *die Anderen* und *Wir* in Unternehmen, also eine Unterteilung in – überspitzt formuliert – *Feinde und Freunde.*

Um Zusammenarbeit und Kooperation zu ermöglichen, ist es daher nötig, den gegenseitigen Kontakt zu fördern. So können Vertrauen und Verständnis gestärkt werden und eine Umgruppierung von *Nicht-wie-wir* in *Wie-wir* wird möglich. Ein Beispiel dafür liefert [Damian+ 2009]. Damit sich Teams aus unterschiedlichen Regionen besser kennenlernen konnten, wurde ein *Social Meeting* initiiert, in dem die Teammitglieder jeden Montag 15 Minuten ausschließlich persönliche und nichttechnische Gespräche führen konnten. Das führte zu einem größeren gegenseitigen Verständnis, zu einem stärkeren Zusammengehörigkeitsgefühl und in der Konsequenz zu einer besseren und effizienteren Zusammenarbeit.

Ein bestehendes Gefühl des Dazugehörens kann entweder direkt oder indirekt verletzt werden. Eine direkte Verletzung kann zum Beispiel durch die Androhung eines Rauswurfs aus dem Team oder aus dem Unternehmen geschehen. Wird hingegen etwa die Fachexpertise eines Mitarbeiters vor dem ganzen Team infrage gestellt, könnte der Betroffene befürchten, dass dadurch sein Ansehen im Team geschwächt und damit seine Zugehörigkeit gefährdet ist. Sollte eine solche Situation eintreten, ist es hilfreich, sich für etwaige verbale Übergriffe zu entschuldigen und erbrachte Leistung öffentlich und ehrlich wertzuschätzen.

Beim Thema Zugehörigkeit geht es übrigens um mehr als das persönliche Wohlgefühl des Einzelnen. Der »Gallup Engagement Index« [Nink 2017] legt beispielsweise viel Wert auf soziale Kontakte, weil als erwiesen gilt, dass sozial verbundene Menschen motivierter sind, weniger oft krank werden und sogar länger leben. Zugehörigkeit vermittelt Sicherheit. Umgekehrt kann Unsicherheit auch das Gefühl von Zugehörigkeit schwächen.

Gerade beim agilen Arbeiten wird Kommunikation und damit Teamgeist auf vielen Ebenen gefördert: angefangen mit der Erarbeitung einer klaren gemeinsamen Vision über viele, regelmäßig stattfindende Meetings und das Feiern von Teamerfolgen bis hin zu einer möglichst stabilen Zusammensetzung von Teams.

Gerechtigkeit (Fairness)

Immer nur zu geben ist langfristig nicht möglich. Ein angemessener und als fair empfundener Ausgleich aktiviert jene Bereiche im Gehirn, die auf Anerkennung reagieren. Dazu gehört zum Beispiel ein dem Arbeitsaufwand und der Verantwortung angemessenes Gehalt. Neben der monetären ist jedoch auch die Sicherstellung von inhaltlicher Gerechtigkeit wichtig. Gerade dann, wenn im Vorstellungsgespräch eine interessante und verantwortungsbewusste Tätigkeit versprochen wurde, sollte diese auch geboten werden. Eine als unzureichend und ungerecht empfundene Gegenleistung aktiviert die zerebralen Gefahrenregionen. Es ist daher wichtig, Fairness – zum Beispiel durch Transparenz – zu gewährleisten. Was jemand als fair empfindet, hängt stark von der jeweiligen Person ab. In regelmäßig stattfindenden Gesprächen können die notwendigen Informationen darüber eingeholt und verschiedene Wege zu empfundener Gerechtigkeit gemeinsam erarbeitet werden.

Dass das Thema *Gerechtigkeit* bei Konflikten einen wichtigen Stellenwert hat, überrascht wohl kaum. In der Mediationsliteratur wird laut [Montada & Kals 2001b] dennoch nur wenig darauf eingegangen. [Montada 2013] beschreibt, dass Konflikte aus der Verletzung von normativen Erwartungen und der daraus resultierenden Empörung entstehen. Erlebte Ungerechtigkeit ist also oft Auslöser von Konflikten.

Gerechtigkeit bedeutet nicht immer Gleichbehandlung, sondern die angemessene Betrachtung von Unterschieden. Es geht dabei darum, *Ungleichheiten* zu berücksichtigen. Um das erreichen zu können, ist zunächst zu klären, was jeweils als *gerecht* empfunden wird [Montada & Kals 2001b].

Egal um welche Form von geforderter Gerechtigkeit es geht: Als Coach ist in jedem Fall darauf zu achten, dass bei Entscheidungsfindungen alle Konfliktpartner dieselben Chancen haben (Verfahrensgerechtigkeit). Dafür ist eine höfliche und respektvolle Behandlung aller Beteiligten Grundvoraussetzung. Zudem gilt es, den Konfliktpartnern gleich viel Aufmerksamkeit und Anerkennung für ihre Sichtweisen entgegenzubringen, also allparteilich zu sein (vgl. Abschnitt 2.2.5).

Sind Sie selbst am Konflikt beteiligt, geben Sie dem Konfliktpartner die Chance, seine Ansichten ausführlich darzulegen. Versuchen Sie die dahinterliegende Absicht zu verstehen. Eine Entschuldigung bzw. ein »Tut mir leid« könnte ebenfalls eine kooperativere Gesprächsbasis schaffen.

Sobald eine gute Gesprächsbasis wiederhergestellt ist, ist es hilfreich, sich über persönliche Wertvorstellungen und unausgesprochene Normen auszutauschen. Wenn bekannt ist, was die Konfliktpartner voneinander erwarten, können zukünftige Konflikte möglicherweise vermieden werden. Übrigens, Gerechtigkeit und Fairness sind zwar universelle Anliegen, es gibt jedoch keinen universellen Konsens darüber, was gerecht und was ungerecht ist oder wäre [Montada 2013].

7.5.2 SCARF – und warum Veränderungsprojekte scheitern

Anhand des SCARF-Modells lässt sich gut erklären, wie es bei Veränderungsprojekten zu inneren und äußeren Konflikten kommen kann und wie durch die Verletzung der fünf Grundbedürfnisse Scrum-Transitionen oft scheitern. Zunächst passiert es häufig, dass die beteiligten Personen – die eigentlichen Experten – nicht gefragt werden, ob solch eine Umstellung aus ihrer Sicht sinnvoll wäre. Dadurch fühlen sich diese in ihrem Status verletzt. Einen Veränderungsprozess durchzuführen, ist meist eine Managemententscheidung, also *von oben angeordnet*. Viele Mitarbeiter sehen dadurch ihre Autonomie gefährdet. Die Begründung für diese Entscheidung zur Umstellung auf Scrum klingt dann oft so, dass die

Mitarbeiter denken könnten, sie hätten bisher nicht gut genug gearbeitet und somit Schuld an der neuen Situation. Als gerecht wird eine solche versteckte Beschuldigung nur selten erlebt.

Um richtig agil arbeiten zu können, benötigt es funktionsübergreifende Teams. In diesen Teams sind alle Funktionen, Fertigkeiten und Fähigkeiten vereint, um die Aufgaben selbstständig und vollständig erledigen zu können. Um das zu erreichen, werden oft vertraute Strukturen aufgerissen und Teams neu zusammengesetzt. Da dies meist nicht freiwillig geschieht, wird hier die Autonomie der einzelnen Personen angriffen und gleichzeitig bestehendes Vertrauen und Zugehörigkeit abrupt zerstört. Weshalb wird der eine Kollege Scrum Master und der andere Product Owner? Selten entscheidet das Team über die neuen Rollen. Wieder werden gleich mehrere der SCARF-Faktoren negativ angestoßen.

Eine Geschichte aus der Praxis

Als Agile Coach wurde Ralph zu seinem vierten oder fünften Team im Unternehmen gerufen. Der Einsatz war für zwei Wochen mit drei Tagen pro Woche geplant mit dem Ziel, Verbesserungen für dieses Team einzuleiten. Das Team war im Unternehmen allgemein gut angesehen, zeigte jedoch wenig Begeisterung für das Einführen und Umsetzen von Scrum.

Als Ralph zu den Leuten kam, traf er auf Ablehnung gegenüber der Initiative und der Einmischung in ihre gewohnte Arbeitsweise. »Scrum ist nutzlos!« und »Lasst uns einfach arbeiten!« waren Sätze, die dort zu hören waren. Jede Idee, die Ralph in die Runde einbrachte, wurde entweder abgelehnt oder mit einem »Ja, o.k. ...« aufgenommen – und nichts geschah. Die Teammitglieder unterhielten sich häufig über Probleme, die außerhalb ihres Einflussbereichs lagen, und nie darüber, was sie selbst ändern könnten. Das typische Standup bestand aus einer Reihe von Argumenten, warum Aufgaben liegen geblieben waren, zu denen man sich gestern noch selbst verpflichtet hatte. Das Team schien nur in seinen Beschwerden vereint.

Als Ralph über das Wochenende nach Hause flog, war er nahe daran, das Handtuch zu werfen. Er sah keinen Weg mehr, mit diesem Team zu arbeiten.

Zu Hause sprach Ralph mit Veronika über seine Erlebnisse. Sie fragte ihn, was gut gelaufen war – eine Frage, die er sich in dieser Situation nicht mehr gestellt hatte. Sie half Ralph, den Respekt für die Teammitglieder und ihre harte Arbeit zurückzugewinnen. Jeder Einzelne von ihnen hatte eine nachvollziehbare Absicht hinter seiner ablehnenden Haltung.

Das Topmanagement des Auftraggebers schätzte diese Leute und deren Potenziale so hoch ein, dass es einen Agile Coach zu deren Unterstützung einfliegen ließ. Sie alle wollten gute Arbeit leisten und dafür wertgeschätzt werden. Mit all diesen Gedanken entwickelte sich dieses Team in Ralphs Kopf zu seinem »Topteam«, das jede seiner Bemühungen absolut wert war.

→

Veronika und Ralph haben auch darüber gesprochen, was er am Dienstagmorgen konkret machen könnte, wenn er zum Team zurückkehren würde. Er beschloss, erst einmal mit allen Beteiligten einzeln zu sprechen. Er wollte das, was sie aktuell leisteten, würdigen und respektieren. Er wollte sie nach ihren Herausforderungen fragen und zu ihrer Meinung über diese Scrum-Initiative.

Gesagt getan: Ralph lernte in diesen Gesprächen, dass Scrum nicht wirklich das Problem war. Und doch sahen die Teammitglieder die Scrum-Initiative als Zeichen dafür, dass sie nicht gut genug gearbeitet hätten.

Seit diesem Auftrag betrachtet Ralph jedes Team, mit dem er arbeitet, als sein aktuelles »Topteam«. Das ermöglicht ihm, diese besondere Anerkennung immer wieder neu mitzubringen. Er achtet auf die Leistungen und Bedürfnisse der Beteiligten. Sie diskutieren gemeinsam die Team- und Unternehmensziele und finden eine passende Vorgehensweise für die anstehenden Veränderungen. Ralph bindet die Teams aktiv in den Gestaltungsprozess ihrer Zukunft mit ein und erlebt seitdem deutlich mehr Kooperation und Engagement.

Aufkommende Ungewissheit zeigt sich in Form von offenen Fragen, die vom Management selten beantwortet werden: *Was wird aus mir? Wie kann ich den neuen Anforderungen gerecht werden? Was sind überhaupt die Anforderungen an mich? Wie lange wird sich der Veränderungsprozess hinziehen?* Die Antworten darauf könnten dringend benötigte Gewissheit geben. Doch diese Antworten kann niemand liefern. Wenn Sie selbst darüber nachdenken, finden Sie sicher noch viele weitere Beispiele dafür, wie die grundlegenden Bedürfnisse von Menschen in Veränderungsprozessen verletzt werden.

Das SCARF-Modell erklärt jedoch nicht nur, warum bei Transitionen vieles schiefgehen kann. Es zeigt gleichzeitig auch Möglichkeiten auf, eine Veränderungsprozessplanung so zu gestalten, dass die Erfüllung der Bedürfnisse explizit berücksichtigt und damit die Konfliktwahrscheinlichkeit reduziert wird. Nutzen Sie dieses Wissen!

Den wahrgenommenen Status heben Sie zum Beispiel durch Fragen nach der Meinung des anderen, durch Aufmerksamkeit und Interesse, durch Wertschätzung und durch die vollständige und vertrauensvolle Übertragung verantwortungsvoller Aufgaben.

Gewissheit können Sie geben, indem Sie selbst authentisch sind, also tun, was Sie sagen, und sagen, was Sie tun. Menschen lernen durch Beobachtung und leiten daraus ihre eigenen Handlungen ab. Sie sind Vorbild für Ihre Mitarbeiter, Kollegen und Kunden.

Autonomie bedeutet Selbstbestimmtheit. Das Offerieren interessanter Probleme, die die Mitarbeiter selbstständig lösen dürfen, ermöglicht diese Freiheit. Geben Sie mehr Mitsprachemöglichkeit und Entscheidungsbefugnis, zum Beispiel bei der Einstellung neuer Mitarbeiter. Überlassen Sie solche Entscheidungen doch einmal dem Team. Anderen autonomes Arbeiten zu ermöglichen, bedeutet gleichzeitig, den sicheren Rahmen dafür zu bieten. Das bedeutet, dass Sie – ob Coach oder Führungskraft – greifbar bleiben müssen, wann immer Sie gebraucht werden.

Zugehörigkeit wird durch gemeinschaftliche Erlebnisse gefördert. Nächste Schritte gemeinsam zu planen, miteinander Erfolge zu feiern oder auch Probleme kooperativ zu lösen, schweißt ein Team zusammen.

Prüfen Sie Ihre Arbeitsbedingungen einmal bezüglich der wahrgenommenen Gerechtigkeit: Welche Rechte und Annehmlichkeiten genießen Sie im Vergleich zu Ihren Mitarbeitern? Haben Sie andere Computer, Telefone oder spezielle Büromöbel, während dies den Mitarbeitern versagt bleibt?

Vertrauen Sie Ihren Mitarbeitern, dass sie Veränderungsprozesse genauso erfolgreich abwickeln wollen wie Sie. Erläutern Sie die Rahmenbedingungen und erlauben Sie dann Freiheit bei der Umsetzung.

Praxisbeispiel zur Berücksichtigung von SCARF

In einem Unternehmen war die Aufteilung der Mitarbeiter auf die Räumlichkeiten nicht optimal, da Teammitglieder auf unterschiedliche Räume verteilt waren. Das behinderte gemeinschaftliches Arbeiten. Andererseits waren mit den Arbeitsplätzen auch gewisse Privilegien verknüpft – ein Schattenplatz, ein Platz am Fenster oder einfach nur die Nähe zur Kaffeeküche.

Alle Personen am Standort wurden darüber informiert, dass die Teams in Zukunft jeweils zusammen in einem Raum sitzen sollten, soweit das möglich war. Dazu wurde ein großes Plakat mit den Räumen und PostIt's™ mit den Namen der Teammitglieder aufgehängt. Die Teams bekamen dann zwei Wochen Zeit, sich auf die Räume entsprechend den Rahmenbedingungen aufzuteilen. Vielleicht waren am Ende nicht alle Mitarbeiter zu hundert Prozent glücklich. Da jedoch alle mitreden konnten (und das haben sie auch getan), wurden die Entscheidungen schlussendlich akzeptiert.

7.5.3 SCARF nutzbar machen

> *»Dieses Modell ziehe ich mindestens einmal pro Woche zurate. Sei es um herauszufinden, wie eine Idee ankommen könnte oder weshalb ein Teammember eine Idee nicht so toll findet.«*
>
> *(Silvan Schär, 2015)*

Die Kenntnis der SCARF-Faktoren kann in der Vorbereitung, Durchführung und Nachbereitung herausfordernder Situationen hilfreich sein. Überlegen Sie beispielsweise im Voraus, wie das Überbringen einer schlechten Nachricht formuliert werden kann, ohne jemanden persönlich zu verunsichern. Wenn Sie selbst während eines Gesprächs bemerken, dass Sie oder Ihre Gesprächspartner emotional reagieren, können Sie sich diese Reaktion mittels SCARF erklären und entsprechend agieren. Und auch nach einer herausfordernden Begebenheit kann das Verhalten der Beteiligten besser verstanden werden.

Vorhersage

Angenommen, Sie möchten eine neue Idee oder ein neues Vorgehen beim Team platzieren, könnten Sie vorbereitend die fünf SCARF-Faktoren berücksichtigen. Überlegen Sie, wie die Teammitglieder reagieren könnten. Wird diese Idee oder das neue Vorgehen ihren wahrgenommenen Status heben oder senken? Wie kann die Idee so formuliert werden, dass die soziale Stellung und Expertise der Betroffenen davon möglichst unberührt bleiben? Wie sicher können die Menschen sich mit dem neuen Vorgehen fühlen? Welche Fertigkeiten und Fähigkeiten sind im Team vorhanden, um mit der Veränderung gut umgehen zu können? Welche weiteren Informationen könnten benötigt werden? Welche Wahl haben die Kollegen? Wie und was können Sie eigenverantwortlich mitbestimmen? Es ist durch die Berücksichtigung dieser Fragen möglich, wenigstens einige der negativen Auswirkungen frühzeitig zu erkennen und ihnen entgegenzuwirken.

Regulation

Mit SCARF im Hintergrund fällt es leichter, eine bestehende Situation zu bewerten. Wurde gerade etwas gesagt, das einen der SCARF-Faktoren beim Gesprächspartner oder bei Ihnen selbst gefährdet hat? Wenn ja, hilft diese Einsicht möglicherweise dabei, die eigene Wertschätzung für den Gesprächspartner trotz aufkommender Widerstände hoch zu halten. Dann ist es auch möglich, die daraus resultierenden Gefühle direkt anzusprechen. [Rock & Cox 2012] beziehen sich auf Studien, die zeigen, dass bereits das Ansprechen von Gefühlen diese reguliert. Nachdem die Gefühle beruhigt wurden, wird dann ein Neubewerten der Situation möglich.

Erklärung

Nach einem *schwierigen* Teammeeting können Sie mithilfe von SCARF herausfinden, welche Grundbedürfnisse möglicherweise bei den Teammitgliedern verletzt wurden, und somit Verständnis für die einzelnen Reaktionen aufbringen. Dies hilft möglicherweise dabei, die eigene Unsicherheit zu reduzieren, langwierige Konflikte zu vermeiden und sich andere Gesprächsstrategien für die Zukunft zurechtzulegen.

Ausgleich

In [Dixon+ 2010] wird unter anderem der Gedanke dargelegt, dass die negative Beeinflussung eines SCARF-Faktors durch die Stärkung eines anderen Bedürfnisses ausgleichbar ist. So kommt es zum Beispiel oft vor, dass in Zeiten von Ungewissheit das Bedürfnis nach Zugehörigkeit zunimmt. Diesen Effekt kann man nutzen.

Wenn zum Beispiel ein Manager meint, sein Team benötigt Unterstützung durch einen Coach (Status-Angriff), dann kann er das Team mitentscheiden lassen, wer sie unterstützen soll (Autonomiestärkung). Auch sind klare Angaben zu den Zielen und der Dauer der Maßnahme hilfreich (Gewissheitsstärkung). Wenn er dann auch selbst an Maßnahmen teilnimmt, so hat er das Team vermutlich schnell wieder auf seiner Seite (Fairness, Zugehörigkeit, Status).

7.6 Konflikte lösungsfokussiert auflösen

Gerüstet mit diesen Hintergrundinformationen, geht es nun daran, bestehende Konflikte Nutzen bringend zu bearbeiten. Dabei kann die bereits in Kapitel 4 vorgestellte Lösungspyramide wertvolle Hilfestellung leisten. Betrachten wir sie noch einmal aus dem Blickwinkel eines Konfliktlösers.

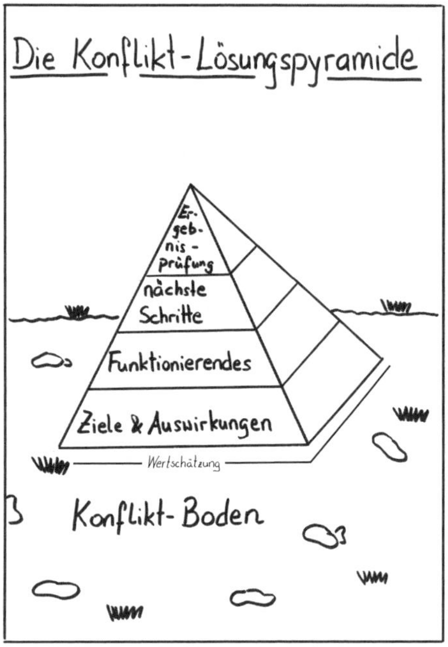

7.6.1 Der Konflikt-Boden

Der Boden der Konflikt-Lösungspyramide ist der Konflikt an sich, also das emotionale Thema, um das es geht. In vielen Fällen wird dieser Boden gepflügt, gedüngt und genährt, jeder Stein umgedreht und von beiden Konfliktparteien sehr genau beobachtet. Jede neue fremdgesteuerte Veränderung des Bodens wird kritisch beäugt und häufig als direkter Angriff erlebt. Je intensiver diese Bearbeitung des Konflikt-Bodens erfolgt, desto tiefer dringen beide Konfliktparteien in den Boden – also in den Konflikt – ein. Und desto schwieriger wird es, dort wieder herauszukommen.

Nichtsdestotrotz ist der Konflikt-Boden enorm wichtig! Ohne Konflikte gäbe es keinen Bedarf zu Veränderung oder Verbesserung zwischenmenschlicher Beziehungen oder auch persönlicher Situationen. Man wird dort gezwungen, sich mit wichtigen Fragen auseinanderzusetzen und Entscheidungen zu treffen. Was ist wichtig? Was soll erreicht werden? Was genau soll nicht passieren? Was soll anders sein? Und genau das ist es, was am Ende die eigene Entwicklung voranbringt.

Das ist es auch, weshalb dieser Boden wertgeschätzt werden sollte. Jeder Konflikt bedeutet eine neue Chance zur eigenen Weiterentwicklung und oft auch zur Weiterentwicklung von gegenseitigem Verständnis und Kooperation.

7.6.1.1 Der Konflikt-Boden als Beteiligter

Als Beteiligter im Konflikt ist es aufgrund der emotionalen Betroffenheit ganz klar und verständlich, dass dem Konflikt-Boden viel Aufmerksamkeit geschenkt wird. Viele unbeantwortete Warum-Fragen, der Fokus auf alles das, was den Konflikt weiter eskalieren lässt, und die eigene – oft verbissene – Zielorientierung werden hier zum Verhängnis. Ob aus eigener Kraft ein Weg gefunden werden kann, aus diesem Konfliktsumpf herauszukommen, liegt auch daran, wie weit der Konflikt bereits eskaliert ist (vgl. Abschnitt 7.2).

Gibt es grundsätzlich Wertschätzung für den Konfliktpartner, liegt der Konflikt also eher auf einer sachlichen Ebene, ist es durchaus möglich, das Gespräch zu suchen und den Konflikt (zum Beispiel mit den vier Phasen der Konflikt-Lösungspyramide) beizulegen. Ist für den Konfliktpartner keine persönliche Wertschätzung da, gibt es zwei Möglichkeiten: Entweder muss eine neue Situation geschaffen werden, in der ein gutes Zusammenleben nicht mehr nötig ist (zum Beispiel berufliche Veränderung) oder es braucht einen geschulten Mediator für einen gemeinsamen Klärungsprozess, in dem die gegenseitige Wertschätzung wieder aufgebaut werden kann.

7.6.1.2 Der Konflikt-Boden als Moderator

Wenn Sie als unbeteiligte Person, also als Führungskraft oder Coach, zur Konfliktmoderation gerufen werden, dann gilt es, mit dem Konflikt-Boden sehr behutsam umzugehen. Das Ziel ist es, den Konfliktparteien dabei zu helfen, den Boden zu verlassen und mit ihnen in die erste Ebene der Konflikt-Lösungspyramide, also in die Zielfindung einzusteigen.

Damit das möglich ist, brauchen alle Konfliktparteien Sicherheit und Vertrauen in Sie und Ihre Fähigkeiten als Moderator und in die Tatsache, dass der eigene Standpunkt gut aufgehoben und vertreten ist. Um diesen Kunstgriff erfolgreich anzuwenden, ist es unerlässlich, alle Standpunkte anzuhören, ohne dabei Diskussion zuzulassen, jeden Standpunkt als in sich konsistente Sichtweise der Realität ehrlich wertzuschätzen (vgl. Abschnitt 2.2.5 zu Allparteilichkeit) und dabei *keine* vertiefende Frage zu einem Detail zu stellen.

Achtung!

Nur, wenn Sie in der Lage sind, hinter jeder Konfliktpartei voll zu stehen, sind Sie die richtige Person, um diesen Konflikt zu moderieren!

7.6.1.3 Interventionen für den Konflikt-Boden

Aktives Zuhören

Das wichtigste Werkzeug in dieser Phase ist das *aktive Zuhören*. Dabei werden die wichtigsten Kernaussagen einer Beschreibung noch einmal mit den eigenen Worten des Coachs kurz und prägnant wiedergegeben. Damit das möglich wird, ist mit der Haltung des Nicht-Wissens und wohlwollender Akzeptanz zunächst auf alles zu achten, was gesagt wird.

Bekunden Sie Ihre Aufmerksamkeit mit Blickkontakt, körperlichem Zugewandtsein, verständnisvollen Blicken und kurzen, sachlich formulierten Zusammenfassungen. Falls Aussagen von der anderen Konfliktpartei als Angriff missverstanden werden könnten, gilt es bei der Reformulierung auf Wertschätzung, Verflüssigung (vgl. Abschnitt 3.3.5) und Verständnis zu achten.

Wenn Sie Stärken, Fähigkeiten, Fertigkeiten sowie Werte und Bedürfnisse erkennen, die es wertzuschätzen gilt, ist es empfehlenswert, das auch zu tun. Dabei sind Ehrlichkeit und Authentizität gefragt. Nur dann kann Ihre Wertschätzung den Empfänger auch erreichen.

Paraphrasieren

Das Paraphrasieren (siehe auch Abschnitt 3.3.2) dient dazu, das Gesagte in kurzer und neutraler Form wiederzugeben. Hier haben Sie auch die Chance, Angriffe in Wahrnehmungsaussagen umzuwandeln. Wenn zum Beispiel ein Konfliktpartner sagt: »Der Kollege behindert mich ständig bei meiner Arbeit«, dann könnten Sie dies paraphrasieren und sagen: »Ah, Sie fühlen sich oft durch den Kollegen behindert, ja?« Dies bietet nun schon Anknüpfungspunkte für später, um den Konflikt zu verflüssigen.

> **Praxistipp**
> Formulieren Sie die Wiederholung als Frage, damit der Gesprächspartner die Möglichkeit hat, Ihre Umformulierung abzulehnen, wenn Sie damit etwas anderes aussagen als das, was inhaltlich von ihm gemeint war.

Fragen stellen

Lösungsfokussierte Fragen zu stellen, ist natürlich ein weiteres mächtiges und wichtiges Werkzeug des Moderators. Nachdem Sie aufmerksam zugehört haben und alle Beteiligten die Chance hatten, ihre Sichtweise offenzulegen, bieten Sie den Konfliktpartnern an, Verständnis füreinander zu zeigen. Fragen wie:

- »Was finden Sie gut an diesem Kollegen? Was schätzen Sie an ihm?«
- »Welches nachvollziehbare Ziel möchte Ihr Kollege möglicherweise mit seinem Handeln erreichen?«

ermöglichen einen Einblick in die Lösungsbereitschaft der Konfliktpartner und für diese ist es ein erstes Friedenszeichen.

Erste Hilfe leisten

In emotionsgeladenen Situationen kann es passieren, dass eine Person nicht in der Lage ist, auf eine Frage oder einen empfundenen Angriff zu reagieren. Ein allparteilicher Coach kann sie in einem solchen Moment unterstützen. Dazu stellt er sich neben die Person, hält seine offene Hand stärkend hinter den Rücken des Betroffenen (ohne diesen zu berühren) und bittet um Erlaubnis: »Darf ich etwas für dich sagen? Und du gibst danach Bescheid, ob es das ist, was du sagen willst?« Bei entsprechender Vertrautheit und dem Einverständnis kann die offene Hand dann zur Rückenstärkung auch an das Schulterblatt der betreffenden Person gelegt werden. Anschließend spricht er in ihrem Namen. Dazu verwendet er die Form:

- »Ich denke, was XY gerade sagen möchte, ist ...«

Danach wendet er sich an den soeben Unterstützten und fragt:

- »Ist es das, was du gerade sagen möchtest?«

Nun ist zu hoffen, dass die Person ihre Sprache wiedergefunden hat. Sie wird entweder dem Gehörten zustimmen oder korrigierend eingreifen. In jedem Fall hat der Coach dabei geholfen, die Situation zu entspannen. Diese Intervention wurde von der Idee des Doppelns (vgl. [Thomann & Prior 2013; Thomann 2014]) abgeleitet.

Erste Hilfe ist auch gefragt, wenn in einem Gespräch Tränen fließen. Hier gilt es, zuallererst selbst die Nerven zu bewahren. Machen Sie sich bewusst, dass Tränen ein wichtiges Ventil für aufgestaute Emotionen sind. Wenn sie fließen, ist das ein gutes Zeichen dafür, dass bei der betreffenden Person körperliche Entspannung eintreten wird. Reichen Sie ihr daher nur ein Taschentuch und versichern Sie, dass diese Reaktion des Weinens völlig in Ordnung ist. Und dann warten Sie ab. In den meisten Fällen wird die Person sehr bald von selbst Bescheid geben, in welche Richtung nun weitergearbeitet werden soll. Wenn sie das nicht tut, fragen Sie nach einiger Zeit: »Was möchtest du jetzt gerne sagen?«

Eine weitere, für Sie vielleicht unangenehme Situation gilt es zu meistern, wenn eine Konfliktpartei eine andere anwesende Person persönlich beschimpft. Hinter den unschön formulierten Worten verbirgt sich eine wichtige Information, die in Konfliktsituationen genutzt werden kann und auch sollte: *Ich brauche ganz dringend etwas und diese Person hier könnte mir dabei helfen, es zu bekommen. Wenn sie nur verstehen würde, wie wichtig mir die Sache ist! Ich ärgere mich darüber, dass es mir noch nicht gelungen ist, ihr das klarzumachen, und weiß mir nicht mehr zu helfen. Hilf mir bitte, lieber Coach, zu erklären, worum es geht und dass es wichtig für mich ist!* Wenn es Ihnen gelingt, dieses Flehen hinter den vordergründigen Beschimpfungen zu hören, können Sie gelassen und zuversichtlich darauf reagieren: »Ich höre, dass du sehr verärgert bist. Offenbar möchtest du etwas für dich Wichtiges bei XY erreichen, und es ist dir bisher noch nicht gelungen, ihm das klarzumachen. Ist das so? Und wenn das so ist – was genau ist es denn, das du erreichen möchtest, und wozu?« Mit diesen oder ähnlichen Worten helfen Sie dem verbalen Angreifer dabei, seinen Wunsch neu zu formulieren, während Sie gleichzeitig der anderen Konfliktpartei die Möglichkeit geben, ihr Gesicht zu wahren.

7.6.2 Die erste Ebene – das Ziel und seine Auswirkungen

Mehrere Konfliktparteien haben – zumindest auf den ersten Blick – auch mehrere Ziele, die sie verfolgen. Und diese Ziele scheinen einander häufig zu widersprechen, weshalb es dann auch zur Auseinandersetzung kommt. Gerade in Konflikten ist es schwierig – und gleichzeitig unerlässlich –, den gedanklichen Dreh weg vom Problem und hin zum erwünschten Ziel in den Köpfen der Konfliktparteien zu schaffen. Das Ausformulieren dessen, was man eigentlich erreichen will, bringt dabei mehr Klarheit für die jeweilige Partei selbst – und gleichzeitig mehr Verständnis für das Handeln und Wollen des anderen.

Wenn es also gelingt, dass alle Absichten und Ziele samt ihren positiven Auswirkungen klar und verständlich formuliert werden können, ist der wichtige Grundstein für ein besseres Miteinander bereits gelegt. Im Übrigen führt die Erklärung, *wozu* ein Ziel erreicht werden soll, auch häufig zur Einsicht der Konfliktparteien, dass die vorliegenden Interessen ähnlicher sind als gedacht. Wenn das geschieht, ist die Suche nach einem gemeinsamen Weg stark erleichtert und aus Konfliktparteien können Konfliktpartner werden.

7.6.2.1 Die Zielfindung als Beteiligter

Als persönlich am Konflikt Beteiligter ist es nötig, zwischen dem Konflikt an sich, der Sache und der Person des anderen Konfliktpartners zu unterscheiden. Das ist die Voraussetzung dafür, dass ein klärendes Gespräch stattfinden kann. Das tiefe Vertrauen, dass der andere aus nachvollziehbarem Grund so gehandelt hat, ist dabei wichtig. Ebenso sollten Sie davon ausgehen, dass er bereit ist, Ihre Bedürfnisse und Ziele zu verstehen, also grundsätzlich zu kooperieren. Und Sie sollten bereit sein, Ihre eigenen Ziele und Bedürfnisse klar darzulegen.

Als Vorbereitung auf ein solches Gespräch empfiehlt es sich, die folgenden Überlegungen anzustellen und eventuell auch die Antworten dazu schriftlich festzuhalten:

- Was möchte ich selbst erreichen? Was ist mein Ziel?
- Wozu möchte ich dieses Ziel erreichen? Und wozu noch?
- Wozu möchte ich, dass eine Situation bzw. das Verhalten einer Person sich ändert?
- Welche nachvollziehbaren Bedürfnisse hat der andere möglicherweise?
- Was braucht er von mir? Und wozu?

Im Gespräch beginnen Sie auf dieser ersten Ebene der Konflikt-Lösungspyramide damit, Ihre eigenen Wünsche und Bedürfnisse zu formulieren. Schenken Sie Ihrem Konfliktpartner einen gewissen Vertrauensvorschuss, indem Sie offen über Ihre Gefühle in Bezug auf das Konfliktthema sprechen und auch darüber, welche Auswirkungen eine positive Klärung für Sie persönlich hätte. Bitten Sie anschließend Ihr Gegenüber, Sie genauso offen in seine Ziele, Wünsche, Bedürfnisse und Gefühle einzuweihen. Nehmen Sie sich für diese erste der vier Phasen ausreichend Zeit – wenn sie sorgfältig bearbeitet wurde, werden die nächsten drei Phasen umso leichter gelingen.

7.6.2.2 Die Zielfindung als Moderator

Wenn Sie als Moderator in ein Konfliktgespräch gehen, hilft Ihnen vor allem eines: die Haltung der Allparteilichkeit (siehe Abschnitt 2.2.5). Alle Konfliktparteien brauchen das Gefühl, dass Sie hinter ihnen stehen und ihre Interessen vertreten. Nur dann haben sie die Möglichkeit, Ihnen zu folgen und mit Ihnen in allen vier Phasen der Konflikt-Lösungspyramide zu kooperieren. Den Grundstein für dieses Vertrauen legten Sie bereits beim aktiven Zuhören am Konflikt-Boden. Wenn es Ihnen dort gelungen ist, diese Sicherheit zu geben, haben Sie nun auf der ersten Ebene gute Chancen, die Ziele, Wünsche und Bedürfnisse der Konfliktparteien zu erfahren. Dazu nutzen Sie am besten lösungsfokussierte Fragetechniken:

- »Was ist Ihnen wichtig? Was möchten Sie erreichen?«
- »Und wenn Sie Ihr Ziel erreicht hätten, welche Auswirkungen hätte das für Sie?«
- »Welches Bedürfnis steckt hinter diesen Zielen?«
- »Welche neuen Möglichkeiten würden sich Ihnen eröffnen, wenn Ihr Ziel erreicht werden würde?«

Achten Sie dabei besonders auf die positive Formulierung der Antworten. Sollten die Worte *nicht* oder *kein* verwendet werden, fragen Sie: »Was stattdessen?« Es geht darum, zu formulieren, was sein soll – und nicht, was nicht sein soll. Nutzen Sie auch die Zwischenfragen »Wozu?« und »Was noch?«, um viele nützliche Details zu erfahren.

Eine andere Haltung, die Ihnen hier von Nutzen sein könnte, ist Beharrlichkeit. Gerade in konfliktträchtigen Situationen ist es für die Beteiligten oft schwer, ihre Ziele und Gefühle auszudrücken. Bleiben Sie in solchen Momenten geduldig. Geben Sie den Befragten Zeit und vertrauen Sie darauf, dass Sie Antworten bekommen werden. Sie sollten sehr genau darauf achten, dass auf dieser Ebene tatsächlich nur das Thema »Ziele und seine Auswirkungen« besprochen wird. Vermeiden Sie aufkeimende Diskussionen und unterbrechen Sie, wann immer Sie das Gefühl haben, dass es notwendig ist, um wieder zum eigentlichen Thema zurückzukehren. Im Optimalfall kann es so gelingen, gemeinsame Ziele zu identifizieren.

7.6.2.3 Interventionen für die erste Ebene

Wozu?

Die Frage nach dem *Wozu?* ist in dieser Phase das wichtigste Mittel, um die Ziele und Absichten der Konfliktpartner zu erfragen. Dabei kann auch das Stellen mehrerer Wozu-Fragen in Folge hilfreich sein, um ein tieferes gegenseitiges Verständnis zu fördern (vgl. Abschnitt 4.2.2).

Was noch?

Diese kurze und einfache Frage leistet gute Dienste, wenn es darum geht, mehr zu erfahren als das, was ohnehin schon offensichtlich ist. Ziele zu konkretisieren, unterschiedlichste Auswirkungen zu beschreiben und dabei auch mögliche negative zu bedenken, ist harte Arbeit. Die *Was noch?*-Frage unterstützt diese Arbeit und kann auch nonverbal – zum Beispiel durch einen auffordernden Blick – gestellt werden. Sie ist in Abschnitt 3.2.6 ausführlich beschrieben.

Weitere oft hilfreiche Fragen sind:

- »Was wollen Sie erreichen?«
- »Welche Auswirkungen hätte das für Sie?« »Und welche noch?«
- »Welche Auswirkungen hätte das für andere?« »Und welche noch?«
- »Welche neuen Möglichkeiten würden sich dadurch für Sie ergeben?« »Und welche noch?«

7.6.3 Die zweite Ebene – Funktionierendes im Konflikt

Gerade in Konflikten liegt der Fokus der Beteiligten normalerweise stark auf dem, was nicht funktioniert. Das Formulieren von Zielen und Bedürfnissen ist daher schon ein großer Schritt. Auf dieser Ebene wird der Versuch gewagt, mit Fragen nach dem Funktionierenden den Gedanken eine wichtige Wende zu geben. Speziell wenn es gelungen ist, ein gemeinsames Ziel zu finden, ist das Aufspüren von Funktionierendem normalerweise gut möglich. Auch bei unterschiedlichen Zielsetzungen gibt das Identifizieren von jenen Dingen, die genauso bleiben sollen, wie sie sind, Sicherheit und Vertrauen. Die Zuversicht, dass nächste Schritte in Richtung Ziel gefunden und realisiert werden können, steigt bei den Beteiligten.

7.6.3.1 Funktionierendes finden als Beteiligter

Gratulation! Wenn Sie als Beteiligter in einem Konflikt die erste Ebene erfolgreich bearbeitet haben, ist die schwierigste Hürde für Sie bereits gemeistert. Bei der Suche nach Funktionierendem können Sie nun auf der zweiten Ebene auf den identifizierten Zielen aufsetzen und darauf vertrauen, dass Sie Gemeinsamkeiten finden werden, die Ihnen wichtig und erhaltenswert sind.

Mit der Frage an Ihren Konfliktpartner, was denn aus seiner Sicht zwischen ihnen schon gut funktioniert, sodass Hoffnung besteht, das Ziel erreichen zu können, zeigen Sie Interesse und Offenheit für seine Sicht der Dinge. Investieren Sie an dieser Stelle ausreichend Zeit, um jene Punkte anzusprechen, die Sie persönlich gut finden. So stärken Sie das Vertrauen und die Kooperationsbereitschaft Ihres Gegenübers und legen damit die Basis für das gemeinsame Formulieren der nächsten Schritte.

Praxistipp

Wenn Ihnen – oder auch Ihrem Gesprächspartner – absolut nichts einfällt, was aus Ihrer – oder auch seiner – Sicht gut läuft, ist das ein Indikator dafür, dass Sie sich mindestens auf der Konflikteskalationsstufe 3 nach Glasl (vgl. Abschnitt 7.2) befinden. In diesem Fall ist es hilfreich, einen allparteilichen Moderator hinzuzuziehen, der Sie bei der Konfliktlösung unterstützt.

7.6.3.2 Funktionierendes finden als Moderator

In Ihrer Rolle als Moderator in einer Konfliktsituation haben Sie nun die Aufgabe, alle Konfliktparteien dazu anzuregen, über jene Dinge zu sprechen, die bereits gut laufen. Die Tatsache, dass es im ersten Schritt bereits gelungen ist, Ziele zu formulieren, wird Ihnen dabei zugutekommen.

Und doch kann es für die Konfliktparteien – wenn beispielsweise starke Emotionen im Raum sind – immer noch schwierig sein, über Positives und Erhaltenswertes zu sprechen. Dann können Sie beispielsweise die Anwesenden bitten, aufzuschreiben, was aus ihrer Sicht bereits funktioniert, um die gefundenen Punkte anschließend im Plenum vorzutragen.

7.6.3.3 Interventionen für die zweite Ebene

Die Skalierungsfrage – Teil 1

Eine weitere Möglichkeit bietet die Aufstellung der Konfliktpersonen auf einer Skala von 0 bis 10, die am Boden dargestellt ist. Der Punkt 10 bezeichnet jenen Moment, in dem das Ziel vollständig erreicht sein wird, die 0 jenen, in dem das Problem oder der Konflikt am stärksten wahrgenommen wurde. Wenn Sie nun die Beteiligten bitten, sich in der Skala zu positionieren, wie es dem aktuellen Stand aus ihrer Sicht entspricht, wird kaum jemand bei 0 stehen.

- »Wo steht ihr im Moment?«

Bitten Sie nun die Anwesenden darzulegen, was denn schon alles gut läuft, sodass sie dort stehen und nicht mehr bei 0. Schreiben Sie die Antworten auf einem Flipchart mit.

- »Wie kommt es, dass ihr schon dort seid (und nicht mehr bei 0)?«
- »Und wie habt ihr das geschafft?«

Die einfache Struktur der Skalierung bietet unterschiedliche Fokuspunkte für das Gespräch:

1. Eine realistische Beschreibung der gewünschten Zukunft
2. Eine Aufzählung von all jenen Dingen, die schon in Richtung des gewünschten Ziels gehen – inklusive der bisher bereits erreichten Erfolge

Sammeln

Räumen Sie den Mitgliedern der Konfliktparteien die Chance ein, ihre Gedanken individuell aufzuschreiben. Dies gibt den Beteiligten gewöhnlich mehr Sicherheit und die Chance, unbeeinflusst nachzudenken. Anschließend können die erarbeiteten Punkte gemeinsam eingebracht und besprochen werden. Dazu bieten sich beispielsweise folgende Fragen an:

- »Was läuft gut?«
- »Was soll so bleiben?«
- »Was funktioniert bereits?«
- »Welche Schritte in Richtung Zielerreichung wurden bereits unternommen?«

7.6.4 Die dritte Ebene – die nächsten Schritte und ihre Auswirkungen

Es ist für alle Beteiligten eine große Herausforderung, die Bereitschaft zu entwickeln, gemeinsam einen Weg aus dem Konflikt zu finden. Auf dieser Ebene gilt es zuallererst die Anwesenden dazu anzuregen, möglichst viele Ideen für nächste Schritte zu formulieren. Hier zeigt sich sehr schnell, wie gut es Ihnen gelungen ist, auf den ersten beiden Ebenen die Kooperationsbereitschaft der Konfliktparteien wiederherzustellen. Eine genaue Zielformulierung kann hier ebenso helfen wie das ehrliche Vertrauen in den Konfliktpartner und dessen Bemühungen.

7.6.4.1 Nächste Schritte formulieren als Beteiligter

Wenn Sie selbst im Konflikt stecken, haben Sie vermutlich ein gutes Gefühl dafür, ob die Zeit für die Entwicklung der nächsten gemeinsamen Schritte bereits gekommen ist. Sie spüren genau, ob die Wertschätzung, die Ihnen entgegengebracht wird, aufrichtig ist.

Und noch besser können Sie einschätzen, ob Sie selbst bereit sind, einen gemeinsamen Weg in Richtung Ziel zu finden. Wenn Sie diese beiden Fragen mit *Ja* beantworten können, vertrauen Sie an dieser Stelle am besten Ihrem Bauchgefühl, um zu entscheiden, wie diese nächsten Schritte entwickelt werden können.

7.6.4.2 Nächste Schritte formulieren als Moderator

Wenn die ersten beiden Ebenen gut bearbeitet worden sind, wird es von Anfang an gelingen, auf dieser dritten Ebene gemeinsame Ideen für Verbesserungen zu entwickeln. Achten Sie als Moderator dabei vor allem darauf,

- dass jeder Punkt positiv formuliert ist,
- dass die Aktionen von den Beteiligten selbst ausgeführt werden können,
- dass die Schritte konkret sind,
- dass die Größe der Veränderungen realistisch ist,
- dass alle Konfliktparteien mit der Umsetzung der Ideen einverstanden sind.

Als Moderator kann es allerdings auch passieren, dass Sie eine Situation falsch einschätzen. Sowohl auf der ersten Ebene, bei der Zielformulierung, als auch auf der zweiten Ebene, dem Beschreiben von Funktionierendem, können unzureichende Ergebnisse dazu geführt haben, dass sich beim Finden von nächsten Schritten Schwierigkeiten einstellen. Sollten die Beteiligten also keine Schritte in

Richtung einer besseren Zukunft finden können, klettern Sie die Pyramide am besten nochmal hinunter und beginnen wieder beim Formulieren von Zielen und deren Auswirkungen.

7.6.4.3 Interventionen für die dritte Ebene

Es gibt unterschiedliche Möglichkeiten, das Definieren der nächsten Schritte auf dem Weg zum Ziel zu unterstützen. Zwei der dazu häufig verwendeten Interventionen sind hier angeführt.

Die Skalierungsfrage – Teil 2

Die Teilnehmer haben sich auf einer Skala von 0 bis 10 platziert – Sie erinnern sich, 10 steht für das Ziel –, um darzustellen, wie weit sie auf ihrem Weg zum Ziel bereits sind. Nun können Sie mit den folgenden Fragen fortfahren, um konkrete nächste Schritte zu erarbeiten:

- »Woran werdet ihr erkennen, dass ihr auf der Skala einen Punkt weiter gekommen seid?«
- »Und woran noch werdet ihr dies erkennen?«
- »Und welche Auswirkungen hat dies?«

Durch die Antworten auf diese Fragen sollen die kleinen Zeichen des Fortschritts in den Fokus gerückt werden. Und es geht darum, viele Wahlmöglichkeiten und Ideen zu eröffnen, sodass die Beteiligten konkrete Handlungen planen können. Wenn diese Schritte schriftlich erfasst werden, können sie später zur Überprüfung ihrer Wirksamkeit herangezogen werden.

Sammeln

Hier geht es darum, möglichst viele Lösungsansätze zu erhalten. Dafür bieten sich zusätzlich Fragen an wie:

- »Woran würde man erste Veränderungen erkennen?«
- »Was könnte man anders machen, damit ...?«

Die Antworten sind zunächst unverbindlich. Es geht hier ausschließlich um das Sammeln von Ideen. Dies soll die Hemmschwelle beim Entwickeln von Schritten reduzieren. Anschließend ist es hilfreich, eine konkrete handlungsorientierte Sprache beim Formulieren von Fragen zu wählen, damit die Schritte umsetzbar formuliert werden:

- »Was könntet ihr anders machen, damit ...?«
- »Was würden andere sagen, wie ihr das hinbekommen könnt?«
- »Was wäre ein erster konkreter nächster Schritt in Richtung Verbesserung?«

- »Wann werdet ihr diesen ersten Schritt umgesetzt haben?«
- »Wie wird eure Zusammenarbeit aussehen, wenn die Schritte erfolgreich umgesetzt worden sind?«
- »Wann wollt ihr dies erreicht haben?«

7.6.5 Die vierte Ebene – die Ergebnisprüfung

Vor allem dann, wenn die Konfliktparteien nicht freiwillig zu einem Konfliktlösungsgespräch gekommen sind, kann es sein, dass die Zuversicht in die gefundenen Lösungsschritte gering ist. Oft werden die Fragen dann zwar beantwortet, die Offenheit, mit der dies geschieht, ist dabei allerdings meist nicht so groß, wie es für eine erfolgreiche Konfliktlösung hilfreich wäre. Das kann zum Beispiel daran liegen, dass – trotz aller Bemühungen – immer noch keine echte Wertschätzung für den Konfliktpartner aufgebaut werden konnte oder dass nach wie vor Sorge besteht, mit den eigenen Bedürfnissen nicht verstanden zu werden.

Wenn dann die Fragen gestellt werden: »Wie zuversichtlich seid ihr, dass ihr die eben erarbeiteten nächsten Schritte tatsächlich umsetzen werdet?« und »Wie zuversichtlich seid ihr, dass diese Umsetzung zu einer Verbesserung eurer Situation führen wird?«, ist das eine Möglichkeit, am Ende doch noch bekannt zu geben, dass man an eine Lösung des Konflikts nicht glaubt. Wenn eine Konfliktpartei als Antwort einen niedrigen Wert nennt, zum Beispiel unter 4, kann offen darüber gesprochen werden, welche Bedürfnisse noch erfüllt werden müssten, damit das Vertrauen in eine Verbesserung der Situation steigt.

7.6.5.1 Zuversicht prüfen als Beteiligter

Sie hätten fehlende Offenheit und Kooperationsbereitschaft Ihres Konfliktpartners vermutlich bereits am Anfang des Gesprächs erkannt. Ihre feinen Sensoren für unausgesprochene Widerstände hätten Sie frühzeitig gewarnt. Trotzdem sollten Sie sichergehen und jetzt die Möglichkeit nutzen, entweder noch vorhandene Zweifel auszuräumen oder die Zustimmung für die Umsetzung der vereinbarten Schritte zu erhöhen.

Sollte die Zuversicht Ihres Konfliktpartners an dieser Stelle immer noch niedrig sein, nehmen Sie seine Antworten sehr ernst. Fragen Sie danach, welche Bedenken er hat und wie die Vereinbarung anders formuliert werden müsste, sodass seine Zuversicht in die Umsetzung steigt. Wenn Sie möchten, können Sie auch vorschlagen, die vereinbarten Schritte schriftlich festzuhalten und gemeinsam zu unterschreiben. Stattdessen – oder auch zusätzlich – könnten Sie einen Termin festlegen, an dem sie sich wieder zusammensetzen werden, um darüber zu sprechen, wie erfolgreich die Maßnahmen funktionieren und welche Verbesserungen bereits eingetreten sind.

7.6.5.2 Zuversicht prüfen als Moderator

Besonders in Ihrer Rolle als Moderator wird es jetzt spannend. Die Frage nach der Zuversicht gibt Ihnen die Möglichkeit herauszufinden, wie gut während des gesamten Gesprächs gearbeitet wurde. Ist die Zuversicht der Beteiligten hoch, können Sie berechtigterweise die Hoffnung haben, dass die beiden Konfliktparteien tatsächlich Fortschritte erreichen werden. Ist die Zuversicht niedrig, werden Sie gleich erfahren, ob das gegenseitige Vertrauen mittlerweile so hoch ist, dass noch bestehende Zweifel gut angesprochen werden können, oder ob Sie die Beteiligten noch einmal am Konflikt-Boden abholen müssen. Nutzen Sie hier am besten das Instrument der Zuversichtsskala und schätzen Sie jede Antwort wert, die Sie bekommen.

7.6.5.3 Intervention für die vierte Ebene

Für die Ergebnisprüfung bietet sich der Einsatz der Zuversichtsskala an, wie sie in Abschnitt 3.2.1 ausführlich vorgestellt wurde und beschrieben ist.

- »Auf einer Skala von 0 bis 10: Wie zuversichtlich seid ihr, dass ihr die nächsten Schritte (bzw. den nächsten Schritt) auch tatsächlich umsetzen werdet?«

7.7 Gesprächsbedürfnisse im Konflikt

Die in Abschnitt 4.6 vorgestellten Bedürfnisse von Gesprächspartnern haben vor allem auch für die Moderation von Konfliktsituationen hohe Relevanz. Sie machen darauf aufmerksam, worauf im Gesprächsverlauf der Fokus gelegt werden sollte.

7.7.1 Der Sinn suchende Konfliktpartner

Er hat kein direktes Anliegen, das er klären will, und ist daher im Konfliktfall entweder die beschuldigte Konfliktpartei oder als Teammitglied am Konflikt unbeteiligt. Häufig ist er daher nicht freiwillig im Gespräch, sondern wurde dazu verpflichtet.

Im Konfliktlösungsprozess ist in diesem Fall vor allem darauf zu achten, dass dieser Gesprächspartner erkennt, wozu das Gespräch überhaupt stattfindet und welche Vorteile sich daraus ergeben könnten – für ihn persönlich, für seine Arbeit und für das Zusammenleben im Team. Die Anwesenheit ohne eigenen Sinn kann bereits Unverständnis und damit eine Form des inneren Widerstands auslösen. Die Kooperationsbereitschaft herzustellen, ist somit die erste und wichtigste Aufgabe im Konfliktlösungsprozess (Konflikt-Boden).

7.7.2 Der Ziel suchende Konfliktpartner

Er weiß genau, was alles nicht funktioniert und was nicht mehr sein soll. Er findet in der Regel viele Worte, um genau zu beschreiben, welche Missstände bestehen und welchen Schaden er dadurch hat. Was ihm fehlt, ist das Bewusstsein dafür, was stattdessen sein soll – also sein Ziel. Daher ist auch klar, dass er in diesem Zustand keine Lösungsideen entwickeln kann.

Dieser Konfliktpartner ist noch nicht bereit, den Boden der Pyramide zu verlassen. Er braucht viel Wertschätzung für seine Situation, damit er Mut fasst, das Problem loszulassen und auf die erste Ebene mitzugehen, wo es um das Definieren des Ziels und seiner Auswirkungen geht. Er will, dass etwas anders wird, und braucht Unterstützung dabei, herauszufinden, was genau das ist.

7.7.3 Der Weg suchende Konfliktpartner

Im Gegensatz dazu hat der Weg suchende Konfliktpartner ein klares Bild seines Ziels.

Oft sieht er sich in der Opferrolle, aus der heraus er nicht handeln kann. Lösungsansätze findet er stets im Außen. Die anderen müssen etwas verändern, damit er selbst näher an seine Zielvorstellung herankommen kann.

Diesen Gesprächspartnertyp findet man in Konfliktsituationen sehr häufig. Die wichtigste Aufgabe bei der Moderation besteht darin, ihm zu helfen, den Fokus auf das Funktionierende zu richten. Insbesondere geht es darum festzustellen, wie er selbst bis heute dazu beitragen konnte, dass kleine positive Unterschiede möglich wurden (Ebene 2 – Funktionierendes). So wächst die Zuversicht, dass sein eigenes Handeln positive Veränderungen in Richtung Ziel ermöglicht und die Chance auf eine zukünftige Kooperation steigt.

Manch ein Weg suchender Konfliktpartner hat bereits konkrete Ideen, was er tun könnte, um sein Ziel zu erreichen. Je dringender die Lösung für ihn ist, umso wichtiger werden Geduld und Rücksichtnahme für die andere Konfliktpartei.

Dieser Konfliktpartner hat sich meist schon intensiv mit seiner Situation – also dem Sinn und Ziel – beschäftigt. Im Konfliktlösungsprozess liegt der Fokus daher auf der dritten Ebene – also dem Wie – und den dazugehörigen nächsten Schritten.

7.7.4 Die Herausforderung

In einem Teamkonflikt haben Sie meistens mit all diesen Gesprächsbedürfnissen zu tun. Die Herausforderung besteht darin, jeden einzelnen Gesprächspartner auf seiner Ebene abzuholen. Dabei ist dafür zu sorgen, dass jene, deren Interessen auf einer höheren Ebene der Pyramide zu finden sind, so lange geduldig bleiben und Verständnis zeigen, bis das gesamte Team bei ihnen angekommen ist. Erst dann können sie gemeinsam bereit sein, den nächsten Schritt zu gehen. Bleiben Sie transparent und erklären, woran Sie gerade gemeinsam arbeiten, damit alle Beteiligten geduldig und zuversichtlich bleiben.

Praxistipp

Bei aller Geduld und Zuversicht kann es vorkommen, dass Sie bei der Konfliktmoderation auf Granit beißen. So sehr Sie sich auch bemühen, die Schlüsselpersonen sind einfach nicht bereit, mitzuarbeiten. Sie verschließen sich und beteuern, dass es absolut nichts gäbe, worüber man sprechen müsste.

Bedanken Sie sich in solchen Situationen bei den Anwesenden für ihr Kommen und drücken Sie Ihr Verständnis dafür aus, dass hier offenbar das nötige Vertrauen für offene Kommunikation *noch nicht* (vgl. Abschnitt 3.3.5) gegeben ist. Entschuldigen Sie sich auch ruhig dafür, dass Sie die Situation offenbar falsch eingeschätzt hatten, und kündigen Sie an, in vertrauensvoller Atmosphäre – jeweils unter vier Augen – auf die Anwesenden einzeln zuzukommen. Erklären Sie Ihr Ziel, dass es Ihnen persönlich ein Anliegen ist, dass die Zusammenarbeit im Team gut funktioniert und dass sich hier jeder wohlfühlt. Fragen Sie dann, ob dieses Ziel jeder Anwesende teilt, und holen Sie sich ein Nicken aller Kollegen ab. Beschließen Sie Ihre Ansprache damit, dass Sie es schade finden, wenn bestehende Missverständnisse dies verhindern, und dass Sie sicher sind, dass es nur Missverständnisse sind, die hier geklärt werden müssen.

Beenden Sie dann unverzüglich die Besprechung und verlassen Sie den Raum. Bleiben Sie jedoch in Sichtweite – die Wahrscheinlichkeit, dass Sie gesucht werden, ist jetzt groß. Vereinbaren Sie in Folge Einzelgespräche und finden Sie heraus, welche Bedürfnisse die einzelnen Beteiligten haben. Manchmal hilft auch »lösungsfokussiertes Lügen« in solchen Situationen. Das hat Insoo Kim Berg erfunden, indem sie Aussagen über Kollegen positiv umgedeutet und dann weitergesagt hat – jedenfalls erzählt man sich das in der lösungsfokussierten Community.

Zum Beispiel:

Mitarbeiter: »Ich kann mich überhaupt nicht auf meine Arbeit konzentrieren, weil mein Chef mich ständig überwacht und ich Sorge habe, etwas falsch zu machen.«

Info zum Chef: »Sie sind persönlich sehr wichtig für Ihren Mitarbeiter. Es ist sein größter Wunsch, dass Sie mit seiner Arbeit zufrieden sind, und damit setzt er sich selbst mächtig unter Druck. Ich denke, da braucht er Ihre Hilfe.«

7.8 Selbstreflexion

- Was war in diesem Kapitel für Sie spannend/neu/hilfreich?
- Wie stärken Sie bisher schon Status, Gewissheit, Autonomie, Zugehörigkeit und Gerechtigkeit bei Ihren Teammitgliedern? Was können Sie künftig tun, um dem eventuell noch mehr Rückhalt zu geben?
- Gibt es in Ihrem Leben jemanden, mit dem Sie zusammenarbeiten müssen und an dem Sie beim besten Willen nichts finden, was Sie wertschätzen können? Welche positiven Auswirkungen hätte es für Sie und für andere, wenn Sie beide richtig gut miteinander kooperieren könnten?

7.9 Experimente und Übungen

- Finden Sie wenigstens 20 neue Dinge, wie Sie die SCARF-Faktoren bei Ihrer Arbeit mit Teams fördern können bzw. wie Sie beim nächsten Veränderungsprozess diese Faktoren berücksichtigen werden.
- Denken Sie an eine Person, von der Sie sich wünschen, dass sie ihr Verhalten ändert, und beantworten Sie die unten stehenden Fragen.
  1. Was ist die erste Sache, die Sie an der Person anders haben möchten?
  2. Wenn Sie diese Veränderung sehen würden, würde Sie das freuen?
  3. Wie würden Sie daraufhin der Person gegenüber anders reagieren?
  4. Würde die andere Person darüber erfreut sein?
  5. Wie würde die andere Person daraufhin anders reagieren?
  6. Würden Sie darüber erfreut sein?

  Wenn Sie bei der sechsten Frage angelangt sind, gehen Sie wieder zur dritten Frage. Durchlaufen Sie die Fragen 3 bis 6 so oft, wie es hilfreich erscheint [George 2012].
- Denken Sie an eine Person, von der Sie sich wünschen, dass sie ihr Verhalten ändert. Stellen Sie sich vor, dass die andere Person sich tatsächlich ändert. Notieren Sie zehn Veränderungen, die Sie dann im Verhalten der anderen Person sehen möchten.

  Überlegen Sie, wie Sie sich bezüglich dieser Person und der Beziehung zu ihr anders fühlen würden, wenn sie sich tatsächlich geändert hätte. Was sind die ersten 20 Unterschiede, die die andere Person an Ihnen feststellen könnte? Notieren Sie diese.

  Tun Sie beim nächsten Zusammentreffen so, als hätte diese Veränderung tatsächlich stattgefunden, und verhalten Sie sich entsprechend. Welche Unterschiede können Sie nun an der anderen Person beobachten?

- Wenn Sie sich das nächste Mal persönlich verbal von jemandem angegriffen fühlen, versuchen Sie darauf mit einer der Fragen »Wie genau meinst du das?« oder »Was genau wünscht du dir von mir?« zu reagieren und beobachten Sie die Reaktion Ihres Gegenübers.
- Gibt es in Ihrem Umfeld jemanden, mit dem Sie am liebsten nichts zu tun hätten, jedoch trotzdem häufig zu tun haben?
  - Finden Sie vor dem nächsten Zusammentreffen mit dieser Person drei Punkte, die es an ihr wertzuschätzen gilt.
  - Suchen und finden Sie beim nächsten Zusammentreffen mindestens drei nachvollziehbare Gründe, die diese Person für ihr Verhalten haben könnte, und fragen Sie nach, ob Sie damit richtigliegen.

8 Meetings lösungsfokussiert gestalten

»Besprechungen sind keine schlechte Sache. Wir alle erschaudern bei dem Gedanken an ein Projekt, das um eine Besprechung herum aufgebaut ist, welches in den frühen Entwicklungsphasen von einem Tag zum nächsten fortgesetzt wird. Aber die Angst vor Besprechungen kommt wahrscheinlich mehr von unseren Erinnerungen an die Unwirksamkeit unserer Besprechungen, nicht von ihrer Frequenz. [...] Projektkommunikation, eine gemeinsame Vision und Meetings sind wichtig und produktiv, wenn Besprechungen ordnungsgemäß durchgeführt werden.«

[Coplien 1994]

Meetings sind eine uralte Form, um Informationen auszutauschen, Entscheidungen zu treffen und gemeinschaftlich Ziele und Pläne zu entwickeln. Sie fördern die Gemeinschaft, weil man die Beteiligten direkt erlebt und so auch für die spätere Zusammenarbeit besser einschätzen lernt. Dies funktioniert natürlich nur, wenn sich alle aktiv einbringen.

Das Moderieren von Meetings hat viel mit Coaching gemeinsam. Auch hier ist der Moderator – wie der Coach im Coaching – für den Prozess zuständig und die Teilnehmer für den Inhalt. Es geht darum, ein Ziel festzulegen – wenn noch keines vorgegeben ist. Danach wird identifiziert, worauf man bereits aufbauen kann, um schließlich konkrete Schritte auf dem Weg zur Zielerreichung zu definieren und dafür zu sorgen, dass deren Umsetzung so wahrscheinlich wie möglich wird. Wie im Coaching sind zeitliche Rahmenbedingungen einzuhalten und es braucht Struktur, dass die angestrebten Ziele des Meetings erreicht werden können.

Alle diese Aufgaben erfordern die volle und ungeteilte Aufmerksamkeit des Moderators. Deshalb sollte der Moderator keine zusätzliche inhaltliche Verantwortung tragen.

In der realen Welt sieht es in Unternehmen häufig anders aus. Die meisten Meetings werden von Teammitgliedern oder Vorgesetzten moderiert, die in der Mehrzahl der Fälle auch inhaltlich involviert sind und sich somit ihrer Moderatorenrolle nur teilweise widmen können. Das ist weder für ihre fachlichen Beiträge noch für das Meeting optimal.

In diesem Kapitel betrachten wir einige Meetingformen aus dem agilen Umfeld durch die lösungsfokussierte Brille. Dazu werden erprobte Interventionen für deren Durchführung vorgestellt.

8.1 Was beim lösungsfokussierten Moderieren von Meetings zu beachten ist

Sie haben in diesem Buch die Haltungen und Prinzipien des lösungsfokussierten Arbeitens sowie viele Werkzeuge kennengelernt, um ein Meeting lösungsfokussiert moderieren zu können. Sie wissen, dass es aus einer solchen Sicht wichtig ist, die Expertise der Anwesenden zu schätzen, Annahmen zu hinterfragen, eine positive Sprache zu fördern und vor allem die Anwesenden wertzuschätzen. Besonderes Augenmerk soll hier zusätzlich jenen Aspekten einer erfolgreichen Moderation geschenkt werden, die bisher noch nicht erwähnt wurden, jedoch erfahrungsgemäß immer wieder wichtig sind.

8.1.1 Aktives Einbeziehen aller Anwesenden

Ein wichtiges Kriterium für erfolgreiche Meetings ist, dass alle Personen aktiv einbezogen werden. Jede Meinung zählt! Jedes Gefühl zählt! Jeder kann etwas beitragen! Die Erfahrung zeigt, dass auch zurückhaltend erscheinende Personen hilfreiche Gedanken und Ideen haben, die oft jedoch nicht gehört werden. [Kline 1998, S. 102 ff.] beschreibt in Ihrem Buch *Time to Think* neun Punkte, die zu erfolgreichen Meetings führen.

Zu Beginn:

1. Lassen Sie jeden Teilnehmer sprechen.
2. Fragen Sie jeden Teilnehmer, was in seiner Arbeit oder in der Teamarbeit gut geht.

Während des Meetings:

3. Seien Sie aufmerksam und unterbrechen Sie keine offenen oder sogar heftigen Diskussionen.
4. Stellen Sie prägnante Fragen, um jene Annahmen, die Ideen einschränken, aufzudecken und zu entfernen.
5. Teilen Sie sich in Denkpartnerschaften auf, wann immer das Denken einschläft, und geben Sie jeder Person fünf Minuten ohne Unterbrechungen, um laut zu denken.
6. Geben Sie zwischendurch jedem Teilnehmer reihum die Gelegenheit zu sagen, was er denkt.

7. Ermöglichen Sie, dass *Wahrheiten* und Informationen gleichermaßen geteilt werden.
8. Ermöglichen Sie, dass Gefühle ausgedrückt werden können.

Am Ende:

9. Fragen Sie jeden Teilnehmer, was aus seiner Sicht in dem Meeting gut gelaufen ist und was er an den anderen respektiert.

Jeder Teilnehmer wird dabei immer wieder direkt angesprochen und direkt einbezogen. Und auch bei Paararbeiten ist es schwierig, sich komplett zurückzuziehen.

8.1.2 Monotonie versus Abwechslung

Meetings und Workshops sind dazu da, ein bestimmtes Ziel zu erreichen. Der Einsatz unterschiedlichster – teils sehr kreativer – Interventionen führt zu Abwechslung und Spaß, vor allem bei periodisch stattfindenden Meetings. Hierbei ist allerdings darauf zu achten, mit welchem Fokus die Teilnehmer in das Meeting kommen.

Je häufiger sie mit ungewöhnlichen Interventionen überrascht und amüsiert werden, desto stärker rückt der Wert der Unterhaltung in den Mittelpunkt der Aufmerksamkeit. Und desto weiter entfernen sich gleichzeitig die zu besprechenden Inhalte von diesem Mittelpunkt.

Daher sollten Meetings einer klaren, wiederkehrenden und sinnvollen Struktur folgen, damit sich die Teilnehmer auf die jeweiligen Inhalte konzentrieren können. Ansonsten schwingt Unsicherheit mit, die sich in der Frage »Und was passiert als Nächstes?« äußert.

Natürlich darf und soll am Ablauf periodisch stattfindender Meetings auch von Zeit zu Zeit etwas geändert werden, um das Besprechungsergebnis zu verbessern oder um langfristig keine Langeweile aufkommen zu lassen.

Kritisch wird es, wenn sich bei der Durchführung Routine breitmacht. Diese führt eher zu mechanischem Ausfüllen von Kärtchen und inhaltsleeren Floskeln bei der Beantwortung von Fragen statt zu Forschung und Verbesserung im Sinne des angestrebten Ziels. Spätestens wenn Sie ein solches Verhalten bei den Teammitgliedern beobachten, ist es höchste Zeit für neue Interventionen.

Für die meisten Teilnehmer ist ein Meeting dann sinnvoll, wenn die Ergebnisse für sie am Ende stimmen: wenn sie zum Beispiel etwas für sich mitnehmen können, sie zuversichtlich sind, dass sich etwas in eine gewünschte Richtung verändern wird, oder auch wenn sie Gelegenheit hatten, ihre Sorgen und Probleme auszusprechen und miteinander zu teilen. Diesem Umstand sollte vorrangig Rechnung getragen werden.

8.1.3 Der Umgang mit »Dauerrednern«, »Schweigern« und »Querulanten«

Immer wieder tauchen Fragen auf wie: »Was mache ich, wenn ...

- jemand ständig redet?«
- jemand gar nichts sagt?«
- jemand bei Übungen nicht mitmachen will?«
- jemand ständig stört?«
- schlechte Stimmung alle runterzieht?«

Auf diese Fragen soll im Folgenden mit einigen Gedanken eingegangen werden. Es gibt keine allgemeinen Lösungen für alle Situationen, in die Sie kommen könnten. So viel ist jedoch sicher: Im lösungsfokussierten Denken gibt es weder Dauerredner noch Schweiger oder Querulanten, sondern nur Menschen, die auf ihre Bedürfnisse achten und versuchen, ihre jeweiligen Ziele zu erreichen.

»Was mache ich, wenn jemand ständig redet?«

Jemand, der viel redet, hat wahrscheinlich viel zu sagen. Oder er hat wichtige Dinge zu sagen und Sorge, dass er nicht gehört oder verstanden wird. Veronika hatte einmal einen Teilnehmer, der aus jeder Aussage einen scheinbar nicht enden wollenden Monolog machte. Alle anderen Teilnehmer haben jedes Mal die Augen verdreht, wenn er das Wort ergriff. Irgendwann hat ihn ein Kollege offen darauf angesprochen. Er war sichtlich peinlich berührt, entschuldigte sich für sein Verhalten und erklärte daraufhin, dass ihm schon oft gesagt worden sei, er drücke sich undeutlich aus. Das wäre der Grund, warum er heutzutage seine Aussagen in verschiedener Art und Weise zu erläutern versucht. Er war einfach unsicher, ob er verstanden wurde.

Warum genau jemand sehr viel oder sehr wenig spricht, nicht mitmachen möchte oder auch die Gruppe stört, kann unterschiedlichste Ursachen haben. Eines haben diese Menschen jedoch gemeinsam: Das Vielsprechen wie auch das Schweigen sind jeweils persönliche Lösungsversuche, die etwas bewirken sollen. Schätzen Sie das jeweilige Verhalten und auch die Person in diesen Situationen wert und nehmen Sie sie ernst.

Hören Sie dem Vielredner aufmerksam zu und bedanken Sie sich für seine Ausführungen. Fassen Sie noch einmal kurz zusammen und fragen, ob Sie das so richtig verstanden haben. Damit bekommt er die Aufmerksamkeit und Wertschätzung, die er braucht. Außerdem haben so die anderen Teammitglieder die Chance, den Kern der Aussage zu verstehen, auch wenn sie schon längst nicht mehr zugehört haben.

»Was mache ich, wenn jemand gar nichts sagt?«

Laden Sie den *Schweiger* ein, etwas beizutragen, wann immer er das möchte. Nutzen Sie Interventionen, bei denen er seine Meinung unbemerkt und schriftlich kundtun kann, wo er in Kleingruppen arbeiten und sich nicht exponieren muss. Die Erfahrung zeigt, dass die *Schweiger* bei entsprechender Wertschätzung auch anfangen zu reden.

»Was mache ich, wenn jemand bei Übungen nicht mitmachen will?«

Grundsätzlich sind Sie als Moderator für den Ablauf einer Besprechung methodisch verantwortlich. Das heißt, Sie wählen die geeigneten Methoden und Übungen aus. Will jemand bei Übungen, wie sie zum Beispiel in Retrospektiven stattfinden können, nicht mitmachen, dann sollte man diesen Kollegen natürlich nicht dazu zwingen. Schätzen Sie es wert, dass er gut auf seine Bedürfnisse achtet.

Versuchen Sie das Anliegen herauszufinden, das hinter der Verweigerung steht. Ist der Sinn der Übung nicht klar? Gibt es einen interpersonellen Konflikt? Hat der Kollege gerade andere Prioritäten wie einen dringenden Auftrag vom Chef oder eine private Herausforderung? Braucht er eine Pause? Möglicherweise hat die Person auch schon schlechte Erfahrungen mit Meetings, Übungen und deren Konsequenzen gemacht. Hier gilt es auf das eigene Gefühl zu achten und entsprechende Fragen zu stellen sowie Maßnahmen zu ergreifen. Im Folgenden werden Ihnen einige Möglichkeiten vorgestellt.

Erklären Sie zum Beispiel dem Übungen-Mitmach-Verweigerer, wozu Sie eine Intervention durchführen möchten. Meistens führt das dazu, dass er den Sinn versteht und sich zum Mitmachen entschließt.

In manchen Situationen ist es möglich, den Kollegen nach seiner Idee zu fragen, wie das Übungsziel auf andere Weise erreicht werden kann. Beim Ideensammeln macht es zum Beispiel für den Coach möglicherweise keinen Unterschied, ob mit Moderationskarten oder auf Zuruf gearbeitet wird. Sollte die Idee für Sie nicht passend erscheinen, dann lehnen Sie sie begründet ab.

Sie könnten dem Kollegen auch anbieten, bei der Übung zuzusehen und anschließend die Beobachtungen mit dem Team zu teilen. Das leistet einen wertvollen Beitrag für alle und ist auch ein Ansatz, wenn das Mitmachen zum Beispiel aus körperlichen Gründen nicht möglich ist.

Sollte nach allen Bemühungen kein Weg zur Kooperation gefunden werden, muss eine Entscheidung darüber getroffen werden, wie Sie weiter vorgehen möchten. Als interner Moderator oder Scrum Master ist es empfehlenswert, das Vier-Augen-Gespräch mit dem Kollegen zu suchen, um künftige Situationen dieser Art zu vermeiden. Die Wahrscheinlichkeit, dass es hier zwischenmenschliche Unstimmigkeiten gibt, ist groß.

»Was mache ich, wenn jemand ständig stört?«

Sie erinnern sich vielleicht noch an Abschnitt 4.1: Störungen haben immer Vorrang [Cohn 2009]. Fragen Sie den ständig Störenden nach seinem besonderen Anliegen. Störungen sind Versuche, auf sich aufmerksam zu machen. Er will Ihnen und dem Team irgendetwas mitteilen und hat noch keinen anderen Weg gefunden, das zu tun. Bieten Sie ihm also Raum und Gelegenheit, auszudrücken, was immer ihm in diesem Moment wichtig ist. Erst wenn das geschehen ist, steigt die Chance, dass auch dieser Kollege sich auf die Inhalte der Besprechung konzentrieren kann.

»Was mache ich, wenn schlechte Stimmung alle runterzieht?«

Mit einem Dauerredner, Schweiger oder Querulanten umzugehen ist also machbar. Doch was, wenn es nicht nur eine Person ist, die im Problem festhängt, sondern scheinbar alle Anwesenden von schlechter Stimmung ergriffen sind? Was, wenn die schönste lösungsfokussierte Intervention nicht funktioniert, weil nach wenigen Minuten wieder jemand in Problemsprache verfällt und andere sofort mit einstimmen?

Vermutlich ist irgendetwas vorgefallen, das die ganze Gruppe – oder zumindest Teile davon – sehr beschäftigt. Vielleicht hat sich auch über längere Zeit eine Kultur des Jammerns etabliert, die schwer loszuwerden ist.

In solchen Fällen braucht es zunächst Platz und Gelegenheit, den aufgestauten Frust rauszulassen. Wir stellen Ihnen hier zwei unserer Lieblingsinterventionen für derlei heikle Momente vor. Bitte wenden Sie diese nur im Notfall an, damit die Gruppe wieder arbeitsfähig wird. Danach empfehlen wir, mit lösungs- und ressourcenorientierten Tools weiterzuarbeiten.

Praxistipp: Mist-Runde

Wir waren mit der Aufgabe betraut, das abschließende Modul mit einer Ausbildungsgruppe zu gestalten, die am Ende einer zweijährigen Führungskräfte-Ausbildung stand. Es sollte ein Gruppencoaching moderiert werden. Ziel des Auftrags war es, die Inhalte des Lehrgangs zu reflektieren, Umsetzungspläne zu schmieden und das Netzwerk für künftige Zusammenarbeit zu festigen. Schon nach der Startrunde war uns bewusst, dass in dieser Gruppe Frust, Unzufriedenheit und Problemfokus vorherrschte. Die verwendete Sprache zwischen den Teilnehmern war wenig wertschätzend und unsere lösungsfokussierten Interventionsversuche zeigten nur kurzfristige Wirksamkeit. In der Mittagspause wendete sich eine Teilnehmerin an uns, die sich für das Verhalten der anderen Gruppenmitglieder entschuldigte. Sie versicherte, dass es nicht an uns lag, sondern dass die Art der Kommunikation sich schon seit Beginn des Lehrgangs so verankert hatte. Und sie flehte uns an, etwas gegen die schlechte Stimmung zu unternehmen, weil sie es nicht mehr aushielt. Einer ihrer Kollegen kam dazu und pflichtete ihr bei.

→

Wir überlegten kurz und beschlossen, ein Experiment zu wagen: Nach der Mittagspause – es war ein nebelverhangener Tag mit leichtem Nieselregen – baten wir die Gruppe, mit uns vor die Tür in den Garten zu kommen. Die zwölf Teilnehmer folgten uns – mit verunsichertem Blick und nur zum Teil mit Jacken ausgerüstet – in Richtung Terrassentür. Draußen bildeten wir einen Kreis im Stehen. Veronika nahm ihr Mobiltelefon zur Hand, um die Stoppuhren-Funktion zu nutzen, und Ralph hielt die folgende Ansprache:

»Wir haben heute Vormittag gelernt, dass ihr mit vielen Aspekten des Lehrgangs und eurer Organisation unzufrieden seid. Und deshalb werden wir euch hier und jetzt die Gelegenheit geben, eurem Unmut so richtig Luft zu machen. Wir möchten wirklich jede Stimme hören. Und daher bitten wir eine Person nach der anderen, so wie ihr steht, zu sprechen, ohne einander zu unterbrechen. Du erhältst eine Minute Redezeit, um alles loszuwerden, was dich bedrückt. Wenn die Zeit abgelaufen ist, hebt Veronika die Hand. Das ist das Zeichen dafür, dass du deine Ausführungen beenden mögest. Wir anderen stampfen fest mit dem Fuß auf und schreien so laut wie möglich ›Mist!‹. Danach ist die nächste Person an der Reihe – so lange, bis alle dran waren.«

Nach wenigen Momenten des Schweigens meldete sich ein Teilnehmer. Es lag viel Emotion in seiner Rede und etwa 40 Sekunden später hatte er gesagt, was ihm wichtig war. Veronika deutete ihm an, dass er fortsetzen möge, bis die Zeit abgelaufen war. Er ergänzte zwei Aspekte – mit deutlich geringerer Erregung als zu Beginn –, bis Veronika ihre Hand hob und alle laut »Mist« brüllten. Die Gruppe lachte. Dann war das nächste Gruppenmitglied an der Reihe. Bereits die vierte Person schaffte es nicht mehr, eine ganze Minute mit ihrem Ärger zu füllen. Und ab der sechsten gab es kaum noch Ergänzungen. Wir mussten oft schon nach einigen Sekunden abbrechen. Alle antworteten auf Veronikas Zeichen mit einem gelangweilten »Mist«. Danach kehrten wir in den Seminarraum zurück und die Teilnehmer notierten auf Moderationskarten, was aus ihrer Sicht erstrebenswerte Veränderungen wären. Damit hatten wir eine nutzbare Arbeitsbasis für die restlichen eineinhalb Tage und deutlich bessere Stimmung.

Zwei Komponenten gilt es hier als hilfreiche Empfehlungen hervorzuheben: Verlassen Sie mit dem Team den Lösungsraum – das ist jener Raum, in dem Lösungen entwickelt werden –, um übermäßigen Unmut loszuwerden. Kehren Sie anschließend in diese »reine« Umgebung zurück. Sie erleichtern sich dadurch die weitere Arbeit enorm. Der zweite Tipp bezieht sich auf die Zeitbeschränkung. Geben Sie eine klare Zeitangabe vor, auf die sich die Teilnehmer mit ihrer Rede zu beschränken haben, und bestehen Sie streng auf deren Einhaltung. So vermeiden Sie Diskussionen und Ausschweifungen und erhalten stattdessen auf den Punkt gebrachte Aussagen.

Eine weitere Möglichkeit, Unmut aus dem Lösungsraum zu bringen, ist die Idee des Ärger-Spaziergangs. Wir haben diese Intervention bei John Brooker in einem Workshop bei der SOLworld-CEE-Konferenz 2013 in Ungarn kennengelernt. Seitdem wenden wir sie immer wieder gerne an.

Praxistipp: Ärger-Spaziergang

Manchmal gibt es zu einem Thema viele negative Emotionen im Team. In solchen Fällen besteht die Gefahr, dass lange Problemdiskussionen ein Vorwärtskommen verhindern. Bei dieser Intervention schicken Sie die Teilnehmer paarweise und mit der folgenden Anmoderation aus dem Raum:

»Ich bitte euch, mit einer Stoppuhr ausgerüstet, zu zweit spazieren zu gehen. Marschiert für drei Minuten in eine Richtung. Danach kehrt ihr um und geht denselben Weg wieder drei Minuten lang zurück. Auf dem Hinweg soll sich eine Person alles von der Seele reden, was sie in Zusammenhang mit dem Thema belastet. Der Partner hört dabei zu, ohne zu sprechen. Beim Rückweg ist es dann umgekehrt. Wenn ihr zurückkommt, findet ihr zwei Moderationskarten auf euren Stühlen. Nehmt euch bitte Zeit, in Stille zu notieren, was ihr euch wünscht. Mit diesen Karten werden wir anschließend weiterarbeiten.«

Während die Paare ihrer Aufgabe nachgehen, bereiten Sie ein Flipchart vor, auf dem die Arbeitsanweisung für die Minuten nach der Rückkehr noch einmal formuliert ist. Legen Sie zwei Moderationskarten und einen Stift auf jeden Platz. Bitten Sie die zurückkehrenden Teilnehmenden – falls nötig – um Ruhe, damit die Wünsche mit Konzentration aufgeschrieben werden können.

Viele Einwände zeugen von intensivem Nachdenken. Bedienen Sie sich zum Beispiel der Methode aus dem folgenden Abschnitt zur Einwandbehandlung. *Querulanten*, was immer damit gemeint sein soll, gibt es im lösungsfokussierten Arbeiten nicht, denn jeder ist Experte seiner Situation.

8.1.4 Entscheidungen treffen

Bei unserer Arbeit mit Teams bedienen wir uns, neben der demokratischen Abstimmung (dem Mehrheitsprinzip), auch immer wieder dreier weiterer Methoden, um Entscheidungen zu treffen. Eine davon ist das systemische Konsensieren [Visotschnig+ 2016], die zweite der soziokratische Konsent [Strauch & Reijmer 2016, S. 65 ff.]. Eine dritte Methode, um Entscheidungen zu treffen, ist die Tetralemma-Aufstellung [Sparrer & Varga von Kibéd 2009].

Das systemische Konsensieren

Beim systemischen Konsensieren geht es darum, die Lösung mit dem geringsten Widerstand zu ermitteln. Dazu werden alle bekannten Optionen aufgelistet, und jedes Teammitglied verteilt bis zu 10 Widerstandsstimmen je Option (10 bedeutet, ich bin absolut dagegen, und 0 bedeutet, ich habe keine Einwände, alle Werte dazwischen können ebenso gewählt werden). Jene Option mit dem geringsten Gruppenwiderstandswert gewinnt.

Dieses Vorgehen wirkt auf den ersten Blick wenig lösungsfokussiert – bei genauerer Betrachtung ist es das sehr wohl: Im Hinblick auf das Ziel, dass beispielsweise möglichst alle Kollegen zu einem Ausflug mitkommen, ist die Option mit dem geringsten Widerstand jene, die am ehesten dazu führen kann, dass es klappt.

Im folgenden Beispiel möchte ein Team über die zu verwendende Programmiersprache mittels systemischen Konsensierens entscheiden:

	Java	Ruby	C#	Scala	C++
Heinz	3	9	2	7	0
Birgit	2	7	5	0	4
Klaus	0	2	3	10	2
Franziska	4	0	5	5	5
SUMME	9	18	15	22	11

Wie Sie aus der Tabelle ablesen können, erhält hier die Programmiersprache Java den Vorzug, da es dafür die wenigsten Widerstandsstimmen gibt. Sollte ein Teammitglied mit hohem Einzelwert durch das Konsensieren überstimmt werden, dann empfehlen wir, zusätzlich die Einwandbehandlung aus dem soziokratischen Konsent anzuschließen. Hinter dem vermeintlichen Widerstand steckt nämlich eine wichtige Information, die unbedingt aufgegriffen und genutzt werden sollte.

Der soziokratische Konsent

Beim soziokratischen Konsent-Entscheid geht es darum, nach einer passenden Lösung für alle zu suchen. »Konsent« bedeutet, es gibt keinen schwerwiegenden und argumentierten Einwand gegen einen Beschlussvorschlag [Rüther 2010]. Jeder geäußerte Einwand wird als hilfreiche Information verstanden und daher wertgeschätzt. Der jeweilige Einwandgeber arbeitet aktiv an der Findung einer neuen, Einwand-freien Lösung mit.

In unserer Praxis sieht der Ablauf meist folgendermaßen aus: Ein Teammitglied stellt einen Antrag oder bringt einen Vorschlag zum Entscheid ein. Jeder im Team darf nun Verständnis- bzw. Klärungsfragen stellen, die der Antragsteller kurz beantwortet. Wir fragen danach: »Seid ihr bereit, über den Antrag abzustimmen?« Bei positiver Resonanz findet dann die Abstimmung mittels Handzeichen statt.

Wir nutzen dafür folgende Zeichen: Wird der Daumen nach oben gezeigt, heißt das: *Ich bin dafür! Ein ausgestreckter Arm mit offener Handfläche nach oben bedeutet:* Was auch immer ihr entscheidet, *ich trage die Entscheidung mit!* Und zeigt ein Daumen nach unten, ist damit gemeint: *Ich bin dagegen!*

Nur, wenn mindestens die Hälfte der Daumen nach oben zeigen und alle anderen die Entscheidung mittragen (also offene Handflächen nach oben), kommt die betreffende Aktion in dieser Form auf den Aktionsplan. Jeder nach unten gerichtete Daumen unterbindet wirksam die Annahme der Idee. Nehmen

Sie jede *Dagegen-Entscheidung* daher unbedingt ernst und wertschätzen Sie den Mut, dass hier Stellung bezogen wird. Durch gezielte Fragestellungen können Sie Ihre Wertschätzung ausdrücken, wertvolle Informationen erhalten und möglicherweise wichtige Anpassungen durchführen:

- »Was siehst du, was wir noch nicht gesehen haben?«
- »Wovor möchtest du uns warnen?«
- »Was müsste anders sein, damit du die Idee unterstützen kannst?«

Erinnern Sie sich – versuchen Sie davon auszugehen, dass jeder eine nachvollziehbare Absicht als Grundlage seiner Handlungen hat. Es ist wichtig, diese Absicht herauszufinden und für das Team nutzbar zu machen.

Wir setzen für jede Entscheidungsfindung eine Timebox von sieben Minuten. Diese Zeitspanne ist eine willkürliche Festlegung, die sich in unserer Praxis bewährt hat. Wir möchten damit die Diskussionen fokussieren. Nach Ablauf der sieben Minuten kann kurz entschieden werden, ob der Entscheid vertagt wird, um weitere Informationen zu sammeln, oder ob eine weitere Timebox dafür aufgewendet werden soll.

Das Tetralemma

Bei der Tetralemma-Aufstellung werden aus zwei Optionen fünf gemacht. Zu den Wahlmöglichkeiten A (das Eine) und B (das Andere) gesellen sich die drei Möglichkeiten Weder-noch (Nicht A und Nicht B), Beides (A und B) sowie das Ganz-Andere (All dies nicht und selbst das nicht). Das Team begibt sich gemeinsam in alle fünf Positionen, um dort zu sehen, was jede dieser Optionen im Kontext bedeutet.

Das Format folgt den Prinzipien der Systemischen Strukturaufstellung [Sparrer & Varga von Kibéd 2009]. Für die Darstellung der fünf Möglichkeiten werden sogenannte Bodenanker genutzt. Das sind oft Moderationskarten, die mit den einzelnen Positionen beschriftet sind. Sie werden für die Dauer der Intervention, wie in der Grafik dargestellt, am Boden platziert. Für den Start und das Ende der Übung ist zusätzlich die Metaposition als weiterer Bodenanker vorgesehen.

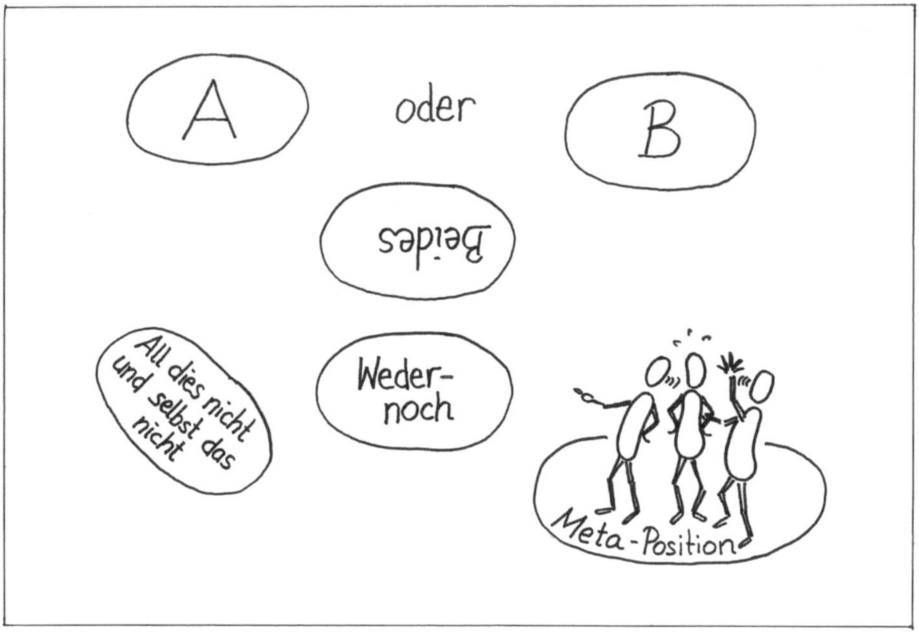

Das Team begibt sich zunächst gemeinsam auf die Metaposition. Der Ablauf wird erklärt und anschließend bewegen sich alle auf die Position »A«. Dort angekommen, versetzt sich das Team gedanklich in die Lage, sich für »A« tatsächlich entschieden zu haben, und schildert gemeinsam, wie das Leben nach dieser Entscheidung aussieht. Als Moderator unterstützen Sie mit passenden Fragen:

- »Ihr habt euch also nun dafür entschieden, Variante A zu wählen. Was bedeutet diese Entscheidung für euch als Team?«
- »Welche Auswirkungen hat sie für dich ganz persönlich?«
- »Welche Vorteile hat diese Entscheidung?«
- »Welche Risiken seid ihr nun eingegangen?«
- »Was wird durch diese Entscheidung für euch möglich?«
- »Was könnt ihr noch über das Leben nach dieser Entscheidung berichten?«

Wenn möglichst viele Details mündlich gesammelt sind, bitten Sie das Team, diese Position zu verlassen, sich ein wenig im Raum zu bewegen und die Vorstellung, diese Entscheidung getroffen zu haben, abzuschütteln. Diesen Vorgang nennen wir »Entrollen«. Gerne kann auch ein Schluck Wasser genommen werden, um das Entrollen zu erleichtern.

Danach bitten Sie das Team, die Position »B« aufzusuchen. Dort gehen Sie genauso vor wie auf der ersten Position. Es folgen nacheinander die Positionen »Beides« – mit Blick zu »A« und »B« –, »Weder-noch« – mit »A« und »B« im Rücken – und »All dies nicht und selbst das nicht« – am besten mit Fernblick aus dem Fenster. Fühlt sich das Team in einer Position sichtlich unwohl, dann entlassen Sie es rasch wieder von dort. Unangenehme Situationen sollten so kurz wie möglich ausfallen.

Achten Sie darauf, dass alle Meinungen und jede Aussage ernst genommen werden. Natürlich kann und wird auch Lachen an manchen Stellen vorkommen – das ist ein gutes Zeichen und gehört dazu. Sie werden beobachten, dass sich in den einzelnen Positionen neben vielen kreativen Ideen auch so etwas wie ein Teamgefühl auf den Positionen entwickelt. Die Körpersprachen, die Stimmlagen, die Blickrichtungen der Teammitglieder verraten viel darüber. Sollte es passieren, dass bei einer Position – auch nach längerem zuversichtlichem Warten – nur ratlose Blicke ausgetauscht werden, entlassen Sie das Team aus dieser Position.

Am Ende bitten Sie alle Teilnehmenden, wieder die Metaposition einzunehmen. Reflektieren Sie gemeinsam von dort aus, welche Position am positivsten wahrgenommen wurde. Meist ist es nun ein Leichtes für das Team, auf Basis des Erlebten eine gemeinsame Entscheidung zu treffen.

8.1.5 Einwandbehandlung

Auch Einwände von Meetingteilnehmern sind Angebote zur Kooperation. Die Teammitglieder offenbaren einen inneren Zwiespalt und bitten den Moderator um Unterstützung bei der Auflösung.

Eine bereits vorgestellte Möglichkeit besteht darin, den Einwandgeber zu fragen: »Was siehst du, was die anderen im Team noch nicht sehen?« Oder: »Was weißt du, was deine Kollegen möglicherweise noch nicht wissen?« Dadurch werden er und sein Beitrag ernst genommen und weitere Informationen integriert.

[Besser 2010, S. 60 ff.] bietet einen weiteren Ansatz, der den Einwandgeber als Experten wertschätzt und gleichzeitig das gesamte Team zur Mitarbeit am Einwand einlädt:

- Laden Sie gleich von Anfang an jeden dazu ein, Einwände kundzutun.
- Wenn ein Einwand kommt, dann wiederholen Sie den Einwand. Sie können ihn auch auf einem Flipchart festhalten. So wandert die Aufmerksamkeit vom Einwandgeber zu Ihnen.
- Laden Sie nun jeden Teilnehmer ein, Hypothesen zur positiven Absicht hinter dem Einwand zu formulieren. Achten Sie darauf, dass diese Hypothesen positiv formuliert werden. Fragen Sie also bei negativen Formulierungen nach, was das stattdessen sein könnte. Der Einwandgeber sowie auch die anderen Teammitglieder werden in diesem Schritt gebeten, die jeweiligen Hypothesen nur anzuhören.

- Lassen Sie vom Einwandgeber eine der Hypothesen auswählen, die am besten zu seiner positiven Absicht für den Einwand passt.
- Laden Sie nun das Team ein, Angebote zu machen, wie die Erfüllung dieser Absicht anderweitig zu ermöglichen ist. Auch hier ist es wichtig, dass die Ideen nicht bewertet, sondern von allen nur angehört werden.
- Lassen Sie den Einwandgeber passende Angebote auswählen. Er braucht seine Auswahl nicht zu begründen. Sie können ihn anschließend fragen, ob die positive Absicht mit der Auswahl angemessen berücksichtigt wurde.
- Es gibt keine weitere Reflexion, damit der Einwandgeber in keinen Zwang zur Begründung kommt und somit die Wahlfreiheit gegeben bleibt.

Praxisbeispiel zum Thema »Einwandbehandlung«

Sie erzählen gerade begeistert von testgetriebener Entwicklung (TDD) und welche Vorteile dieses Vorgehen für das Team hätte. Da sagt plötzlich Thom, ein Teammitglied: »Ja, aber das geht bei uns nicht.« Nun könnten Sie oder andere im Team versuchen, Thom zu überzeugen, doch zuzustimmen. Oder Sie nehmen seinen Einwand ernst und gehen darauf wertschätzend ein.

Sie könnten dann beispielsweise sagen: »Danke, Thom, für deinen Einwand. Du meinst also, TDD geht bei euch nicht?« Und weiter, sich an das Team wendend: »Liebes Team, welche positive Absicht kann Thom mit diesem Einwand möglicherweise haben? Thom, bitte höre zunächst nur zu. Ich werde dich anschließend dazu um deine Einschätzung bitten.«

»Er möchte darauf hinweisen, dass wir die Erfahrung noch nicht haben«, könnte Franz, ein Teammitglied, einwerfen. »Er möchte vielleicht darauf hinweisen, dass die Zeit zu knapp ist, um TDD jetzt zu lernen«, könnte Martin, ein weiterer Kollege, anmerken. Und so kämen viele Ideen auf den Tisch, was Thom mit seinem Einwand bezwecken könnte.

Sie würden anschließend fragen: »Thom, welche der Hypothesen passt am besten zu deiner Absicht?« Und Thom würde vielleicht sagen: »Mich beunruhigt der Zeitaspekt. Ich möchte doch, dass wir unsere Features für den Kunden zeitgerecht fertigstellen.«

Nun kann das Team eingeladen werden, Angebote zu generieren, wie diese Absicht erfüllt werden kann: »Welche Ideen habt ihr, wie die Features trotzdem zeitgerecht fertiggestellt werden können?« Jedes Teammitglied bietet nun seine Vorschläge dazu an.

Anschließend können Sie Thom noch fragen: »Was davon passt für dich? Du brauchst deine Antwort auch nicht zu begründen. Alle anderen möchte ich bitten, Thom ohne weitere Kommentare zuzuhören.«

8.1.6 Arbeiten mit großen Gruppen

Meetings mit großen Gruppen bedürfen zusätzlicher Aufmerksamkeit in der Planung und Durchführung. Hier können Sie beim Ablauf meist weniger flexibel reagieren, da zu viele Bedürfnisse berücksichtigt werden müssten.

Das bedeutet, dass Sie das Meeting stärker führen müssen als bei der Arbeit mit kleineren Gruppen. Schaffen und kommunizieren Sie einen klaren Ordnungsrahmen und achten Sie darauf, dass dieser so weit wie möglich von den Teilnehmern eingehalten wird. Sollte doch jemand den Rahmen nicht akzeptieren wollen, so bitten Sie denjenigen, im Interesse aller auf die Einhaltung zu achten – wenn das für die betreffende Person möglich ist.

Rechnen Sie vor allem bei Gruppenarbeiten mit erhöhter Arbeitslautstärke. Planen Sie in den Ablauf kleine Zeitpuffer ein, da es ein wenig dauern kann, bis die Gruppe leise genug ist, sodass Sie mit der Moderation fortfahren können, und halten Sie die jeweils vorgesehene Dauer der einzelnen Übungen möglichst genau ein.

Erläutern Sie Ihre Agenda am Anfang, sodass die Teilnehmer auch Sicherheit bezüglich der Pausen haben. Das erleichtert das Einhalten des Ordnungsrahmens für alle – solange Sie sich an Ihre Agenda auch tatsächlich halten.

Beim Arbeiten ist es empfehlenswert, immer wieder zwischen Gruppenarbeiten, Paarübungen und Arbeiten im Plenum abzuwechseln. Für die Gruppenarbeiten ist vorab zu überlegen, ob man die Mitglieder der Teilteams absichtlich vermischt oder in ihren angestammten Teilteams belässt. Das hängt von den jeweiligen Zielen des Meetings und jenen der einzelnen Übungen ab.

8.2 Vorbereitung von Meetings

Bei der Vorbereitung eines Meetings oder einer persönlichen Besprechung ist vieles zu beachten. Die folgende Checkliste soll Ihnen bei Bedarf hilfreich zur Seite stehen – auch wenn einiges davon nicht explizit lösungsfokussiert ist:

- Was ist das Thema?
- Welches konkrete Ziel soll erreicht werden? Und wozu?
- Wer sind die relevanten Beteiligten? Welche Stärken und Ressourcen bringen sie jeweils mit, die dabei helfen werden, das Ziel zu erreichen?
- Wie viele Personen sollen dabei sein? (Hinweis: Bei mehr als acht Beteiligten braucht es für gewöhnlich einen eigenen Moderator.)
- Welche Rollen gibt es zu besetzen? (Moderator, Inputbringer, Protokollschreiber, ...)
- Wer kann welche Rolle übernehmen? Sprechen Sie diese Personen persönlich und rechtzeitig an.

- Wie viel Platz wird benötigt?
- Wo kann die Besprechung stattfinden? (Inhouse oder doch lieber extern?)
- Abhängig vom Ziel des Meetings ist auch auf die geeignete Raumwahl, die Ausstattung und die Sitzordnung zu achten.
- Benötigen Sie einen Stuhlkreis, Tischgruppen oder einen gemeinsamen Tisch für alle?
- Stellt das Mobiliar ein Hindernis für die Kommunikation dar oder fördert es diese? Ist es möglich, dass die Anwesenden spontan in Kleingruppen arbeiten könnten?
- Gibt es genügend Möglichkeiten, um Ideen festhalten zu können?
- Benötigt jeder einen Laptop oder reicht es, wenn nur einer im Raum ist, falls man Informationen nachschlagen möchte?
- Welche Materialen benötigen Sie (z.B. Flipchart, Pinnwände, Stifte, Moderationskarten)? Sollen Getränke zur Verfügung stehen?
- Bei großen Gruppen: Gibt es zusätzliche Räume für Gruppenarbeiten – oder müssen alle Personen im selben Raum bleiben?
- Wie viel Zeit muss eingeplant werden?
- Wann kann die Besprechung stattfinden? (In der Dienstzeit? An welchem Wochentag? Eher morgens, mittags, nachmittags?)
- Laden Sie die Teilnehmer unbedingt rechtzeitig und – wenn möglich – persönlich ein! (Bei Scrum-Teams empfiehlt es sich, außerordentliche Meetings mindestens im Sprint davor bekannt zu geben, damit das Team diese in seiner Sprint-Planung berücksichtigen kann.)
- Teilen Sie das Ziel und den erhofften Nutzen der Besprechung in der Einladung, die Sie verschicken, mit. Legen Sie auch eine Agenda bei und bitten Sie, bis zu einem vordefinierten Zeitpunkt um etwaige Ergänzungen.
- Versenden Sie die endgültige Agenda mindestens drei Tage vor dem Termin.
- Bereiten Sie die Rahmenbedingungen auf einem Plakat vor, das dann für alle sichtbar im Besprechungsraum angebracht wird (Beginn, Pausen, Ende, Umgang mit Nebenthemen, die nicht auf der Agenda stehen – Fragenspeicher, Entscheidungsregeln ...).

8.3 Das Planungsmeeting

Das Ziel eines Planungsmeetings ist es zu vereinbaren, was bis zum Ende des nächsten Entwicklungszyklus, zum Beispiel eines Sprint, entwickelt wird. Bei vielen Teams wird in diesem Meeting zusätzlich geklärt, wie das Ziel im Detail erreicht werden kann.

Bei Scrum gibt es eine geordnete Liste von Anforderungen, das sogenannte Product Backlog. Für jede darin enthaltene Aufgabe wurde der Umsetzungsaufwand vom Team geschätzt. Dieses Product Backlog dient als Ausgangpunkt für das Planungsmeeting. Jeder dort enthaltene Eintrag sollte gemeinsam vereinbarten Kriterien entsprechen, der sogenannten Definition of Ready (DoR) [AgileAlliance 2014].

Die Lösungspyramide im Planungsmeeting

Im Folgenden geht es um die Anwendung der Lösungspyramide auf ein Planungsmeeting. Viele Inhalte ähneln denen des Scrum Guide [Schwaber & Sutherland 2017, S. 10]. Allerdings gibt es auch beabsichtigte Abweichungen in die lösungsfokussierte Richtung.

Zu Beginn des Meetings geht der Produktverantwortliche – bei Scrum ist dies der Product Owner – kurz auf die Produktvision und den aktuellen Stand der Entwicklung ein. Dabei bezieht er sich auch auf neueste Entwicklungen am Markt und deren Auswirkungen auf die eigene Produktentwicklung. Hier hat er zudem Gelegenheit, dem Team für die bisherige Arbeit zu danken, falls im Reviewmeeting die Gelegenheit dazu nicht genutzt wurde.

Dann wird geklärt, worum es in diesem Planungsmeeting gehen soll. Welches Ziel möchten wir bis zum xx.xx.xxxx erreichen? Wozu möchten wir dieses Ziel erreichen? Welche Auswirkungen würde das Erreichen des Ziels haben? Welche weiteren Hintergrundinformationen gibt es, die relevant sind? Gemeinsam erarbeiten alle Beteiligten ein Verständnis der zukünftigen Arbeitsinhalte. Nur wenn alle Teammitglieder den Sinn der Aufgabe auch erkennen, werden sie die volle Leistung entfalten können. Am Ende dieses Abschnitts entscheidet das Team gemeinsam über das nächste (kleine) Entwicklungsziel. Dabei können die folgenden Fragen hilfreich sein:

- »Was werden wir bis zum xx.xx.xxxx erreicht haben?«
- »Woran wird der Kunde/Product Owner erkennen, dass wir erfolgreich gearbeitet haben?«
- »Was werden Kunden nutzen können? Wie werden sie dies nutzen können?«
- »Was wäre die schönste Rückmeldung, die wir im Reviewmeeting erhalten könnten?«

Es kann vorteilhaft sein, wenn das Team sich nun explizit vergegenwärtigt, was schon alles vorhanden ist, um das Ziel zu erreichen. Worauf kann man aufbauen? Mit wem kann man kooperieren? Welche Hilfe kann man bekommen? Diese Information kann dann bei der späteren Auswahl der Backlog-Einträge nützlich sein. Manchmal wird an dieser Stelle auch erkannt, dass ein Backlog-Eintrag hinzugefügt werden muss. Es bietet sich nun auch an zu klären, inwieweit die Teammitglieder verfügbar sein werden.

Basierend auf dem (Sprint-)Ziel wählt das Team die passenden Anforderungen – bei Scrum *Product Backlog-Einträge* genannt – aus und bestimmt so die nächsten Schritte zur Zielerreichung. Dazu empfiehlt es sich, dass jedem einzelnen Eintrag von jeder Person im Team per Konsent-Entscheid (vgl. Abschnitt 8.1.4) zugestimmt wird. Wenn alle dafür sind oder wenn die Mehrheit dafür ist und nur ein oder zwei Teammitglieder sagen, dass sie sich der Mehrheit anschließen, dann wird der Backlog-Eintrag für den kommenden Zyklus/Sprint ausgewählt.

Sollte nur eine einzige Person dagegen stimmen, wird der Eintrag nicht übernommen. Beim ersten *Dagegen* wäre eine Frage sinnvoll wie:

- »Was müsste anders sein, damit du dich für diesen Backlog-Eintrag entscheiden könntest?«

Dadurch erfahren Sie, welche Bedenken noch bestehen, um anschließend gemeinsam eine Lösung finden zu können. Wenn das Team sich etwas herausfordern möchte, wäre auch die Frage denkbar:

- »Angenommen, wir würden noch eine Story mehr schaffen, was müssten wir dann anders machen bzw. was bräuchten wir dafür?«

Sobald die Teammitglieder darin übereinstimmen, dass sie keine weiteren Einträge mehr übernehmen werden, folgt eine letzte Prüfung des Ergebnisses, um das Commitment zu erhöhen und letzte Zweifel auszuräumen. Dafür können die bekannten Zuversichtsfragen aus Abschnitt 3.2.1 genutzt werden:

- »Auf einer Skala von 0 bis 10: Wie zuversichtlich sind wir, dass wir den Plan erfüllen werden?«
- »Was würde uns gegebenenfalls noch zuversichtlicher machen?«

Nun hat sich das Team eine gemeinsam entschiedene Arbeitsliste bezüglich dessen, *was* geleistet wird, erarbeitet. Der Produktverantwortliche sollte sich nun darauf verlassen können, dass die entsprechende Produkterweiterung auch geliefert wird. Oft – und dies ist empfehlenswert – setzt sich das Team anschließend zusammen und bespricht, *wie* das Ziel im Detail erreicht werden kann.

Umsetzungsplanung

Das Team arbeitet mal in Kleingruppen und dann wieder gemeinsam, um die Umsetzung zu planen. Die zentralen Fragen hier sind:

- »Wie können wir das erreichen, was wir dem Product Owner versprochen haben?«
- »Wie können alle zum Sprint-Erfolg beitragen?«
- »Worauf können wir aufbauen und was benötigen wir noch?«

Dabei überprüft das Team immer wieder, ob alle Punkte der *Definition of Done* und die Erkenntnisse der letzten Retrospektive(n) berücksichtigt werden. Am Ende der Umsetzungsplanung folgt wieder die Zuversichtsfrage, um versteckte Hindernisse und Bedenken aufzudecken und erste Schritte zur Steigerung der Zuversicht zu erarbeiten. Das Ergebnis ist ein detailliertes und operables (Sprint) Backlog. Bei Scrum wurde die Umsetzungsplanung früher übrigens *Sprint Planning II* genannt.

Kontinuierliche Verbesserung des Planungsmeetings

Jedes Meeting sollte mit Fragen nach der Zufriedenheit mit dem Ablauf und nach Ideen zu möglichen Verbesserungen beendet werden. Das Planungsmeeting benötigt viel Vorbereitung. Daher ist es wichtig, schon gleich nach dem Meeting Verbesserungen für das nächste Mal zu identifizieren:

- »Was ist im heutigen Planungsmeeting gut gelaufen?«
- »Was hast du zum Gelingen beigetragen?«
- »Was könnten wir nächstes Mal eventuell anders machen?«

Dieses Vorgehen führt zu einer kontinuierlichen Verbesserung und damit zu mehr Effektivität und Effizienz und somit auch Zufriedenheit bei allen Beteiligten.

Praxistipp

Solch eine Kurzreflexion sollte maximal 15 Minuten in Anspruch nehmen.

Planungsmeetings im Großprojekt

Zu Planungsmeetings in Großprojekten wurde und wird einiges geschrieben [Larman & Vodde 2008; 2010; Pichler 2010; Eckstein 2012; Pichler 2013; Larman & Vodde 2015; Mathis 2018]. Im Folgenden sollen nur einige Gedanken zu diesem Thema kurz zusammengefasst werden. Ein lösungsfokussierter Dreh entsteht dann, wenn die Teammitglieder mit ihren Kompetenzen ausreichend eingebunden werden und die erfolgreiche Zukunft im Fokus steht. Die Besonderheit bei der Arbeit mit mehreren Teams ist, dass es ein Gesamtziel und daraus abgeleitete Teilziele gibt. Somit sind die Schritte und die Zuversicht für jeweils beide Ziele zu betrachten – im jeweiligen Team und dann mit allen Beteiligten.

Praxisbeispiel zur »Zielkoordination«

»Da habe ich mal ein wundervolles Beispiel erlebt, als jemand mit Skalierung danach fragte, wie sicher sich die Teilprojektleiter sind, dass ihre Einzelziele und das Gesamtziel erreicht werden können. Während die Einzelzielerreichung jedem recht wahrscheinlich erschien, war das beim Gesamtziel nicht der Fall. Nun konnte der Fokus auf die Probleme wandern, die ‚zwischen' dem Gesamtziel unabhängig von den Teilzielen gefährlich werden könnten. War spannend.« (Rolf Dräther)

In Großprojekten ist es wichtig, dass alle involvierten Personen den Nutzen des zu entwickelnden Produkts kennen und an dessen Sinnhaftigkeit glauben, um motiviert zu arbeiten. Es bietet sich daher an, alle Beteiligten zusammen über diesen Nutzen und den geplanten nächsten Produktschritt zu informieren. Ein solches Informationstreffen erzeugt ein Gefühl der Zugehörigkeit und der Gemeinschaft bei allen Mitwirkenden. Schließlich wird gemeinsam etwas Wichtiges geschaffen. Der gesamtverantwortliche Product Owner stellt die nächsten Schritte auf der Produkt-Roadmap vor und erläutert, was er sich für den ersten Schritt wünscht und welchen Mehrwert dessen Umsetzung den Kunden bringen soll.

Nachdem die Gesamtaufgabe für alle klar und sinnvoll ist, kann in den Teilteams eine detailliertere Planung durchgeführt werden. Was dazu geklärt werden muss, ist, wie die Teilteams zu ihren jeweiligen Teilzielen kommen. Auch diese Frage ist gemeinschaftlich zu beantworten. In manchen Organisationen treffen beispielsweise die Product Owner der Teilteams in Zusammenarbeit mit Teammitgliedern eine Vorauswahl. Diese Vorauswahl sollte in der Gesamtgruppe allen vorgestellt werden, sodass alle Teilteams darüber informiert sind, mit welchem Ziel die anderen Teilteams arbeiten.

Die Detailpläne der Teilteams sollten im Anschluss an die Planung nochmals in der Großgruppe betrachtet werden, sodass eventuell noch versteckte Abhängigkeiten aufgedeckt und geklärt werden können. Hierzu bietet sich zum Beispiel ein »Gallery Walk«, erweitert um die Rolle eines Gastgebers, an, wie er im World Café [Brown+ 2001] vorkommt. Der Gastgeber ist ein Teilteammitglied, das bei den Planungsergebnissen des Teams bleibt, während seine Teammitglieder sich die Ergebnisse der anderen Teilteams ansehen. Er sollte in der Lage sein, Fragen zum Detailplan zu beantworten sowie Anregungen aufzunehmen und diese dem Team hinterher zurückzumelden.

Schließlich sollte die Zuversichtsfrage, bezogen auf die Teamziele und zusätzlich auf das Gesamtziel, an alle Anwesenden gestellt werden. Möglicherweise gibt es Bedenken und wertvolle Hinweise, die berücksichtigt werden können, um das Ziel tatsächlich zu erreichen.

8.4 Lösungsfokussierte Daily Standups

Wie kann sich ein Team täglich selbstständig koordinieren, damit alle Teammitglieder gemeinsam am selben Ziel arbeiten können? Und wie kann schnell auf Veränderungen reagiert werden? Dazu gibt es in den agilen Vorgehensmodellen ein täglich stattfindendes Meeting, das seit Mitte der 2000er Jahre als eine agile Kernpraktik angesehen wird [AgileAlliance 2013]. Dieses Meeting ist zeitbeschränkt und findet üblicherweise im Stehen statt.

Das Daily Standup Meeting dient der Teamkoordination. Dazu wird besprochen, was geschafft wurde, was geschafft werden soll und ob es Behinderungen auf dem Weg zur Zielerreichung gibt. Dabei sollte das Team mehr Zeit auf die Planung des bevorstehenden Tages verwenden als auf Beschreibungen der Vergangenheit.

Braucht es ein Standup Meeting?

Das Daily Standup ist oft ein erfolgreiches Mittel, um Teamkommunikation zu fördern. Manchmal halten Teammitglieder ein Daily Standup für überflüssig, weil sie sich aus ihrer Sicht ohnehin regelmäßig gut miteinander abstimmen oder eine solche Abstimmung nicht nötig haben. Ein lösungsfokussierter Coach nimmt diese Expertise der Teammitglieder ernst. Fragen wie »Wie stimmt ihr eure Arbeit ab?« und »Wie wisst ihr, wer heute woran arbeitet?« können das Verständnis für den Sinn des Standup erhöhen bzw. beim Erarbeiten von Alternativen hilfreich sein.

Manchmal braucht es sogar zwei tägliche Standups – eines am Morgen und eines am Abend. Ein solcher Umstand ist zum Beispiel dann gegeben, wenn Teammitglieder nicht jeden Tag anwesend sind. Am Morgen wird der Plan für den Tag erarbeitet und am Abend das Erreichte reflektiert.

Dieses Vorgehen hat einige Vorteile. Die direkten Auswirkungen der täglichen Anstrengungen werden sichtbar und können von allen anerkannt werden. Unser Gehirn freut sich darüber und das führt zu mehr Motivation und Leistungsbereitschaft [Hufnagl 2014]. Zusätzlich kann am nächsten Morgen direkt mit der Tagesplanung gestartet werden. Alle dazu notwendigen Informationen sind vorhanden, auch wenn mal ein Teammitglied abwesend sein sollte.

Personen- und aufgabenzentrierte Standups

Im Prinzip können zwei Arten von Standups unterschieden werden. In dem einen Fall stehen die Teammitglieder und dabei die Fragen *Was habe ich gestern erreicht? Was werde ich heute erledigen? Was behindert mich oder das Team?* im Mittelpunkt. Dies soll als personenzentriertes Vorgehen bezeichnet werden. Im anderen Fall stehen die jeweils zu erledigenden Aufgaben im Zentrum. Beginnend mit der wichtigsten offenen Aufgabe bespricht das Team, wie es heute weiter vorgehen wird und welche Arbeiten im Laufe des Tages abgeschlossen werden können. Diese Art soll als aufgabenzentriertes Standup bezeichnet werden.

Für den lösungsfokussierten Dreh empfiehlt es sich, kleine Änderungen und Ergänzungen zu den klassischen Fragen einzubauen. Beim personenzentrierten Vorgehen etwa könnten zu Beginn die folgenden Fragen sinnvoll sein:

- »Was hast du Relevantes geschafft? Worauf bist du stolz?«
- »Was hast du getan, das anderen geholfen hat?«
- »Was wirst du heute tun, damit das Team dem Ziel ein Stück näher kommt?«
- »Wie kannst du heute anderen behilflich sein?«
- »Was hast du schon und was brauchst du noch, um heute erfolgreich zu sein?«

Der Lösungsfokus entsteht durch die Konzentration auf Erreichtes und auf den eigenen Beitrag zum Teamerfolg. Auch das Bewusstmachen der vorhandenen Stärken und Ressourcen stärkt jedes Teammitglied.

Personenzentrierte Meetings sind dann hilfreicher, wenn es nur wenige Überschneidungen bei den zu erledigenden Aufgaben der einzelnen Personen gibt und es eher um Informationsaustausch als um Teamplanung geht. Allerdings führen solche Standups statt zur Abstimmung häufiger zu Status-Reporting, Rechtfertigungen und Entschuldigungsversuchen, wenn die vorgenommene Arbeit nicht geschafft wurde, sowie zu Mikromanagement [Mantsch 2014]. Dies lenkt dann vom eigentlichen Zweck des Meetings ab – nämlich der Planung des Tages.

Daher bietet sich, wann immer es möglich ist, die aufgabenzentrierte Vorgehensweise an. Sie stärkt das Team als Ganzes und hilft, auf die zu erledigende Arbeit zu fokussieren. Dazu geht das Team die offenen Aufgaben der Reihenfolge nach durch. In Anlehnung an die Lösungspyramide können folgende Fragen gestellt werden:

- »Was wurde bei der Aufgabe erreicht? Worauf sind wir stolz?«
- »Wer wird sich heute an der Lösung dieser Aufgabe beteiligen?«
- »Was wird heute dazu erreicht werden? Was bedeutet das für euch und für andere? Wird die Aufgabe möglicherweise abgeschlossen werden?«
- »Wer wird heute was tun, um die Aufgabe voranzubringen?«
- »Was habt ihr schon und was braucht ihr noch, um heute erfolgreich sein zu können?«

Hier entsteht der Lösungsfokus wiederum durch das Fokussieren auf Erreichtes, auf die vorhandenen Stärken und Fähigkeiten und die erfolgreiche Zukunft. Außerdem werden die Experten aktiv aufgefordert, sich bei der Erledigung der Aufgaben einzubringen.

Wo ein Wille ist, ist auch ein Weg ...

Manchmal gibt es Umstände, die ein gemeinsames Standup erschweren. Egal welche das sein mögen, fragen Sie die Teammitglieder nach ihren Ideen, wie das Standup trotzdem erfolgreich gestaltet werden kann. Auch an dieser Diskussion kann man sehen, ob die Teammitglieder den Sinn des Standup erkennen und entsprechend handeln wollen.

Praxisbeispiel zu »Wo ein Wille ist, ist auch ein Weg ...«

Helmut pendelt jeden Tag 150 km mit dem Zug zur Arbeitsstätte und zurück. Seine Reisezeit nutzt er als Arbeitszeit, weil er im Zug ungestört viele Aufgaben erledigen kann. Ein Daily Standup müsste sehr spät am Vormittag angesetzt werden, damit Helmut persönlich dabei sein kann. Eine Planungsphase sollte jedoch gleich zu Beginn des Arbeitstages stattfinden, damit sie Sinn ergibt. Helmuts Team hat daher – seine Reiseroute mit sämtlichen Tunnels bedenkend – das Meeting so angesetzt, dass er telefonisch während der ganzen Besprechung teilnehmen kann.

Was kann getan werden, wenn ...?

- Teammitglieder immer wieder zu spät kommen?
- die Diskussionen nicht enden wollen?
- das Meeting oft die 15 Minuten überschreitet?
- das Ziel, den Tag zu planen, nicht erreicht wird?

Ein lösungsfokussierter Coach begegnet jeder Situation mit der Überzeugung, dass jeder sein Bestes gibt und Experte seiner Situation ist. Deshalb wird er neugierig Fragen stellen, um das Team zu unterstützen:

- »Wenn ihr morgen pünktlich beginnt, wie werdet ihr das geschafft haben?«
- »Was braucht ihr, um täglich pünktlich zu beginnen?« (Oft ist eine Verschiebung um ein paar Minuten schon hilfreich.)
- »Welche positive Absicht steckt hinter euren Diskussionen? Was muss geklärt werden? Wie ist dies besser vorzubereiten?«

Die Erfahrung zeigt, dass die Durchführung eines Standup Meeting schwieriger wird, wenn im Planungsmeeting zuvor wichtige Punkte nicht ausdiskutiert wurden. Wenn beispielsweise eine Zusammenarbeit der Teammitglieder für die Erledigung der Aufgabe nicht notwendig ist, dann ist auch in Bezug auf die Kooperation im Team weniger im Standup zu klären. Daher sollte man bereits im Planungsmeeting auf Möglichkeiten zur Zusammenarbeit bei der Umsetzung achten.

Kontinuierliche Verbesserung des Daily Standup

Das Standup findet täglich statt. In Summe nimmt dieses Meeting die meiste Zeit im Sprint in Anspruch. Deshalb ist es wichtig, dass es sinnvoll gestaltet wird, sodass der erhoffte Nutzen erzielt werden kann. Um den optimalen Ablauf der Standups zu gewährleisten, bietet sich von Zeit zu Zeit eine Kurzreflexion am Ende eines solchen Meetings an.

Praxistipp – Standup-Kurzreflexion

»Auf einer Skala von 0 bis 5 (mit der Hand zuerst eine Faust und dann die fünf Finger zeigen), wobei 5 bedeutet, dies war das beste Daily Standup, das ich mir vorstellen kann, und 0 das Gegenteil davon:

Bitte überlegt, wie gut dieses Standup heute war. Auf mein Zeichen zeigt eine Hand mit eurer Einschätzung. Ready Steady Go!« Ralph bevorzugt diese Sport-Variante anstatt 1-2-3, da er glaubt, durch das Zählen schon das Ergebnis zu beeinflussen.

»Was hat funktioniert, dass ihr eine 1/2/3/4/5 gebt?« Fragen Sie jeden Teilnehmer, angefangen von der niedrigsten hin zur höchsten Bewertung.

»Was müsste noch besser funktionieren, damit ihr einen höheren Wert geben könntet?« Fragen Sie auch hier wieder jeden Teilnehmer – in der gleichen Reihenfolge wie zuvor. Nach einem Durchgang ist es ratsam, ein offenes »Und was noch?« in die Runde zu stellen, um weitere Ideen zu erhalten.

Fragen Sie anschließend: »Was davon möchtet ihr morgen anders machen?« Und direkt vor dem nächsten Standup: »Welche kleine Änderung wollt ihr heute ausprobieren?« Reflektieren Sie hinterher kurz – zum Beispiel in einer Timebox von 5 Minuten – mit dem Team, welchen Unterschied die Änderung gemacht hat und ob sie weiter beibehalten werden soll.

Teamübergreifende Abstimmung

Ähnlich der täglichen Koordinierung im Team sind auch teamübergreifende Absprachen hilfreich. Wie oft müssen sich Teilteams untereinander verständigen? Diese Frage sollten die Teilteams miteinander klären. Die Antwort hängt sowohl von der Dynamik in der Entwicklung als auch von den äußeren Umständen ab.

Im Scrum-Umfeld wurde das *Scrum of Scrums* [Sutherland 2001] entwickelt. Im Wesentlichen treffen sich dabei Delegierte der Scrum-Teams zum übergreifenden Austausch. Zur gegenseitigen Abstimmung könnten die Antworten auf folgende, teilweise lösungsfokussierte Fragen hilfreich sein:

- »Was haben wir im Teilteam erreicht? Worauf sind wir stolz?«
- »Was von dem Erreichten hat vermutlich Auswirkungen auf andere? Und welche Auswirkungen sind das?«
- »Welche Auswirkungen hatten die Arbeiten der anderen für uns?«

- »Wofür möchten wir uns bei anderen bedanken?«
- »Was möchten wir heute erreichen? Wozu? Wie unterstützt dies das Gesamtziel?«
- »Was würden wir von anderen benötigen?«
- »Welche gemeinschaftlichen Hindernisse müssten wir beseitigen?«
- »Wie zuversichtlich sind wir gemeinsam, dass wir das Gesamtziel erreichen? Was müssten wir ändern, damit wir etwas zuversichtlicher sein könnten?«

Mit dieser Form der Fragen wird die Gemeinschaft gestärkt und der Blick auf Lösungen gefördert.

8.5 Das Reviewmeeting

Das Ziel des Reviewmeetings ist es, für die weitere Produktentwicklung voneinander zu lernen. Wer möchte was von wem lernen?

Der Kunde möchte wissen, was erreicht wurde, ob die gewünschte Arbeit in seinem Sinne erledigt wurde und ob ein Produktinkrement ausgeliefert werden könnte. Der Kunde bzw. Product Owner interessiert sich dafür, welche Plananpassungen er aufgrund der geleisteten Arbeit durchführen muss. Das Team möchte lernen, ob die geleistete Arbeit im Sinne des Kunden ist. Gemeinsam möchten sie herausfinden, wie gut sie einander verstehen. Wenn der Kunde x sagt, versteht das Team dann y oder x oder X oder ...?

Richard Sheridan [Sheridan 2013, S. 75 ff.] beschreibt dieses Meeting als *Show and Tell*. Das Team stellt verbal kurz vor, was es seit dem letzten Planungsmeeting umgesetzt hat. Anstatt ihm die neuen Funktionalitäten vorzuführen, beobachtet das Team den Kunden beim Benutzen des Produkts mit den zusätzlichen Funktionen. Dadurch lernt das Team die Denkweise des Kunden besser zu verstehen, um in zukünftigen Sprints noch besser auf seine Bedürfnisse eingehen zu können.

Im Anschluss findet ein Gespräch über die neuen Funktionalitäten und deren Auswirkungen statt. Folgende Fragen könnte ein lösungsfokussierter Coach dazu im Reviewmeeting stellen:

- »Auf einer Skala von 0 bis 10, wobei 10 bedeutet, deine kühnsten Hoffnungen wurden erreicht, und 0 das Gegenteil davon: Wie bewertest du die Arbeit des Teams? Was hat aus deiner Sicht gut funktioniert? Um nur einen Punkt mehr vergeben zu können, was hättest du dir anders gewünscht?«
- »Wie zuversichtlich bist du auf einer Skala von 0 bis 10, dass dieses Team deinen Auftrag zu deiner Zufriedenheit erledigen wird? Was lässt dich so zuversichtlich sein? Was würde dich noch zuversichtlicher machen?«
- »Welche Auswirkungen haben die Ergebnisse für das weitere Vorgehen?«

- »Es ist im letzten Sprint viel schiefgegangen ... und was ist aus deiner Sicht trotzdem (ein wenig) gelungen?«
- »Was hast du (der Kunde) in diesem Review gelernt?«
- »Was habt ihr (das Team) in diesem Review gelernt?«

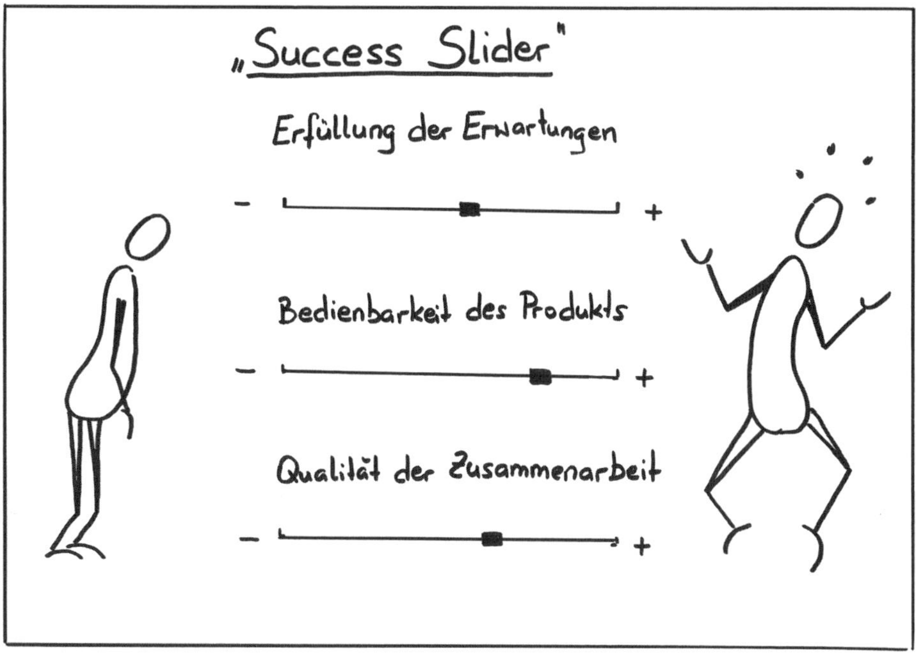

Um Zufriedenheit und Erwartungen zu visualisieren, kann auch eine Multiskalierung angewendet werden. Dazu einigen sich Kunde und Team auf eine Reihe von Erfolgsfaktoren für das Projekt, das Produkt und/oder die Zusammenarbeit. Solche Faktoren sind zum Beispiel Kundenzufriedenheit, äußere Qualität, innere Qualität oder auch angemessene Kommunikation. Diese Form der Multiskalierung ist im Projektmanagement auch als »Success Slider« [Thomsett 2002, S. 74 f.] bekannt. Basierend auf den Angaben kann dann nachgefragt werden, was es gebraucht hätte, um eine höhere Bewertung geben zu können.

Reviewmeetings im Großprojekt

Das Ziel eines Gesamt-Reviewmeetings ist es, Kunden über den aktuellen Entwicklungsstand zu informieren sowie die Teilteams zusammenzubringen, sodass wieder alle das Große-Ganze sehen können. Es handelt sich hier um eine fortlaufende Maßnahme zur Pflege der Projektkultur und der Motivation aller Beteiligten. Dauer und Häufigkeit von Gesamt-Reviewmeetings sind abhängig von der Dauer der Entwicklung, den Release-Terminen und der Größe des jeweiligen Teams.

Praxisbeispiel zum Nutzen von »Reviewmeetings im Großprojekt«

Bei einem Kundenprojekt wurde alle fünf Wochen ein Gesamtreview im Firmenfoyer durchgeführt. Dafür wurden die verschiedensten Kunden gleichzeitig dazu eingeladen, sich eine Vorführung der Software anzusehen. Für jedes Team war es interessant zu sehen, was die anderen Teams im letzten Reviewzyklus geschafft hatten. Teilweise konnten Ideen aus dem einen Teil der Software so in einen anderen Softwareteil übernommen werden. Das Feedback der Kunden war für die Teams großteils motivierend.

Praxistipp

Regelmäßige Inhouse-Messen bieten ebenfalls die Möglichkeit, dass sich alle Teams präsentieren. Dabei können neben den Produktergebnissen auch Entwicklungs- und Testumgebungen gezeigt sowie Tipps und Ideen ausgetauscht werden.

8.6 Die lösungsfokussierte Retrospektive

Das Ziel der meisten Retrospektiven ist es, innerhalb einer Gruppe nach Veränderungen für eine bessere Zukunft zu suchen. Trotzdem wird erfahrungsgemäß in Retrospektiven viel Zeit darauf verwendet, über die *schlechte* Vergangenheit zu diskutieren. Als Folge davon berichten Teilnehmende solcher Retrospektiven immer wieder von Frustration und Demotivation.

Der lösungsfokussierte Ansatz nach Steve de Shazer und Insoo Kim Berg fokussiert hingegen auf die *bessere* Zukunft. Dieser Ansatz bietet einen hilfreichen anderen Weg für die Durchführung von Retrospektiven.

Das Ziel von Team-Retrospektiven ist es,

- gemeinsam bessere Ergebnisse zu erreichen,
- Zusammenarbeit zu verbessern,
- Arbeitsweisen anzupassen, um erfolgreicher zu sein,
- Probleme ansprechen zu können.

Praxistipp

Darf ich als Scrum Master Themen in die Retrospektive einbringen?

Als Scrum Master sind Sie ein Teil des Scrum-Teams und somit für die kontinuierliche Verbesserung mitverantwortlich, so wie jedes andere Teammitglied auch. Deshalb dürfen, ja müssen Sie sogar Ihre Anliegen einbringen. Wenn Sie normalerweise die Rolle des Moderators in Retrospektiven innehaben, bitten Sie einen Kollegen aus einem anderen Team, die Moderation zu übernehmen, damit Sie sich ganz auf die Rolle »Teammitglied« konzentrieren können, wenn Sie Ihre Themen einbringen.

Prime Directive of Retrospectives (übersetzt von den Autoren)

»Unabhängig davon, was wir entdecken, verstehen wir und glauben wahrhaft daran, dass jeder das Beste gegeben hat, was er konnte, basierend auf seinem Wissen zu dem Zeitpunkt, seinen Fähigkeiten und Fertigkeiten, den vorhandenen Ressourcen und der gegebenen Situation.

Am Ende eines Projekts weiß jeder so viel mehr. Natürlich werden wir Entscheidungen und Handlungen entdecken, von denen wir wünschen, dass wir sie nochmals anders treffen und tun könnten. Dies ist eine Weisheit, die es zu feiern gilt, kein Urteil, das dazu dient, jemanden bloßzustellen.«

Diese Aussage von Norman Kerth, durch die lösungsfokussierte Brille gelesen, ist wohl mehr als eine Grundhaltung zu verstehen denn als eine Handlungsanweisung. Dann kann sie auch nicht durch Vorlesen verordnet werden. Vielmehr ist es ratsam, in einem eigens dafür vorgesehenen Workshop die Inhalte erlebbar und damit im Teamalltag umsetzbar zu machen. Wenn dies bisher nicht möglich war, dann kann die Prime Directive auch gerne mit den folgenden Worten begleitet werden:

»Für hier und jetzt nehmen wir einfach mal an, dass die Prime Directive stimmt. Lasst uns unser Verhalten in Diskussionen und bei Bewertungen entsprechend anpassen. Geht das?«

Eine lösungsfokussierte Retrospektive in fünf Schritten

Im folgenden Abschnitt wird eine Retrospektive anhand der Haltungen, Prinzipien und Werkzeuge des lösungsfokussierten Coachings vorgestellt. Es gibt keine Problemanalyse in dem Vorgehen, sondern es wird der Blick auf eine bessere Zukunft voller Lösungen fokussieren, die gemeinschaftlich erzeugt werden kann. Dazu wird eine lösungsfokussierte Adaptierung des Phasenmodells von [Derby & Larsen 2006] genutzt und diese an die Lösungspyramide angepasst:

1. Eröffnen
2. Ziel und Auswirkungen klären
3. Funktionierendes sammeln
4. Handlungen initiieren
5. Zuversicht prüfen

8.6.1 Schritt 1: Eröffnen

Das Ziel der Eröffnung ist es, ein kreatives und teamorientiertes Setting zu gestalten. Dazu hilft es, dass die Anwesenden gleich zu Beginn etwas Wahres und Positives über das eigene Erleben sagen. Das führt oft dazu, dass sie positiver, kooperativer, aktiver und kreativer während des Meetings oder Workshops sind [Kline 1998, S. 107 f.].

Darüber hinaus erweitert positives Denken den Geist, bildet Ressourcen und Resilienz [Fredrickson 2011]. Außerdem sollen gleich zu Beginn der Retrospektive alle Anwesenden zur aktiven Teilnahme angeregt werden.

Werkzeuge

Sie finden hier zu jedem der fünf Schritte lösungsfokussierter Retrospektiven Interventionen, die Sie nach Belieben auch in anderen Meetings einsetzen können. Der benötigte Zeit- und Materialaufwand ist dabei sehr unterschiedlich.

Die Kettenfrage ist für die Arbeit mit bis zu zehn Personen geeignet. Diese Intervention braucht keine Vorbereitung und kann daher sehr spontan angewendet werden.

Die Kettenfrage

In Retrospektiven ist dem Format der *Kettenfrage* gegenüber der häufiger vorzufindenden *Sternfrage* der Vorzug zu geben. Während bei der Sternfrage der Moderator jedem einzelnen Teammitglied eine Frage stellt – und daher alle mit dem Moderator sprechen –, stellt bei der Kettenfrage der Moderator die Frage nur an seinen direkten Nachbarn (Person 1). Nach der Beantwortung stellt Person 1 die Frage wiederum an ihren Nachbarn (Person 2) – und so fort.

So beginnen die Teammitglieder miteinander zu sprechen und einander zuzuhören, wobei sie die positiven Momente ihres Lebens in den Mittelpunkt stellen. Das führt zu mehr Interesse an den Aussagen und Gedanken der anderen und zu einer guten Atmosphäre, um miteinander an wichtigen Themen zu arbeiten. Zum Beispiel:

- »Was findest du besonders gut an deiner täglichen Arbeit?«
- »Was war das Schönste, das du heute schon erlebt hast?«
- »Wenn du auf die letzten Tage zurückblickst – worauf bist du besonders stolz?«

Praxistipps

Wenn Sie zum ersten Mal eine dieser Fragen zu Beginn einer Retrospektive oder eines Meetings in die Runde schicken, kann es passieren, dass Sie anstatt förderlicher Antworten verständnislose Blicke oder sogar massiven Widerstand ernten. Um die positive Wirkung dieser Intervention gut nutzen zu können, helfen die folgenden Tipps:

- Erklären Sie gleich zu Beginn, wozu Sie diese Intervention einbringen möchten, zum Beispiel so: »Es gibt zahlreiche Studien, die belegen, dass in Meetings, die damit beginnen, dass jede und jeder Anwesende etwas Wahres und Positives über das eigene Erleben sagt, alle Anwesenden kreativer, aktiver und kooperativer dabei sind. Die Meetings laufen dann effizienter ab und wir ziehen einfach mehr Nutzen aus der investierten Zeit.«

→

- Oder weisen Sie gleich bei der Einladung darauf hin, dass Sie in der Startrunde eine solche Frage stellen werden. Ihre Teammitglieder sind dann besser vorbereitet und können sich erfahrungsgemäß leichter auf diese Form des Beginns einlassen.
- Stellen Sie eine Zeit lang am Anfang immer die gleiche Frage. So wird sie zu einem Ritual und Ihre Teammitglieder beginnen irgendwann von selbst während der Arbeit die positiven Aspekte zu suchen und zu finden.
- Wenn Ihr Team die Startrunde gut akzeptiert hat, könnten Sie die Wirksamkeit noch erhöhen, indem jemand anderer eine Startfrage vorgibt oder sogar jedes einzelne Teammitglied eine eigene Frage nach etwas Wahrem und Positivem an den jeweiligen Nachbarn richtet. Achten Sie hierbei darauf, dass die Fragen so formuliert sind, dass sie nur positiv beantwortet werden können.
- Bestehen Sie nicht um jeden Preis auf die Kettenfrage-Form. Erklären Sie bei Widerständen noch einmal, worum es Ihnen bei der Startintervention geht, und bitten Sie das Team, Ihnen bei der Suche nach einer dafür passenderen Form zu helfen. Auch das Team ist Experte für die eigene Situation.

Die nächste Intervention ist ebenfalls ohne Vorbereitung jederzeit durchführbar. Hier kommen die Teammitglieder in Bewegung und nehmen direkt miteinander Kontakt auf.

Ich danke dir!

Sie könnten auch damit beginnen, Ihr Team an die Prime Directive zu erinnern, also daran, dass jeder im letzten Sprint das Beste gegeben hat, das möglich war. Daher hat auch jeder etwas Wertvolles beigetragen, wofür alle dankbar sein sollten. Bitten Sie Ihre Teammitglieder darum, ein paar Minuten darüber nachzudenken, was andere während des letzten Sprints Positives beigetragen haben.

Bitten Sie nun alle aufzustehen, herumzugehen und mindestens drei Leuten *Danke* zu sagen für ihre Beiträge. Jeder, der drei *Danke* bekommen und gegeben hat, kann sich setzen. Stellen Sie sicher, dass jeder Anwesende seine Anerkennung erhält.

Auch in der folgenden Übung geht es darum, den Fokus auf Positives und Gelungenes zu richten. Der Erfolg dieser und auch jeder anderen der vorgestellten Start-Interventionen zeigt sich mit der veränderten Stimmung und Dynamik, mit der das Team anschließend weiterarbeitet.

Das soll so bleiben!

Die nächste Übung hängt ein wenig von der Stimmung nach dem jeweiligen Sprint ab. Ist es ein normaler bis guter Sprint gewesen, kann es motivierend sein, jene Dinge, die schon gut funktionieren und auch in Zukunft so bleiben sollen, zu sammeln, damit das Team Erfolg hat.

→

»Sammelt zu zweit in drei Minuten so viele Dinge wie möglich, die für künftige Erfolge so bleiben sollen, und schreibt sie auf Moderationskarten.« Lassen Sie die Ergebnisse danach im Plenum vorlesen und gruppieren Sie die Moderationskarten. So werden die grundlegenden Stärken sichtbar, auf denen künftige Verbesserungen aufgebaut werden können.

Manchmal gibt es Phasen, in denen läuft einfach alles schief. Da nützen dann weder der Fokus auf die bessere Zukunft noch die kleinen Schritte, und auch das Prinzip »Achte auf das, was funktioniert« wirkt irgendwie skurril, wenn so gar nichts funktionieren will. Etwas Wahres und Positives zum Start ist in solchen Situationen ganz bestimmt die falsche Intervention und auf Maßnahmen am Ende der Retrospektive zu hoffen, scheint schier blauäugig.

Praxistipp

Setzen Sie hier trotzdem ganz gezielt eine Retrospektive an und beherzigen Sie dabei das Ziel des Teams. Es geht nun darum, Zeit zu bekommen, um gemeinsam zu leiden, sich den Frust von der Seele zu reden und sich dabei in bester Gesellschaft zu wissen. Sprechen Sie dieses Ziel auch zu Beginn der Retrospektive klar aus und bitten Sie die Teilnehmenden, Ihnen zu sagen, wann es genug ist und wie es dann weitergehen soll. Dabei sollte es Ihnen tatsächlich völlig egal sein, wie lange diese Phase dauert.

Alleine schon dadurch, dass Sie die Möglichkeit zu leiden einräumen, erhöhen Sie die Wahrscheinlichkeit, dass nicht die gesamte Retrospektive dafür genutzt werden wird. Sie werden merken, wann es genug ist, und dann können Sie versuchen, die Gedanken in eine andere Richtung zu lenken, wie zum Beispiel:

»Lasst uns doch mal gemeinsam sehen, was wir trotzdem immer noch tun können, was uns gelassen wurde und wofür es sich immer noch lohnt, hierherzukommen.«

Oder:

»Ja, das sieht tatsächlich ziemlich düster aus im Moment. Wie können wir da gemeinsam wieder rauskommen?«

8.6.2 Schritt 2: Ziel und Auswirkungen klären

Nachdem Sie mit dem Team nun eine positive Arbeitsatmosphäre geschaffen haben, geht es um den wichtigsten Punkt einer Retrospektive. Ein Ziel zu setzen, in dem alle Sinn erkennen, ist manchmal schwierig – jedoch immer notwendig! Nur ein gemeinsam angestrebtes Ziel ermöglicht am Ende ein zufriedenstellendes Ergebnis.

8.6.2.1 Ziel setzen

Beginnen Sie damit, die Ergebnisse der letzten Retrospektive durchzugehen. Was wurde erreicht? Was ist gerade in Bearbeitung? Und was wurde nicht getan – weil es nicht mehr relevant ist oder weil die Veränderung zu kompliziert ist?

Basierend auf diesem Rückblick und der aktuellen Situation blicken Sie gemeinsam auf das Ziel für diese Retrospektive. In der Formulierung eines Ziels ist es wichtig zu beschreiben, was sein soll – und nicht, was nicht sein soll. Nutzen Sie bei negativen Formulierungen die Frage »Was stattdessen?«.

Ein klares Ziel ist nicht nur ein wichtiger Teil von Retrospektiven, sondern von jeder Form erfolgreicher Kommunikation. Nur wenn das Ziel klar ist, kann es auch erreicht werden. Ein gut formuliertes Ziel berücksichtigt, wie in Abschnitt 4.2.1 beschrieben, die ENDPUNKT-Faktoren:

- *E*rreichbar (und liegt im Einflussbereich des Teams)
- *N*achweisbar & wahrnehmbar
- *D*etailliert & konkret (als zu erreichende Szene formuliert, niemals als Aktion oder Gefühl)
- *P*ositiv (als Statement formuliert, niemals als Frage)
- *U*mwelttauglich (und berücksichtigt unterschiedliche Bedürfnisse)
- *N*ützlich (für alle Betroffenen)
- *K*orrekt (sprachlich)
- *T*oll (motivierend & sinnvoll)

Thema – Ziel – Maßnahme

Das Thema beschreibt die Sache, um die es in der Retrospektive geht, zum Beispiel: Teamarbeit verbessern.

Das Ziel ist der bevorzugte Zustand, der in Bezug auf das Thema erreicht werden soll. Zum Beispiel: Wie würde eine gute Teamarbeit konkret ausschauen?

Maßnahmen sind konkrete Aktivitäten, die aus aktueller Sicht wahrscheinlich zu dem erwünschten Zustand führen. Zum Beispiel: Wir sind von heute an täglich pünktlich; wir lassen einander ab sofort ausreden; wir nutzen drei Stunden Pair Programming täglich, um uns gegenseitig zu unterstützen; etc.

Oft kommt es vor, dass Personen unterschiedliche Ziele haben. Für die Retrospektive möchten Sie sich jedoch auf ein gemeinsames Ziel fokussieren. Fragen Sie bei den Beteiligten nach, wozu sie ihr Ziel erreichen möchten und welche Auswirkungen sie sich erhoffen. Der Austausch darüber hilft dabei, die dahinterliegenden Bedürfnisse zu erkennen und sich auf ein gemeinsames Ziel für die Retrospektive zu einigen.

Eine weitere Möglichkeit dazu ist die Zielfusion [Klein 2007, S. 190 ff.]. Dabei erarbeiten zunächst jeweils zwei Personen ein gemeinsames Ziel. Dann verbinden sich zwei Paare und entscheiden sich zu viert, basierend auf den beiden Paarzielen, für ein neues gemeinsames Ziel. Das kann entweder eines der eingebrachten Ziele sein oder ein neues, drittes, eventuell übergeordnetes Ziel. Dieses Vorgehen wird dann mit den neuen Gruppenzielen wiederholt. Mit letztlich ein bis zwei Zielen kann in einer Retrospektive dann weitergearbeitet werden.

Werkzeuge

Manchmal ist es einfacher, über Probleme zu sprechen als über Ziele. Probleme sind hinreichend bekannt. Die Betroffenen haben über ihre Probleme schon viel nachgedacht. All diese Gedanken wollen aus dem Kopf heraus und auf Papier gebracht werden, bevor der nächste Schritt gegangen werden kann. Dieser Umstand wird in der folgenden Übung genutzt.

Probleme sind verkleidete Ziele (nach Geisbauer 2012)

Zeichnen Sie eine Linie auf ein Flipchart, sodass es dadurch senkrecht in zwei Hälften geteilt wird. Schreiben Sie nun auf die linke Seite als Überschrift das Wort *Probleme* und bitten das Team, alle bekannten Probleme darunter aufzulisten. Gewähren Sie für diese Arbeit nur wenig Zeit – vielleicht fünf Minuten –, um Diskussionen über die einzelnen Punkte zu vermeiden.

Sobald die Zeit um ist, schreiben Sie als zweite Überschrift das Wort *Ziele* oder auch *Wünsche* auf die rechte Hälfte des Flipcharts und stellen dazu die folgenden Fragen: »Was wäre anders, wenn das Problem weg wäre? Was wollt ihr stattdessen? Notiert eure Antworten bitte jeweils rechts neben das aufgeführte Problem.« Für diesen nächsten Schritt der Übung ist es notwendig, etwas mehr Zeit einzuräumen.

Nach Beendigung dieser Aufgabe, wenn also auch die rechte Seite des Flipcharts gefüllt ist, falten Sie das Flipchartblatt entlang der Mittellinie und reißen oder schneiden es in zwei Teile. Als Coach erklären Sie nun, dass es Ihre Aufgabe ist, sich um die Probleme des Teams zu kümmern, und dass Sie diese aufgelisteten Probleme nun an sich nehmen und aufheben werden. Sie falten die Seite mit den Problemen zusammen und legen sie behutsam beiseite.

Achtung! Die Problemhälfte achtlos zu zerknüllen und wegzuwerfen, kann sehr schnell Widerstand beim Team auslösen. Schließlich sind hier Arbeit, Gedanken und Sorgen des Teams eingeflossen.

Die andere rechte Hälfte des Flipcharts hängen Sie wieder gut sichtbar auf. Mit diesen Zielen kann nun weitergearbeitet werden.

Eine Intervention, die ein wenig an die *Wunderfrage* anschließt, ist der *Solution Talk*. Die Kraft der Fantasie und der visionären Gedanken soll hier zum Magneten werden, der die Richtung der künftigen Arbeit vorgibt.

Solution Talk

Der Solution Talk eignet sich besonders als Einstieg in die Zielfindungsphase mit Teams. Die Teilnehmer bilden *Murmelgruppen* zu je zwei oder drei Personen und haben die Aufgabe, sich für das folgende Gespräch gedanklich in die Zukunft zu versetzen. Dazu geben Sie als Coach folgende Anweisung:

»Heute ist der xx.xx.xxxx (Termin in der relevanten Zukunft) und wir haben es geschafft, unsere Ziele erfolgreich zu erreichen. Ich gratuliere uns allen herzlich dazu und bitte euch, einander in kleinen Gruppen zu zwei oder drei Personen genau zu beschreiben, was jetzt alles anders ist und welche Auswirkungen diese Veränderungen haben, die seit unserem Workshop am (heutiges Datum einfügen) gelungen sind.«

Durch diese Methode werden die Teilnehmer eingeladen, sich ein genaues Bild der erwünschten Zukunft zu machen. Die wichtigsten Stichworte können anschließend auf Moderationskarten gesammelt und gruppiert werden. So wird rasch klar, an welchen Zielen das Team arbeiten möchte.

Der Solution Talk könnte übrigens auch als ein erster Schritt für eine *Futurespective* [Mackinnon 2005] genutzt werden.

Einzel-, Paar- und Teamarbeit: Die nächste Intervention wechselt mehrfach das Setting und bringt so viel Schwung und Dynamik in die Retrospektive. Die einzelnen Schritte sind zeitlich vorgeplant und lassen sich daher gut – je nach zur Verfügung stehender Zeit – einbauen.

Was müssen wir hinkriegen? – nach [McKergow 2011b]

Das ist eine weitere Möglichkeit, gemeinsam mit Ihrem Team Ziele zu finden, die das Team erreichen möchte. Sie brauchen dazu Ihr Team, seine Erfahrung, Flipchart und Stifte. Beginnen Sie zum Beispiel mit folgender Anmoderation:

»Wir wollen jetzt einen Überblick über alle Aspekte unserer Arbeit erhalten, die wir hinkriegen müssen, um unsere Arbeit zu verbessern. Schreibt bitte eine Liste von all diesen Dingen. Es ist egal, wie lang sie ist. Ihr habt dazu drei Minuten Zeit.«

Nach diesen drei Minuten bitten Sie die Teilnehmer, paarweise weiterzuarbeiten. Bitten Sie die Paare, innerhalb der nächsten fünf Minuten ihre Listen zusammenzuführen und die wichtigsten Punkte darauf zu markieren. Dieser Arbeitsschritt kann eventuell auch etwas länger dauern, wenn die Diskussion richtig produktiv ist.

Anschließend bitten Sie jedes Paar, den wichtigsten Punkt der gemeinsamen Liste zu nennen. Sollte ein Punkt als Problem formuliert sein, können Sie bei der Zielformulierung helfen, indem Sie zum Beispiel sagen: »Ja, das ist ein wichtiger Punkt. Und was müssen wir tun, um das hinzukriegen?« Notieren Sie auf einem Flipchart genau, was Ihnen gesagt wird. Das Sammeln sollte rasch erledigt werden, da Sie ja den wichtigsten Punkt eines jeden Paares aufschreiben müssen.

Anschließend können Sie mit Ihnen bekannten Methoden weiterarbeiten, um die ein oder zwei dringendsten Ziele für die nächsten Schritte zu ermitteln.

Auch wenn Sie sie schon kennengelernt haben – die folgende Intervention ist für jede Gruppengröße geeignet. Sie benötigt keinerlei Vorbereitung und ist somit jederzeit einsetzbar.

Die Wunderfrage

Auch die Wunderfrage, wie sie in Abschnitt 3.2.4 detailliert beschrieben ist, bietet sich an dieser Stelle wunderbar an. Sie stellt eine kreative und wirksame Methode dar, die erwünschte Zukunft mit all ihren Auswirkungen zu beschreiben.

8.6.2.2 Sinn finden und Auswirkungen klären

Die einzige Motivation, die wirklich funktioniert, ist die, Sinn zu finden in dem, was gemacht werden soll. Niemand kann Sinn geben. Jeder muss ihn selbst finden. Sinn kann allerdings genommen werden. Man kann den Willen von Menschen brechen. Wenn das passiert, sind Menschen wie Maschinen: Sie tun, was sie tun müssen – ohne Herz, Hirn oder Verstand (vgl. Abschnitt 4.2.2, das Wozu).

Deshalb ist es wichtig, Raum zu geben für die Sinnsuche. Erst wenn die vorher gefundenen Ziele sinnvoll für die Teammitglieder sind, sie also voll dahinterstehen, ist die Zielerreichung auch realistisch.

Die wichtigste Frage, um Sinn zu finden, ist »Wozu?«. Die Antwort darauf ist manchmal nicht einfach zu finden – und wenn sie einmal gefunden ist, dann kennen Sie Ihr Ziel.

Werkzeuge

Aufstehen – Plätze wechseln – gemeinsam nachdenken. Für dieses Werkzeug brauchen Sie ausreichend Platz für die Flipcharts und eventuell Zeit für aufkommende Diskussionen. Der Aufwand lohnt sich!

Impact Analysis

Platzieren Sie vier leere Flipcharts im Raum.

Bitten Sie das Team, sich auf die vier Flipcharts aufzuteilen. Bei kleinen Teams kann das Team auch gemeinsam von einem Flipchart zum nächsten wandern. Geben Sie jeder Gruppe PostIt's™ und Klebstoff sowie einige Stifte. Auf den PostIt's™, die auf dem jeweiligen Flipchart platziert werden sollen, steht *Ich, Team, Unternehmen* und *Kunde*.

Nun hat jede Gruppe drei Minuten Zeit, um Auswirkungen zu sammeln und zu notieren, die für die jeweilige Zielgruppe bei Zielerreichung zu erwarten sind. Also:

- Gruppe 1:
  »Welche Auswirkungen hat die Zielerreichung für dich persönlich?«
- Gruppe 2:
  »Welche Auswirkungen hat die Zielerreichung für das Team?«

→

- Gruppe 3:
  »Welche Auswirkungen hat die Zielerreichung für das Unternehmen?«
- Gruppe 4:
  »Welche Auswirkungen hat die Zielerreichung für den Kunden?«

Nach Ablauf der drei Minuten lassen Sie die Gruppen zum nächsten Flipchart weitergehen und dort Ergänzungen machen – bis jede Person bei jedem Flipchart war.

Manchmal tauchen bei dieser Übung auch negative Auswirkungen auf. Zum Beispiel könnte der zeitliche Mehraufwand, um das Ziel zu erreichen, bedeuten, dass weniger Zeit für die Familie bleibt. Lassen Sie diese negativen Auswirkungen zu. Bevor diese Auswirkungen nicht beseitigt sind, werden die betroffenen Personen die Zielerreichung nicht unterstützen.

Die fünf Wozus

Diese Übung ist ähnlich wie die »Fünf Warums«-Übung, die Sie vielleicht vom Toyota Production System kennen. [Kniberg 2009] hat einen informativen Artikel über Ursache-Wirkungs-Diagramme verfasst, in dem die fünf Warums verwendet wurden.

Nehmen Sie das Ziel und fragen Sie: »Wozu ist das gut?«, anschließend »Wozu noch?« und »Wozu noch?«. Für jedes gefundene Statement fragen Sie wieder »Wozu ist das gut?« usw. Dieses Vorgehen führt am Ende zur Entstehung eines *Baumes* mit einer Wurzel und vielen Verbindungen und Blättern.

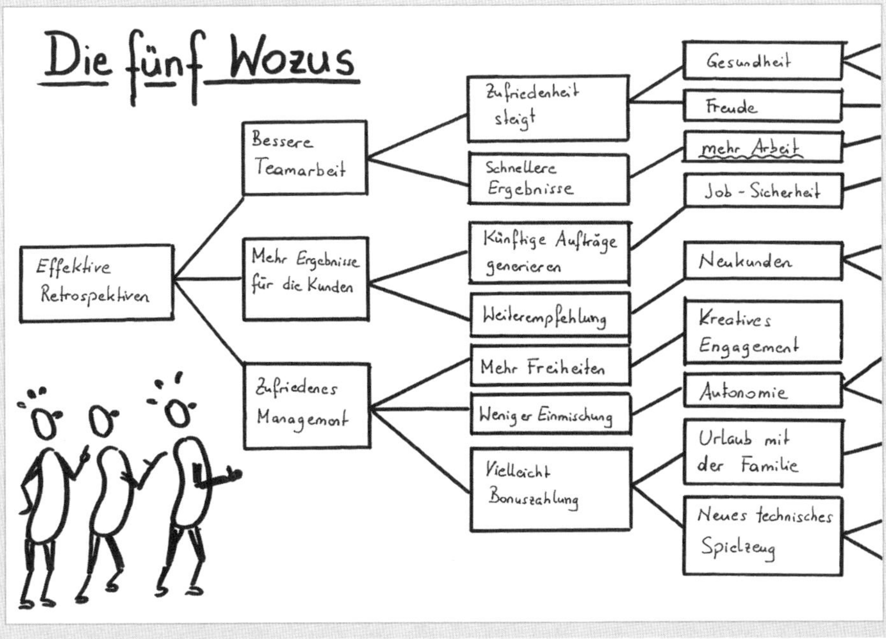

Hier kommt Kreativität ins Spiel. Die folgende Intervention benötigt einiges an Material- und Zeitaufwand. Sie eignet sich daher besonders für ausgedehntere Retrospektiven.

Teambild

Ein anderer Ansatz, um zu einem gemeinsamen Bild der erwünschten Teamzukunft zu kommen, ist es, das Team zu bitten, ein solches gemeinsam zu zeichnen. Bereiten Sie einen großen Bogen Papier vor, Stifte, Wasserfarben und anderes Material, das hier kreativ verwendet werden kann. Die benötigte Zeit zum Zeichnen können Sie an die zur Verfügung stehenden Zeitressourcen beliebig anpassen. Mehr Zeit bedeutet meistens auch mehr Details im Bild. Ein guter Anhaltspunkt sind etwa 30 Minuten.

Betrachten Sie anschließend das Kunstwerk von allen Seiten. Lassen Sie die Leute herumgehen und ihre Eindrücke und Interpretationen beschreiben. Machen Sie dabei auf einem separaten Flipchart Notizen.

- »Was fällt dir beim Anblick dieser Teamzukunft auf?«
- »Was überrascht dich?«
- »Was sticht ins Auge?«
- »Was freut dich?«
- »Was hättest du gerne anders?«
- Etc.

Wer Kreativität auch in kürzeren Retrospektiven nutzen möchte, findet vielleicht in der folgenden Übung seine Lieblingsidee. Sie ist auch mit größeren Gruppen durchführbar, benötigt wenig Zeit und Material und macht Spaß. Allerdings setzt sie bei den Teammitgliedern etwas Motivation und das Vertrauen voraus, dass gemeinsam Ziele auch tatsächlich erreicht werden können.

Das Geschafft-Buch

Diese kleine Übung ist gut geeignet, um den Fokus in kurzer Zeit und mit wenig Aufwand weg vom Problem und hin auf die erwünschte Zukunft zu richten.

Organisieren Sie ein Notizbuch (A5-Format) mit einem wunderschönen und wertvoll aussehenden Umschlag. Kleben Sie mit goldenen Klebebuchstaben auf die erste Seite den Buchtitel *GESCHAFFT*. Moderieren Sie die Übung zum Beispiel so an:

»Wie ihr wisst, haben wir den nächsten Sprint vor uns. Lasst uns zusammen gedanklich ans Ende dieses sehr erfolgreichen Sprint springen und gemeinsam ein Buch darüber schreiben, was jetzt alles anders ist. Seid ihr bereit?«

→

Nehmen Sie das Buch und sagen Sie zum Beispiel: »Hurra, es ist geschafft! Die Arbeit ist getan und das ist richtig toll!« Geben Sie das Buch dann an Ihren Nachbarn weiter. Er sagt einen Satz darüber, was jetzt anders ist, und gibt das Buch anschließend an die nächste Person weiter …

Wenn das Buch wieder zu Ihnen zurückgekommen ist, beginnen Sie die zweite Runde mit den Worten: »Und so ist uns das gelungen …« Geben Sie das Buch wieder weiter, sodass jeder einen Satz dazu sagen kann.

Danach ist es empfehlenswert, jedes Teammitglied zu bitten, die jeweils wichtigsten drei Punkte auf Moderationskarten zu notieren. Diese Punkte können im nächsten Schritt verwendet werden.

8.6.3 Schritt 3: Funktionierendes sammeln

Nachdem nun Ziel und Auswirkungen für Ihre Retrospektive umfassend erarbeitet wurden, geht es in der nächsten Phase um das Sammeln bereits funktionierender Teilaspekte. Damit ist alles das gemeint, was in Zusammenhang mit dem jeweiligen Ziel bereits unternommen, ausprobiert, erreicht oder auch durchdacht worden ist. Die qualitative Komponente dieser Phase ist deutlich wichtiger als die zeitliche. Es soll möglichst lückenlos alles aufgelistet werden, was bereits da ist und worauf aufgebaut werden kann. Der Frage »Was noch?« kommt hier wieder große Bedeutung zu.

Vielleicht fragen Sie sich, wozu Sie diesen Aufwand mit Ihrem Team in der ohnehin meist knapp bemessenen Retrospektiven-Zeit treiben sollen? Häufig werden jene Dinge, die schon funktionieren, mit einem Haken versehen und – symbolisch – in die Schublade mit der Aufschrift »Erledigt!« gesteckt und nicht mehr beachtet, um Zeit einzusparen. Dabei bilden gerade sie die wertvolle Basis für die künftige Erfolgsgeschichte auf dem Weg zum Teamziel! Je größer der gehobene Schatz an bereits Vorhandenem ausfällt, desto mehr entsteht bei allen Beteiligten Sicherheit und Zuversicht, das Ziel erreichen zu können. Der Weg dahin sieht dann plötzlich viel einfacher aus, weil ein ordentliches Teilstück ja bereits bewältigt worden ist.

Der zweite positive Aspekt dieser Phase ist, dass sie eine großartige Vorbereitung auf die nächste darstellt – nämlich auf das Finden geeigneter nächster Schritte: Wenn das Ziel mit allen seinen Auswirkungen bekannt ist und das Team weiß, was hinsichtlich der Zielerreichung bereits erledigt ist, folgen die nächsten nötigen Schritte – als logische Folge – fast wie von selbst.

Werkzeuge

Im lösungsfokussierten Vorgehen kommt der Arbeit mit Skalen immer wieder große Bedeutung zu. Wir möchten sie hier noch einmal besonders herausstellen.

Funktionierendes sammeln mit der Skalierungstechnik

Der erste Teil (die Schritte 1 bis 3) der bereits in Abschnitt 3.2.1 beschriebenen Skalenfrage ist ein gut nutzbares Tool für diese Phase:

- Stellen Sie eine Skala von 0 bis 10 dar.
- Lassen Sie den aktuellen Standort auf der Skala bestimmen.
- Sammeln Sie möglichst viele Details darüber, was auf dem Weg zum Ziel bisher erreicht worden ist, dazu Ressourcen, hilfreiche Informationen und alles, was dazu beigetragen hat, bereits auf dem gewählten Standort in der Skala zu stehen.

Achtung: Bitte beachten Sie, dass auch die Schritte 4 bis 5 der Skala bearbeitet werden müssen, wenn Sie sich für diese Form entschieden haben. Es handelt sich beim »Skalentanz« um ein in sich geschlossenes System, dessen Wirksamkeit sich nur in der vollständigen Nutzung optimal entfalten kann.

Evan George vom BRIEF-Institut in London machte uns 2012 mit der Verwendung großer Listen vertraut [George 2012]. Seitdem nutzen wir diese Methode in unterschiedlichen Kontexten – vor allem auch, wenn es darum geht, Funktionierendes zu sammeln.

Große Listen

Für diese Variante stellen wir zwei Flipcharts und eine Schachtel Stifte bereit. Wir bitten dann das Team, in 10 Minuten mindestens 100 Dinge zu sammeln, die sie bereits auf dem Weg zum erwünschten Ziel erledigt, gelernt oder beschlossen haben. Dabei stellen wir frei, wie sich die Teilnehmenden organisieren wollen, um das zu schaffen. Wir konnten in all den Jahren bereits unterschiedlichste Formen der Selbstorganisation bei dieser Übung beobachten und finden dies immer wieder spannend.

Das Sammeln von Funktionierendem klappt auch wunderbar, indem geeignete Fragen an das Team gestellt werden. Das sind zum Beispiel die folgenden:

- »Was habt ihr bisher schon getan/ausprobiert/gelernt, um dem Ziel näher zu kommen? Und was noch?«
- »Wie habt ihr es bisher hinbekommen, Ziele, die ihr euch gesteckt habt, zu erreichen? Und wie noch?«
- »Wer aus eurem Umfeld könnte euch bei der Zielerreichung hilfreich zur Seite stehen bzw. von Nutzen sein? Und wer noch?«
- »Welche Kompetenzen und Erfahrungen habt ihr in eurem Team, die ihr bei der Zielerreichung brauchen könnt? Und welche noch?«
- »Welche Fragen kennt ihr schon, die ihr stellen oder beantworten müsst, um euch eurem Ziel anzunähern? Und welche noch?«

8.6.4 Schritt 4: Handlungen initiieren

Den härtesten Teil der Arbeit haben Sie nun bereits hinter sich gebracht. Nachdem ein sinnvolles Ziel erarbeitet wurde, geht es nun daran, Schritte zur Veränderung abzuleiten. Diese Schritte können durchaus klein sein. Für eine erfolgreiche Umsetzung ist es jedoch meist wichtig, dass die Teammitglieder erkennen, dass sie die notwendigen Kompetenzen zur Umsetzung bereits besitzen.

Werkzeuge

Um in kurzer Zeit viele bereits bestehende Ideen für die Zielerreichung zu sammeln, eignen sich zum Beispiel verschiedene Varianten des Brainstormings. Diese Methode ist nicht unumstritten.

Gedanken zum Brainstorming

Brainstorming geht auf die Ideen von [Osborn 1948] zurück und wurde aufgrund seiner Einfachheit – sowohl in der Vorbereitung als auch in der Durchführung – rasch weltweit populär. Es gibt allerdings mehrere wissenschaftliche Studien, wie z.B. [Dunnette+ 1963; Mullen+ 1991; Furnham 2000], die zeigen, dass Brainstorming ungeeignet dafür ist, quantitativ und qualitativ hochwertige Ideen zu erzeugen. Wenn es um Kreativität und Effizienz geht, sollten die Mitarbeiter nach [Furnham 2000] besser zunächst alleine arbeiten. Dazu schreibt auch [Cain 2011], dass Ideen, die in Ruhe und mit ausreichend Zeit erarbeitet werden, zumeist als qualitativ hochwertiger einzustufen sind. Erst danach sollten die Ideen zusammengebracht und gemeinsam evaluiert werden.

Ein beachtenswerter Vorteil von Brainstorming soll, bei aller Kritik, dennoch erwähnt werden: Die meisten Menschen fühlen sich bei dieser Intervention sozial ins Team eingebunden. Je nach Ziel kann sie also nach wie vor hilfreich eingesetzt werden.

> **Praxistipp**
> Die Frage, die Sie sich als Moderator also stellen sollten, wenn Sie an Brainstorming denken, ist: Worum geht es mir? Darum, den sozialen Zusammenhalt zu fördern, oder darum, die besten Ideen zu generieren? Und vielleicht entscheiden Sie sich am Ende für die Kombination aus beidem – so wie auch wir das immer wieder gerne tun.

Der Ideenwettbewerb ist eine spielerische Form des Brainstormings. Er passt als Ausgangspunkt für die Generierung umsetzbarer Maßnahmen und als teambildende Aktion. Er braucht wenig Zeit und Vorbereitung und macht außerdem Spaß.

Ideenwettbewerb

Zunächst werden Kleingruppen von drei bis vier Personen gebildet, die jeweils an einem Flipchart zusammenstehen. Die Aufgabe für alle Gruppen ist es, so viele konkrete Maßnahmen wie möglich zu sammeln, um das angestrebte Ziel zu erreichen. Dazu bekommen die Kleingruppen zum Beispiel sieben Minuten Zeit, um mindestens 40 Ideen zu finden. Jene Gruppe, die die meisten Ideen generiert hat, gewinnt. Als Trophäe reicht der anerkennende Beifall der anderen Gruppen. Los geht's.

In dieser Form wird das Metaziel erreicht, möglichst viele Ideen zu generieren. Die Art und Weise, viele Punkte in ganz kurzer Zeit zu sammeln, soll verhindern, dass die Diskussion um die Umsetzbarkeit einzelner Maßnahmen den kreativen Fluss beeinträchtigt. Die Vorgehensweisen sind in den Gruppen erfahrungsgemäß unterschiedlich: In einigen gibt es einen Schreiber, in anderen wiederum nimmt sich jedes Gruppenmitglied einen Stift, um Ideen aufzuschreiben. Die zweite Version generiert meist eine höhere Anzahl an Ergebnissen – und auch viele Doppelungen.

Die nächsten Schritte entstehen dann, wenn man sich bewusst macht, was das nächste kleine Zwischenziel ist. Zur Sichtbarmachung des nächsten Schritts eignet sich zum Beispiel wieder die Arbeit mit Skalen.

Der Skalentanz

Die Arbeit mit Skalen wurde bereits in Abschnitt 3.2.1 ausführlich dargestellt. Sie ermöglicht ein Sichtbarmachen von Ressourcen und Potenzialen, von konkreten Schritten und von Zuversicht.

In Retrospektiven ist es eine schöne Variante, solche Skalierungen als Aufstellung der Teammitglieder im Raum durchzuführen, wie es in Abschnitt 3.2.1 beschrieben ist.

Variationen: Die Skalierungsarbeit kann auch mit Klebepunkten auf einem Flipchart durchgeführt werden. Gerne werden auch verschiedene Objekte auf einem Tisch verwendet, die die Teammitglieder repräsentieren.

Skalen und nochmals Skalen ... Die folgende Darstellungsform der nächsten Schritte gleicht einer Landkarte. Sie gibt gleichzeitig Überblick, Orientierung und Priorisierung für die zu erledigende Arbeit.

Wishbone [Schenck 2011]

Wishbones sind eine Kombination aus lösungsfokussierten Skalen mit Ishikawas *Fishbone Diagram*. Auf dem *Fishbone* sammelt und sortiert man dabei alle aktuellen Zutaten und Erledigungen, die nötig sind, um das gewünschte Ziel zu erreichen. Jede Gräte ist dabei gleichzeitig eine Skala, auf der angegeben wird, wie weit die jeweilige Zutat bereits vorhanden bzw. die jeweilige Erledigung bereits vorangeschritten ist. Verbesserungen werden entsprechend mit einem höheren Wert auf der Skala angezeigt.

Wishbone ist hilfreich bei komplexen Situationen, in denen die Zielerreichung viele Schritte benötigt. Das Diagramm berücksichtigt alle Einflüsse für eine Lösung und gibt einen guten Überblick. Beachten Sie, dass die Visualisierung sehr viel Platz braucht. Es empfiehlt sich dafür mindestens eine Pinnwand, besser ist es, noch größere Flächen zu verwenden. Der Einsatz eines Wishbones braucht Mut und Übung, um die vielen Stränge gut auszuarbeiten.

Sie können *Wishbone* auch als Intervention zur Sinnfindung in Schritt 2 einsetzen, indem Sie damit alle Auswirkungen der Zielerreichung sammeln und bewerten.

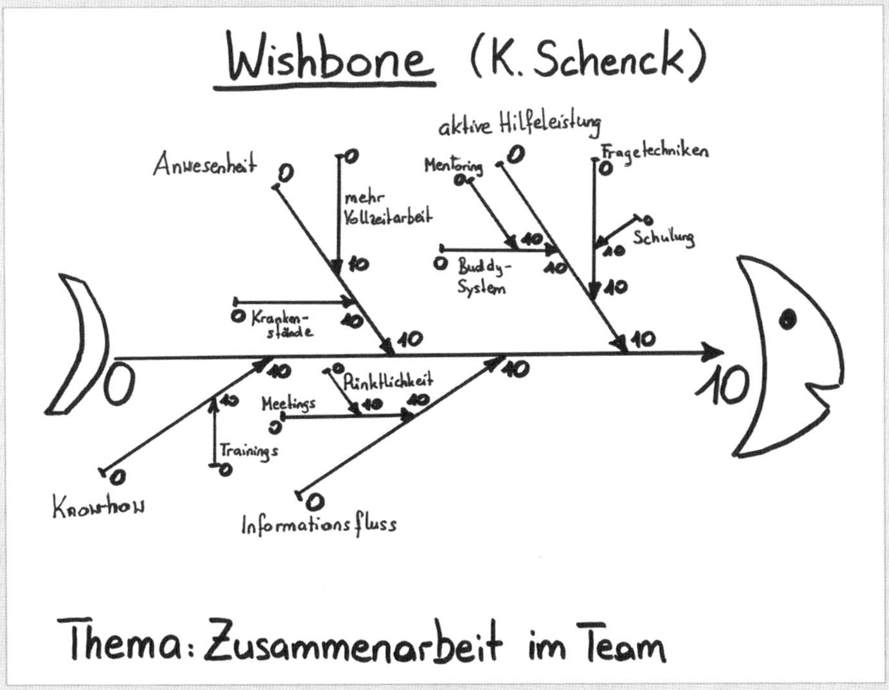

Klassisch, lösungsfokussiert, wirkungsvoll und fair: Das letzte Werkzeug für die vierte Stufe von Retrospektiven ist für viele Meetings einsetzbar. Sie brauchen dafür Packpapier, Stifte und die Daumen Ihrer Teammitglieder.

Aktionsplan und Konsent-Entscheid

Das ist ein klassischer Aktions- und Experimenteplan mit zwei kleinen Erweiterungen. Zuerst wird dem *Was* der dazugehörige *konkrete erste Schritt* zur Seite gestellt. Wenn dieser allererste Schritt zur Erreichung des *Was* bekannt ist, ist es leicht, mit der Umsetzung zu beginnen. Und wenn die Umsetzung erst einmal begonnen hat, ist die Wahrscheinlichkeit hoch, dass auch die restlichen Schritte dazu folgen werden, sodass die Aktion erledigt wird.

Darüber hinaus wird der Aktions- und Experimenteplan durch das Feld *Erfolgreich, wenn …* ergänzt, um das Erfolgskriterium zu beschreiben. So gibt es ein klares Ziel für jede einzelne Aktion.

Was	Der konkrete erste Schritt	Wer	Bis wann	Erfolgreich, wenn …

Um zu entscheiden, welche Aktionen und Experimente auf den Plan kommen, kann der Konsent-Entscheid mittels Handzeichen genutzt werden (siehe Abschnitt 8.1.4 – »Der soziokratische Konsent«).

Das »Wer« wird durch ein Pull-Prinzip bestimmt. Wenn möglich, sollten mindestens halb so viele Aktionen/Experimente auf dem Plan stehen, wie Anwesende im Raum sind. Die Anmoderation lautet: »Wir möchten, dass alle Anwesenden mindestens einmal auf dem Plan stehen und jede Aktion bzw. jedes Experiment maximal zwei ›Paten‹ hat.« Dies setzt einen Rahmen für eine hilfreiche Form von Selbstorganisation. Die Personen in der Spalte »Wer« bestimmen dann auch, »Bis wann« es ein erstes Update geben wird, und tragen dies ein.

8.6.5 Schritt 5: Zuversicht prüfen

So weit, so gut. Es gibt nun ein Ziel, das für alle Betroffenen sinnvoll ist, und sie kennen die ersten Schritte, um dieses Ziel auch erreichen zu können. Nach all der Arbeit möchten Sie bestimmt sicherstellen, dass die gefundenen Aktionen auch in die Tat umgesetzt werden.

Wie sicher können Sie sein, dass eine Person oder ein Team die gesetzten Vorhaben auch tatsächlich realisieren wird? Oft gibt es noch kleine oder auch größere Zweifel, die enttarnt werden müssen. Und dann braucht es auch noch Lösungen, um mit ihnen gut umgehen zu können. Es gilt, die Bereitschaft und Zustimmung der Teammitglieder zu erhöhen.

Werkzeuge

Auch hier findet ein Werkzeug, das Sie bereits früher im Buch kennengelernt haben, einen guten Einsatzbereich. Es wird jedoch in einer anderen Variante noch einmal neu interpretiert.

Die Zuversichtsskala

Hier bietet sich wieder die Verwendung der Zuversichtsskala (Abschnitt 3.2.1) an, die auch völlig ohne Hilfsmittel einfach nur mit den Fingern dargestellt werden kann.

- »Auf einer Fingerskala von 0 bis 5: Wie zuversichtlich bist du, dass wir die geplanten Aktionen tatsächlich umsetzen werden (wenn 5 bedeutet, dass du sehr zuversichtlich bist, und 0 das Gegenteil davon)?«

Bitten Sie die Anwesenden, kurz über den passenden Wert nachzudenken und dann gleichzeitig ihre Hände zu zeigen. Je nach Resultat fragen Sie dann weiter:

- »Angenommen, ihr wäret ein wenig zuversichtlicher – was wäre dann anders?«
- »Was noch braucht ihr, um zuversichtlicher zu sein?«

Die Antworten werden wichtige Einsichten für das Team zutage fördern, um Voraussetzungen zu erkennen, die geschaffen werden müssen, um die gewünschten Veränderungen zu erreichen. Rechnen Sie für diese Phase in etwa 10 bis 15 Minuten ein, damit Platz für etwaige Diskussionen gegeben ist.

Die folgende Intervention ist der zweite Teil einer Übung von Dominik Godat. Sie benötigt in etwa 10 Minuten Zeit, ein Flipchart und Stifte [Godat 2011].

Fußspuren

Zeichnen Sie zwei Fußspuren auf ein Flipchart, wählen Sie die wichtigsten zwei Maßnahmen aus Schritt 4 aus und schreiben Sie sie in die Fußspuren hinein.

Nutzen Sie nun die fünf Zehen jedes Fußes, um fünf Dinge aufzuschreiben, die bereits da sind, um diese Maßnahme umzusetzen. So steigen das Vertrauen und die Zuversicht in die Umsetzung.

Eine kleine Erweiterung der vorhergehenden Übung bietet die nächste Intervention. Sie kann mit Teams beliebiger Größe durchgeführt werden und bringt neben Zuversicht möglicherweise noch Ergänzungen zu Schritt 4 – Handlungen initiieren.

Was wir haben – was wir brauchen

Um die Zuversicht in die Umsetzung von Aktionen zu erhöhen, ist es manchmal hilfreich herauszufinden, was schon da ist und was noch fehlt. Nutzen Sie zum Beispiel einen kleinen Tisch und Moderationskarten, um diese Informationen zu sammeln.

Aktion	Wir haben	Wir brauchen

8.6.6 Eine wahre Geschichte

Praxisbeispiel – eine Retrospektive mit Ralph

Die Teammitglieder saßen in einem Stuhlkreis zusammen. Ich hatte kurz erklärt, dass ich heute etwas anderes mit ihnen ausprobieren möchte. Ein leichtes Nicken kam mir entgegen. Ich begann mit der positiven Eröffnung:

- »Was ist dir (Name) im Sprint gut gelungen? Worauf bist du stolz?«

Nachdem ich der Antwort aufmerksam zugehört hatte, bat ich die angesprochene Person, ihrem Nachbarn die gleiche Frage zu stellen. So endete die erste Runde schließlich wieder bei mir. Und die Person zu meiner Rechten fragte mich das natürlich auch. Alle lachten und waren gespannt auf meine Antwort, die sie auch erhielten.

Dann sagte ich: »Und weil das so gut funktioniert hat, möchte ich noch eine Runde anschließen. Und was ist dir noch gut gelungen im letzten Sprint?« Überraschung! *Was, das war's noch nicht?*, interpretierte ich den Gesichtsausdruck der Anwesenden. Die Antworten dauerten etwas länger. Doch jeder konnte wieder etwas sagen.

Und dann fragte ich: »Und was von dem, das du getan hast, hat anderen geholfen? Und wie?« Auch dies war ungewöhnlich. Schließlich fingen frühere Retrospektiven mit »*Was ist nicht gut gelaufen, was müssen wir ändern?*« an.

Dann habe ich alle Anwesenden gebeten, zwei bis drei Themen für den Tag auf je ein PostIt™ zu schreiben: »Was sollte heute hier angesprochen werden, damit diese Retrospektive sich für dich und das Team gelohnt hat?« Dafür hatten sie ca. fünf Minuten Zeit. Die Teammitglieder stellten ihre Themen vor und hefteten die Notizen an das Flipchart. Themen waren unter anderem: Reduzierung der Fehler, Verbesserung der Kommunikation, Pair Programming anfangen, Wissensaustausch fördern.

Anschließend schrieb ich Folgendes auf ein Flipchart:

- »Wir möchten hier und heute .... erreichen, damit ....!«

Das Team bekam 10 Minuten Zeit, diesen Satz zu vervollständigen. Erst war es etwas ruhig, doch dann stieg der Geräuschpegel, Ideen wurden entwickelt, verworfen, neu formuliert und am Ende der 10 Minuten stand der folgende Satz dort:

- »Wir möchten hier und heute Ideen entwickeln, damit wir unseren Wissensaustausch verbessern.«

Dann durften die Teammitglieder sich im Raum auf einer Skala von 0 und 10 aufstellen, wobei 10 bedeutete, dass das Ziel vollständig erreicht wurde, und 0 das Gegenteil davon. Die Personen wählten Positionen zwischen 3 und 7. Einige waren davon überrascht, dass es so unterschiedliche Auffassungen darüber gab, wie nah man dem Ziel zu diesem Zeitpunkt war. Ich befragte jede Person einzeln und fing damit bei jener an, die den niedrigsten Wert auf der Skala gewählt hatte. Beim Reden über die jeweilige Position wurde schnell klarer, dass die Ansichten zum aktuellen Stand durchaus ähnlich waren, die Potenziale zur Zielerreichung jedoch völlig unterschiedlich bewertet wurden.

→

Anschließend erfolgte der Sprung in die Zukunft:

- »Wo möchtet ihr in drei Monaten in Bezug zu eurem Ziel stehen?«

Alle machten ein paar Schritte vorwärts. Ich befragte wieder jede Person einzeln:

- »Was wird hier anders sein?«

Nachdem alle an der Reihe gewesen waren, bat ich das Team noch, sämtliche in der Skala erarbeiteten Punkte auf einem Flipchart zusammenzufassen.

Hier gab es einen Lernmoment für mich, den ich wohl nicht mehr vergessen werde. Das Flipchart stand in der Nähe der Position *0*. Das Team wirkte verunsichert und fand keine Worte. Einem inneren Impuls folgend nahm ich das Flipchart und stellte es hinter die Position *10*, also an das andere Ende der Skala. Plötzlich schrieb das Team fleißig Punkte auf. Es mag ein Zufall gewesen sein – oder auch nicht. Jedenfalls achte ich seitdem immer darauf, dass das Flipchart auf der Zielseite der Skala seinen Platz findet.

Anschließend ging es darum, erste Schritte in Richtung Ziel zu erarbeiten. Also fragte ich:

- »Woran werdet ihr am Ende des nächsten Sprint erkennen, dass ihr schon einen Schritt weiter seid?«
- »Was werdet ihr dafür getan haben?«

Das Team sammelte einige Maßnahmen auf einem Flipchart. Am Ende stellte ich die Zuversichtsfrage:

- »Auf einer Skala von 0 bis 5, wie zuversichtlich seid ihr, dass ihr diese Schritte setzen werdet?«

Dabei gab es Handzeichen von 2 bis 4. Also habe ich nachgefragt:

- »Was benötigt ihr, um zuversichtlicher sein zu können?«

Daraufhin ergänzte das Team noch die Maßnahmen um zwei für sie wichtige Punkte.

In den Tagen nach dem Workshop konnte ich ein aktives, engagiertes und motiviertes Team erleben, das sich sehr um die Umsetzung der Maßnahmen kümmerte. So hat sich mein *Topteam* seinen Namen schnell selbst verdient.

8.6.7 Eine lösungsfokussierte Kurzretrospektive

Hin und wieder ist es hilfreich, eine kurze *Zwischendurch-Retrospektive* in ca. 5 bis 10 Minuten durchzuführen. Die folgenden drei Fragen können dabei gestellt werden:

- »Was ist dir (gestern) gut gelungen? Worauf bist du stolz?«
- »Was von dem, was du (gestern) getan hast, hat anderen geholfen?«
- »Was würdest du rückblickend anders machen?«

Um es kurz zu halten, nehmen Sie nur die erste Information von jedem Teammitglied. Vielleicht nutzen Sie dazu auch das Format der Kettenfrage. Wenn Sie ein wenig mehr Zeit zu Verfügung haben, können Sie die »Was noch?«-Frage anhängen, um mehr Information zu bekommen.

8.6.8 Zwischen den Retrospektiven

Retrospektiven sind lediglich der Anfang von Veränderungen – nur selten passiert dort die Veränderung direkt. Beobachten Sie gemeinsam mit Ihrem Team, welche Aspekte sich positiv verändern. Fokussieren Sie jeden noch so kleinen positiven Unterschied und teilen Sie ihn mit. Sehen Sie, wie andere auf diese Veränderungen reagieren, und besprechen Sie auch das mit Ihrem Team. Dann werden Sie Fortschritte bemerken. Und Sie werden gut vorbereitet sein für die nächste Retrospektive.

Nehmen Sie sich hin und wieder auch dafür Zeit, zum Beispiel alle drei bis sechs Monate, um den Ablauf der Retrospektiven gemeinsam mit Ihrem Team zu reflektieren und gegebenenfalls Verbesserungen zu implementieren. Sprechen Sie darüber, was Sie durch Retrospektiven erreicht haben und was eventuell anders sein soll, um bisher noch nicht erfüllte Hoffnungen zu erfüllen. Involvieren Sie alle Stakeholder in ein solches Meeting. Vielleicht können Sie ja sogar zeigen, wie viel Zeit oder Geld das Team durch das Abhalten von Retrospektiven sparen konnte, sodass deren Bewilligung und Finanzierung auch in Zukunft sichergestellt sind.

Praxistipp

Achten Sie darauf, dass der gemeinsam erstellte Maßnahmenplan für alle Beteiligten gut einsehbar ist und bearbeitet werden kann. Er soll zum lebendigen Begleiter der gemeinsamen Teamarbeit werden.

Sehen Sie die alten Maßnahmen regelmäßig gemeinsam durch, haken Sie ab, was erledigt ist, und fügen Sie neue hinzu. Entscheiden Sie auch immer wieder im Team, was doch nicht gemacht wird, und streichen Sie diese Punkte von der Liste. So werden Veränderungen sichtbar, erbrachte Leistungen gewürdigt und der Sinn von Retrospektiven für alle spürbar.

8.6.9 Retrospektiven im Großprojekt

Ein bekanntes Konzept für Retrospektiven in großen Teams ist die *Retrospektive von Retrospektiven* [Caroli 2009], auch Projektteamretrospektive genannt [Eckstein 2012]. Hier treffen sich Delegierte der Teilteams, um sich über die Ergebnisse der Team-Retrospektiven auszutauschen und Adaptierungen zur teamübergreifenden Zusammenarbeit zu besprechen.

Dabei besteht die Gefahr, dass diese Retrospektiven nicht immer produktiv sind. Viele der Teilteamerfahrungen sind für die anderen Teams scheinbar nicht relevant oder hilfreich. Sich auf ein gemeinsames Ziel für diese Retrospektive zu einigen, ist aufgrund der unterschiedlichen Interessen oft recht schwierig. Auch fehlen manchmal die richtigen Personen in dieser Retrospektive, da vorher nicht klar ist, wer denn für die zu besprechenden Themen gebraucht wird. Ein Vorteil ist, dass die Beteiligten sich gegenseitig kennenlernen und somit später besser zusammenarbeiten.

Alternativ zur Retrospektive von Retrospektiven besteht die Möglichkeit, quartalsweise ein Großgruppenmeeting mit möglichst *allen* Projektbeteiligten abzuhalten. Die Teilnahme daran sollte freiwillig sein und die Ergebnisse sollten in der gesamten Firma publiziert werden. Dabei können auch Themen der Stakeholder aufgegriffen werden. Als Formate bieten sich Great Gatherings (siehe auch Abschnitt 6.6), World Café [Brown+ 2001] oder Open Space [Owen 2008] an.

8.7 Schätzmeetings moderieren

Schätzungen sollen Sicherheit bringen. Einerseits geht es um Sicherheit für den Auftraggeber, denn er möchte wissen, in welchem Zeitrahmen mit welchem Ergebnis und mit welchen Kosten zu rechnen ist. Andererseits erweisen sich Schätzungen auch für das Team als hilfreich. Die ausführliche Diskussion der Anforderungen führt dazu, dass die Teammitglieder ein einheitlicheres und gemeinsames tieferes Verständnis über die gestellte Aufgabe erarbeiten. In diesem kurzen Abschnitt soll lediglich auf den Einsatz von Coaching beim Schätzen hingewiesen werden.

Im agilen Umfeld gibt es unterschiedliche Schätzmethoden, wie zum Beispiel Grennings *Planning Poker* [Grenning 2002; Cohn 2006] oder Lindstroms *Affinity Estimation* [Mar 2008; Sterling 2008]. Egal welche Methode jeweils angewendet wird, das Verhalten der Teammitglieder in einem Schätzmeeting bleibt meist dasselbe. Sie geben ungern Schätzungen ab. Sie haben häufig bereits negative Erfahrungen damit gemacht, wie mit ihren Schätzungen umgegangen wird. Zum Beispiel werden diese oft als festes Versprechen betrachtet: »Du hast doch gesagt, du brauchst nur zwei Tage.« – »Ja, für die Implementierung, aber doch nicht für das alles …«

Das Verständnis davon, was eine Schätzung ist und wozu sie gemacht wird, ist je nach Rolle sehr unterschiedlich. Wie in jedem Meeting ist es auch hier wichtig, das Ziel und seine Auswirkungen genau zu kennen:

- »Wozu schätzen wir heute hier?«
- »Welche Auswirkungen werden unsere Schätzungen haben?«
- »Wie viel Zeit dürfen wir uns für die Schätzung nehmen?«
- »Welche Schätzgenauigkeit wird im konkreten Fall benötigt?«
- »Welche Konsequenzen hätte es, wenn wir uns verschätzen?«

In der Vorbereitung des Schätzmeetings kann zum Beispiel berücksichtigt werden, wann es früher schon passende Schätzungen gegeben hat. Was war damals hilfreich? Was davon könnte wiederholt werden? Welche Überlegungen müssten neu angestellt werden, um angemessen schätzen zu können?

Während des Meetings ist es unbedingt empfehlenswert, jede Meinung ernst zu nehmen. Insbesondere kritische Teammitglieder können auf wichtige Gefahren und Hindernisse hinweisen. »Was siehst du, was die anderen nicht sehen?«

»Wovor möchtest du warnen?« Auch die *Niedrig-Schätzer* können hilfreiche Informationen liefern. »Welche Abkürzungen oder Erleichterungen siehst du, die die anderen noch nicht sehen?«

Es erweist sich auch immer wieder als hilfreich, jeden Schätzwert zusätzlich mit einem Zuversichtswert zu versehen: »Ich schätze, es dauert zwei Wochen/ich denke, die Story kostet fünf Punkte und ich bin zu 40 % zuversichtlich, dass wir dies einhalten können.« »Wow, was macht es aus, dass du 40 % zuversichtlich sein kannst?« »Was benötigst du, damit du etwas zuversichtlicher sein könntest?« Diese Intervention, das Hinzufügen eines Zuversichtswerts, kann das lösungsfokussierte Gespräch über die Anforderung verbessern.

Bei Bedarf kann auch immer wieder mit den Produktverantwortlichen darüber gesprochen werden, worauf eventuell zum aktuellen Zeitpunkt verzichtet werden könnte, damit die Arbeit in einer bestimmten Zeit erledigt werden kann. »Angenommen, der Anwender benötigt nur die Hälfte der Funktionalität, welche Hälfte wäre das?«

Bisher wurden die *Kosten* einer Anforderung betrachtet. Ähnlich kann auch der antizipierte *Nutzen* bestimmt werden. »Wie viele Kunden werden die Anforderung benutzen?« »Welchen Mehrwert hat dies für sie?« »Was wären sie bereit zu bezahlen?« »Wie viel Zeit spart die Funktionalität?« Ausgehend von solchen Fragen kann dann errechnet oder geschätzt werden, wie teuer die Funktion maximal sein darf, um ökonomisch zweckmäßig zu sein. Basierend auf Kosten- und Nutzenschätzungen wird iterativ der Umfang angepasst, bis die Aufgabe inhaltlich und wirtschaftlich sinnvoll ist.

Als Coach kann hier auch im Vorfeld mit dem Produktverantwortlichen gearbeitet werden, sodass er vorbereitet mit einer Wertvorstellung zum Team kommt. Erfahrungsgemäß geht es hierbei auch um ein Stück Fairness: Wenn das Team zu einer Schätzung genötigt wird, sollte auch der Produktverantwortliche zu einer Schätzung bereit sein. Dies ist auch ein Weg, um *Wert-Schätzung* für das Team zu zeigen.

8.8 Nachbereitung von Meetings

Im Anschluss an eine Besprechung, ein Meeting oder einen Workshop gibt es meist noch einige Dinge zu erledigen. Wann immer es möglich erscheint, ist es empfehlenswert, die Zeit für die Nachbereitung direkt im Anschluss einzuplanen. So sind die Inhalte noch frisch und konkret im Kopf und die Abarbeitung der To Do's geht relativ leicht von der Hand.

- Reflektieren Sie die Besprechung in aller Ruhe: Was ist gut gelaufen? Worauf werde ich bei der nächsten Besprechung noch stärker achten? Welche geplanten Ziele wurden erreicht? Welchen ungeplanten Mehrwert hat die Besprechung gebracht?

- Fotografieren Sie alle Visualisierungen und verschicken Sie das Fotoprotokoll gemeinsam mit dem Schriftprotokoll, wenn es ein solches gibt, an die Teilnehmer. Ein kurzer einleitender Text mit einem nochmaligen Dank für die aktive Teilnahme und einer Zusammenfassung dessen, was erreicht worden ist, kann dazu beitragen, dass das Meeting bzw. der Workshop in positiver Erinnerung bleibt.

  Bedenken Sie dabei, dass ein Protokoll, ähnlich wie eine User Story, nur eine Erinnerung an besprochene Inhalte sein kann. Letztlich ist das Team für seine eigenen Erkenntnisse, die getroffenen Entscheidungen und den Action Plan verantwortlich – nicht der Verfasser des Protokolls.

  Um selbst entscheiden zu können, wie viel Aufwand in die Dokumentation fließen soll, schlägt [Christiansen 2015] vor, den Auftraggeber oder das Team zu fragen:

  - »Woran werden wir in sechs bis zwölf Monaten erkennen, dass es sich gelohnt hat, Zeit und Kraft in die Produktion dieser Dokumentation zu stecken? Und woran noch?«

- Gehen Sie offengebliebene Fragen und Anliegen der Teilnehmer, die während des Meetings nicht berücksichtigt werden konnten, durch und planen Sie deren Beantwortung bzw. Abarbeitung.

Stolperfallen
Ausprobiert und gestolpert? Es ist noch kein Meister vom Himmel gefallen …

Wir wissen es und Sie wissen es – jedes neue Verhalten braucht Übung. Wenn Sie also den Weg zu lösungsfokussiertem Arbeiten im agilen Umfeld beschreiten möchten, machen Sie sich darauf gefasst, dass möglicherweise nicht alles von Anfang an so klappen wird, wie Sie es nach der Lektüre dieses Buches erwartet hätten. Das liegt keineswegs nur daran, dass Sie selbst noch unerfahren sind auf diesem Gebiet! Auch Ihr Team hat das Recht, sich zunächst einmal wundern und erst dann an die neuen Umgangsformen gewöhnen zu dürfen, bevor es laut HURRA schreit. Üben Sie sich also in Geduld und Zuversicht und geben Sie bitte nicht auf. Dranbleiben lohnt sich!

Hier finden Sie ein paar Erste-Hilfe-Maßnahmen für Ihren Start:

- Beginnen Sie mit einer kleinen sprachlichen Veränderung. »Was noch?« oder auch »Wozu?« (statt »Warum?«), vielleicht auch »und« (statt »aber«) sind wunderbar dafür geeignet, sich unauffällig und doch zielgerichtet an die neue Vorgehensweise heranzutasten und auch die Umwelt daran zu gewöhnen.
- Sobald Sie sich bereit fühlen, einen richtig großen, mutigen Schritt zu wagen, etwa eine ganze Retrospektive lösungsfokussiert zu gestalten, tun Sie es! Ihr Bauch gibt Ihnen zuverlässig Bescheid, was Sie Ihrem Team schon zumuten können und was noch nicht.

→

- Sollten Sie auf die Frage nach etwas Wahrem und Positivem große ungläubige Blicke ernten anstatt sprühender Antworten, liefern Sie Ihren Gesprächspartnern die wissenschaftlichen Hintergründe zur gewählten Intervention. Wenn Ihre Teammitglieder den Kontext kennen, steigt die Bereitschaft zum Experimentieren enorm.
- Und wenn wirklich mal etwas schiefgeht, hilft wundern: Was passiert hier gerade und was hat dies mit dem Ziel der Frage bzw. der Übung zu tun? Stellen Sie diese Frage auch gerne offen an Ihr Team. Wir haben schon erlebt, dass wirklich hilfreiche Absichten hinter vordergründig merkwürdigem Verhalten steckten.
- Oder sagen Sie gerade heraus, dass Sie der Ausgang der Intervention nun überrascht und so nicht geplant war. Fragen Sie Ihr Team, wie es nun weitergehen könnte.

8.9 Selbstreflexion

- Welche der vorgestellten Ideen und Fragen verwenden Sie auch bisher schon in Ihren Meetings?
- Wie könnten Sie Ihre Besprechungen lösungsfokussierter gestalten?
- Welche der vorgestellten Übungen bzw. Interventionen passen am besten zu Ihnen?
- Welche davon möchten Sie demnächst direkt mit Ihrem Team ausprobieren?
- Welches primäre Ziel verfolgen Sie bei der Moderation Ihrer jeweiligen Besprechungen?
- Kennen Sie das jeweilige Ziel der Teammitglieder? Wenn nicht – welchen Unterschied würde das für Ihre Vorbereitungsarbeit machen?

8.10 Experimente und Übungen

- Wählen Sie einen der neun Punkte von Nancy Kline (Abschnitt 8.1.1) aus und wenden Sie ihn in Ihrem nächsten Meeting an, um alle Anwesenden einzubeziehen. Welche Unterschiede können Sie beobachten?
- Gibt es einen *Dauerredner* in Ihrem Team? Hören Sie ihm bei der nächsten Gelegenheit aufmerksam und ohne Unterbrechung zu. Finden Sie seine Kernbotschaft heraus und wiederholen Sie diese mit Ihren eigenen Worten. Bedanken Sie sich für den Beitrag. Wie reagiert das Team? Wie reagiert der betreffende Kollege?
- Betrachten Sie Einwände Ihrer Kollegen nicht als Störung, sondern als wichtige Informationen, die Ihnen geschenkt werden. Welches Bild haben Sie nun vom Einwandgeber?
- Verändern Sie probehalber gleich morgen Ihr Daily Standup: Fragen Sie zu Beginn, worauf von dem, was sie gestern geschafft haben, die einzelnen Teammitglieder stolz sind. Beobachten Sie die Stimmung im Team. Welche Veränderungen können Sie feststellen?
- Für Mutige: Führen Sie das *Gesetz der zwei Füße* aus dem Open Space für Ihre Meetings ein. Es besagt, dass jemand, der glaubt, bei einem Meeting weder etwas Sinnvolles beitragen noch lernen zu können, dieses verlassen darf und soll. Er soll stattdessen dorthin gehen, wo er etwas Sinnvolles beitragen oder lernen kann. Beobachten Sie, wer kommt, wie das Meeting verläuft, wen es wirklich noch gebraucht hätte und was die fehlende Person veranlasst hat, sich für etwas anderes als für die Teilnahme am Meeting einzusetzen. – Auch wenn dieses Vorgehen zunächst vielleicht unrealisierbar erscheint: Ralph hat es in seiner Zeit als Projektleiter angewendet. Am Anfang befragte er einzelne Teammitglieder demonstrativ danach, welchen Nutzen sie aus ihrer Sicht aus dem Meeting ziehen oder einbringen könnten. Wenn kein Nutzen erkennbar war, erlaubte er ihnen, das Meeting zu verlassen. Später wurde dieses Vorgehen im Rahmen von internen Teammeetings normal. Er hat immer alle eingeladen und die *richtigen* Personen sind erschienen.

9 Tipps für den Coach

Um alle Haltungen und Prinzipien, die in diesem Buch bisher vorgestellt wurden, auch leben zu können, braucht es Konzentration und Fokus auf das, was im Coaching-Prozess passiert. Ablenkungen und querschießende Gedanken, die nicht zum aktuellen Prozess gehören, stören diese Fokussierung, ja verhindern diese manchmal sogar völlig. Starke Gefühle wie Ärger, Nervosität, Angst, Unsicherheit oder Aggression machen es für einen Coach unmöglich, gute Arbeit zu leisten. Auch großes inhaltliches Interesse am Thema kann schnell zum Stolperstein werden.

In diesem Kapitel soll daher besonderes Augenmerk auf den Coach selbst und seine Kraft gelegt werden. Wie kann er sich inhaltlich und persönlich von den Geschehnissen um ihn herum so weit abgrenzen, dass er die Probleme anderer nicht zu seinen eigenen macht? Wann ist es besser, um Unterstützung zu bitten? Inwieweit ist es überhaupt möglich, mehrere Rollen gleichzeitig einzunehmen – wenn Sie zum Beispiel als Teammitglied ein Meeting moderieren?

Sie sind als Coach ebenso einzigartig wie Ihre Herausforderungen und Bedürfnisse. Eine Pauschallösung kann dieser Einzigartigkeit deshalb niemals gerecht werden. Dieses Kapitel bietet Anregungen zum Nachdenken für Sie und Ihre eigene Situation. Mit all dem, was Sie bisher schon über Coaching-Haltungen und -techniken wissen, und gepaart mit Ihren eigenen Erfahrungen haben Sie vermutlich schon große Ressourcen, um den richtigen Weg für sich ableiten zu können.

9.1 Die eigene(n) Rolle(n)

Was sind Sie denn nun eigentlich gerade? Sind Sie Coach? Oder Führungskraft? Vielleicht Moderator? Oder ein Teammitglied mit einer besonderen Funktion? Vielleicht sogar alles auf einmal?

Im Berufsleben kommt es häufig vor, dass viele Rollen in Personalunion vereinigt sind. Je nach Situation wechseln Ihre konkreten Aufgaben mehrmals pro Tag, manchmal sogar mehrmals pro Stunde. Da werden Teamentwicklungsmaßnahmen moderiert, Entscheidungsprozesse geführt, Konfliktsituationen und persönliche Entwicklungsschritte einzelner Mitarbeiter gecoacht und zwischendurch auch noch inhaltliche Agendapunkte gemeinsam mit dem Team abgearbeitet. Dabei wird mit all den verschiedenen Anforderungen und Haltungen herumjongliert, um alle Bälle möglichst gut gleichzeitig in der Luft zu halten. So viel ist sicher: Langweilig wird es in solch einem Arbeitsumfeld selten.

Die Schwierigkeit dabei ist, dass viele der Anforderungen einander widersprechen. Als Führungskraft ist es je nach Führungsverständnis nötig, einerseits entscheidungsstark, verantwortlich und konsequent, andererseits vertrauensvoll und unterstützend zu sein. Auf dem Grat zwischen: »Ich treffe Entscheidungen rasch, bleibe dabei konsequent und gebe meinen Mitarbeitern die Sicherheit, dass ich bereit bin, Verantwortung zu tragen«, und: »Ich binde meine Mitarbeiter in alle Entscheidungen ein und gebe ihnen damit die Sicherheit, Experten zu sein und Mitgestaltungsrecht zu haben«, ist es oft schwer, die Balance zu halten.

Auch das Gleichgewicht zwischen der inhaltlichen Expertise und der Haltung des Nicht-Wissens ist als interner Coach oder Teammitglied nicht einfach zu halten. Gerade in der Moderation von Meetings und in Teamcoaching-Prozessen wird das oft deutlich.

9.2 Wann als Coach agieren?

Die richtige Balance zwischen absichtsloser und absichtsvoller Unterstützung von Team- und Entscheidungsprozessen finden Sie in sich selbst. Sie lernen mit der Zeit zu spüren, wann Sie vertrauen und geduldig sein können und wann es nötig ist, inhaltlich einzugreifen. Vielleicht haben Sie diese Erfahrung ja auch schon gemacht. Dennoch gibt es ein paar einfache Fragen, die Sie bei der Entscheidung über das Einnehmen der Coaching-Rolle oder das Anwenden von Coaching-Techniken im Berufsalltag unterstützen können.

9.2.1 Welchen Auftrag haben Sie?

Wann immer andere Ihre Unterstützung brauchen, ist es empfehlenswert nachzufragen, in welcher Form diese Unterstützung gewünscht wird bzw. was genau erreicht werden soll.

Sollen Sie dabei helfen, eine Lösung zu entwickeln, dann ist die Anwendung von Coaching-Techniken wahrscheinlich hilfreich. Geht es darum, einen Konflikt beizulegen oder mit unliebsamen Veränderungen besser umgehen zu können? Vielleicht sollen Sie dann nur zuhören und Verständnis zeigen? Genau. Auch hier ist Coaching ein guter Wegbegleiter.

Oder geht es vielmehr darum, eine Information oder eine Entscheidung von Ihnen zu bekommen, damit weitergearbeitet werden kann? Dann lassen Sie den Coaching-Koffer besser zu und agieren im Sinne des jeweiligen Wunsches.

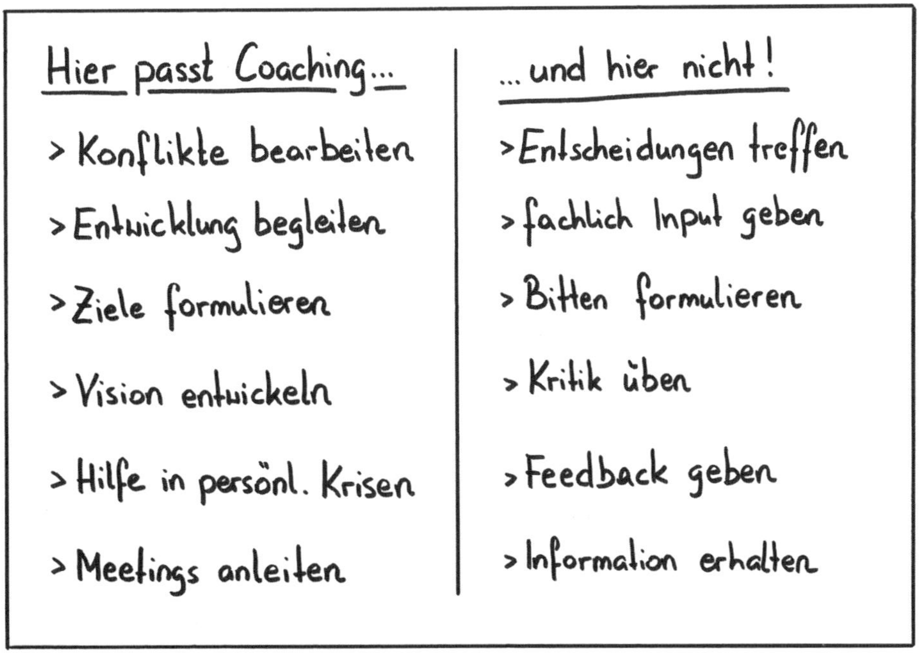

Die Anwendung von Coaching-Techniken kann, wenn sie anderen aufgezwungen wird, schnell zu Widerstand führen. Nehmen Sie die Wünsche Ihrer Gesprächspartner ernst und agieren Sie dementsprechend. Fragen Sie lieber noch einmal nach, wenn Sie unsicher sind, bevor Sie eine Fehlinterpretation des Anliegens riskieren.

9.2.2 Auftragsklärung

Wird ein Coach zu einem Auftrag bestellt, kommt es zuallererst zu einem Auftragsklärungsgespräch mit dem Auftraggeber. Dort werden alle wesentlichen Informationen ausgetauscht, die der Coach zur Bearbeitung des jeweiligen Falls benötigt.

Je nachdem, ob ein externer Coach für einen Auftrag angefragt oder ein interner Coach gebeten wird, in einem Fall zu unterstützen, sind unterschiedliche Informationen erforderlich.

Die folgenden Punkte können von einem externen Coach als gedankliche Checkliste für ein solches Gespräch genutzt werden. Wenn eine dieser Fragen für ihn unbeantwortet bleibt, wird ein professionell arbeitender Coach den Auftrag vermutlich nicht annehmen können.

- Worum geht es? Wie viele Beteiligte gibt es?
- Was ist die Rolle des Auftraggebers in diesem Fall?
- Was will der Auftraggeber? Woran wird er erkennen, dass der Auftrag zu voller Zufriedenheit erfüllt wurde? Passen diese Erwartungen zu meinen inhaltlichen und moralischen Vorgaben (z. B. fachliches Know-how, Verschwiegenheit etc.)?
- Bis wann soll der Auftrag abgeschlossen sein? Kann ich das zeitlich erfüllen?
- Wie ist der Budgetrahmen? Passt er zu meinen Honorarvorstellungen?
- Wie soll der Ablauf sein? Kann ich nach eigenem Plan vorgehen? Wird er vom Auftraggeber mitgetragen?
- Wie, wann und von wem werden die Beteiligten informiert?
- Sind dem Auftraggeber alle möglichen Konsequenzen bewusst?
- Ist der Auftraggeber bereit, alle möglichen Konsequenzen mitzutragen?
- Gibt es eine schriftliche Vereinbarung vom Auftraggeber oder setze ich eine solche Vereinbarung (Auftragsbestätigung) auf?

Ein interner Coach ist eine Person, die selbst in dem Unternehmen tätig ist, das um Unterstützung anfragt. Er ist also Teil des Systems und hat daher in mancher Hinsicht Vorteile gegenüber einem externen Coach. Beispielsweise kennt er die Unternehmenskultur, weiß, wie die Netzwerke zusammenhängen, kennt viele der Mitarbeiter und genießt Vertrauen, weil man ihn kennt. Aus dieser Situation entstehen auch einige Nachteile, die nicht zu unterschätzen sind. Die Haltung des

Nicht-Wissens zum Beispiel ist viel schwerer einzuhalten. Es kann auch passieren, dass ihm die Konsequenzen seines Einsatzes als Coach nachträglich im Unternehmen schaden – vor allem dann, wenn ein Fall nicht positiv aufgelöst werden kann. Um die Entscheidung treffen zu können, ob Sie als interner Coach einen Auftrag annehmen, kann die folgende Checkliste dienen.

- Worum geht es? Bin ich inhaltlich in Bezug auf das vorliegende Thema absichtslos?
- Wer sind die Beteiligten und wie stehe ich persönlich zu diesen Personen? Kann ich mich neutral verhalten? Vertraue ich darauf, dass diese Personen in der Lage sind, eine Lösung mit mir zu erarbeiten und auch umzusetzen?
- Wer ist der Auftraggeber in diesem Fall? Und was ist seine Rolle?
- Was will der Auftraggeber? Woran wird er erkennen, dass der Auftrag zu voller Zufriedenheit erfüllt wurde? Passen diese Erwartungen zu meinen inhaltlichen und moralischen Vorgaben (z. B. fachliches Know-how, Verschwiegenheit etc.)?
- Bis wann soll der Auftrag abgeschlossen sein? Kann ich das zeitlich erfüllen? Was muss ich dafür liegen lassen? Welche Konsequenzen hat das für mich und meine direkten Kollegen?
- Wie soll der Ablauf sein? Kann ich nach eigenem Plan vorgehen? Wird er vom Auftraggeber mitgetragen?
- Wie, wann und von wem werden die Beteiligten informiert?
- Sind dem Auftraggeber alle möglichen Konsequenzen bewusst?
- Ist der Auftraggeber bereit, alle möglichen Konsequenzen mitzutragen?
- Welche möglichen Konsequenzen hat dieser Auftrag für mich selbst?

9.2.3 Können Sie sich inhaltlich raushalten?

Wenn Sie selbst derjenige sind, der ein Anliegen hat, ist Coaching als Methode ungeeignet. Greifen Sie in solchen Situationen lieber auf die vier Schritte der *Potenzialfokussierten Kommunikation* (vgl. Abschnitt 5.2.2) zurück oder finden Sie jemanden, der inhaltlich unbeteiligt ist und Sie mit Coaching-Methoden unterstützen kann.

Ihr inhaltliches Anliegen lenkt Sie – speziell dann, wenn es Ihnen persönlich am Herzen liegt – stark von der Aufgabe der Prozessbegleitung ab. Meetings, bei denen Sie mitdiskutieren wollen oder müssen, sollten daher nach Möglichkeit von einer anderen Person moderiert werden.

Wenn es hingegen für Sie darum geht, dass ein bestimmtes Ziel erreicht wird, Sie am *Wie* jedoch nicht beteiligt sind und es daher in die Hände der Teammitglieder legen können und wollen, spricht nichts dagegen, dass Sie die Moderation übernehmen.

Praxistipp

Manche Kollegen machen auch gute Erfahrungen damit, durch eine kleine optische Veränderung die jeweils gerade eingenommene Rolle im Meeting zu verdeutlichen. Einer setzt zum Beispiel die Brille auf, wenn er als Teammitglied inhaltlich etwas beitragen möchte, und nimmt sie ab, wenn er dann wieder als Moderator den Prozess begleitet. Eine solche optische Veränderung kann sowohl für die Teilnehmer als auch für den Moderator selbst hilfreich sein, um Rollenklarheit zu behalten.

9.2.4 Sind Sie allparteilich?

Gerade bei der Begleitung von Konfliktsituationen stellt sich die Frage, wie sehr Sie Teil des Konfliktsystems sind. Um hier in der Coaching-Rolle hilfreich sein zu können, ist es nötig, dass Sie alle Parteien gleichermaßen ehrlich unterstützen können. Nur wenn Sie alle Standpunkte nachvollziehen können, wenn Sie sicher sind, dass jede einzelne der anwesenden Personen das Bestmögliche gibt, sollten Sie einen solchen Auftrag annehmen.

Vor allem wenn Sie jene Menschen, die hier aufeinandertreffen, schon länger kennen, ist Allparteilichkeit oft nur schwer möglich. Selbst wenn Sie sich Ihrer Haltung vollkommen sicher sind, sollten Sie klären, ob die Konfliktparteien Ihnen ebenso vertrauen. Nur dann ist es möglich, dass eine Atmosphäre der Offenheit und des Vertrauens entsteht, in der Konfliktsituationen ihre positive Wirkung entfalten können.

9.2.5 Haben Sie Unterstützung?

Manchmal kommt es bei der Arbeit mit Menschen zu Situationen, in denen ein Coach ohne Unterstützung nicht weiterkommt. Es kann sein, dass dann die nötige psychologische oder medizinische, vielleicht auch rechtliche Qualifikation fehlt, dass ethische oder moralische Gründe an der Weiterarbeit hindern oder dass inhaltliche Befangenheit an Bedeutung gewinnt.

Wann immer ein solcher oder ähnlicher Fall eintritt, ist es hilfreich, Personen zu kennen, denen Sie als Coach vertrauen und die Sie gegebenenfalls um Unterstützung bitten könnten. Sie können eine solche Person Ihren Gesprächspartnern für die Weiterarbeit im jeweiligen Spezialgebiet oder für die Beantwortung spezieller Fragen vermitteln. Sorgen Sie also für ein gutes Netzwerk, auch mit branchenfremden Personen wie Ärzten, Arbeitspsychologen, Anwälten oder Therapeuten.

Optimalerweise arbeiten Sie zudem mit wenigstens einem Berufskollegen zusammen, der Ihnen bei persönlicher oder inhaltlicher Befangenheit auf unterschiedliche Art unter die Arme greifen kann. Damit das gut funktioniert, ist eine große gegenseitige fachliche und persönliche Wertschätzung unbedingt Voraussetzung:

- Zum Beispiel kann Ihr Kollege einen Auftrag für Sie übernehmen und damit Ihren inhaltlichen und persönlichen Abstand gewährleisten.
- Das Durchführen eines Teamcoachings mit einem zweiten Coach kann in einer Situation hilfreich sein, in der Sie selbst befangen sind. Der Blick des unbeteiligten Kollegen auf die gegebene Situation kann für Sie selbst neue Sichtweisen eröffnen und eine Weiterarbeit für Sie ermöglichen.
- Schließlich können Sie Ihren Kollegen um Intervision bitten. Das heißt, Sie besprechen eine Situation mit ihm, nehmen auf diese Weise selbst Coaching in Anspruch und finden einen passenden Weg, mit Ihrer Sichtweise und dem Auftrag umzugehen.

9.2.6 Die Terminvereinbarung und ihre Auswirkungen

Die Terminvereinbarung – so halten wir das jedenfalls seit Jahren – ist ausschließlich vom Coachee persönlich mit uns vorzunehmen. Diesbezügliche Abstimmungen über die Führungsperson oder die Personalabteilung lehnen wir grundsätzlich ab. Der Hintergrund zu dieser Praxis liegt darin, dass der Schritt zur persönlichen Terminvereinbarung schon das erste Bekenntnis zur Zusammenarbeit und damit zur Bereitschaft zur Veränderung darstellt. Beim persönlichen Gespräch mit dem Coachee haben Sie Gelegenheit, eine erste positive Begegnung mit diesem zu kreieren. Sie beide bekommen so ein erstes Gefühl füreinander und der Start in die Coaching-Beziehung ist dadurch für beide Seiten erleichtert.

Häufig ist die Kontaktaufnahme zur Terminvereinbarung bereits der Beginn der positiven Veränderung. Alleine dieser Schritt verbessert oft die Situation Ihres Klienten. Es ist somit eine gerne verwendete lösungsfokussierte Praxis, nach jenen positiven Unterschieden zu fragen, die sich seit dem Gespräch zur Terminvereinbarung ergeben haben. Dieses Phänomen ist als Pre-Session-Change bekannt.

9.3 Der Coach als Gastgeber

Wenn die Rolle als Coach in den Mittelpunkt gerückt wird, stellt sich nach »Wann soll ich Coach sein?« auch die Frage: »Wie soll ich meine Rolle als Coach am besten ausfüllen?« [McKergow & Bailey 2014] haben in ihrem Buch eine neue Führungsmetapher entwickelt, die hier auch für die Rolle als Coach in vielen Facetten passend erscheint: die Führungskraft als Gastgeber.

Was zeichnet einen guten Gastgeber aus? Sobald seine Gäste eintreffen, heißt er jeden Einzelnen willkommen. Er sorgt dafür, dass die Anwesenden sich in positiver Art und Weise begegnen können, indem er für eine wertschätzende Atmosphäre sorgt. Er besorgt ein erstes Getränk und stellt die Hausregeln vor. Wenn das Essen beginnt, teilt er dies allen Gästen mit. Er sorgt dafür, dass alle vor Beginn des nächsten Programmpunkts bereit dafür sind und dass die Übergänge von einem Partyteil zum nächsten problemlos verlaufen. Natürlich mischt sich der Gastgeber auch immer wieder unter die Gäste. Er sorgt dafür, dass sich niemand einsam fühlt und es allen gut geht.

Sollte mal ein Glas herunterfallen oder ein anderes Missgeschick passieren, dann ist der Gastgeber zur Stelle, um dies zu bereinigen. Am Ende, wenn er alle Gäste verabschiedet hat, sorgt der Gastgeber noch für Ordnung im eigenen Haus.

In diesem Sinne versteht sich auch der Coach als Gastgeber hilfreicher Gespräche [Hargens 2000]. Er sorgt für die Vorbereitung des geeigneten Orts, den zeitlichen Rahmen und dafür, dass sich alle Gesprächspartner willkommen fühlen. Der Coach schafft einen Rahmen, in dem sich die Teilnehmer kennenlernen und gut miteinander arbeiten können. Er sorgt dafür, dass stets alle relevanten Informationen zur Verfügung stehen und verstanden werden. Somit stellt er sicher, dass die Voraussetzung geschaffen ist, dass alle Anwesenden einen wertvollen Beitrag im Team leisten können. Der Coach freut sich über jeden kleinen Erfolg, den die Teammitglieder erreichen. Er erkundigt sich regelmäßig, ob alle Teilnehmer gut für den nächsten Arbeitsschritt gerüstet sind und was er dazu noch beitragen kann. Wenn jemand sich inhaltlich alleine gelassen fühlt, gibt er Unterstützung und vermittelt bei Missverständnissen in allparteilicher Art und Weise. Der Coach ist dann erfolgreich, wenn die anderen mit ihrem Beitrag am Gespräch und mit dem Gespräch an sich zufrieden sind.

9.4 Grenzen setzen und verteidigen

In Abschnitt 6.2 wurde bereits der Ordnungsrahmen erwähnt, den Teams brauchen, um sich gut darin bewegen zu können. Sie erinnern sich vielleicht. Hier gibt es eine Unterscheidung zwischen dem unverhandelbaren Rahmen, der unter keinen Umständen überschritten werden darf, dem flexiblen Rahmen, der Sicherheit geben und gleichzeitig veränderbar bleiben soll, und dem verhandelbaren Regelwerk, das lebendig von allen gemeinsam bestimmt wird.

Ein solches Ordnungssystem sollten Sie auch für sich selbst zurechtlegen. Es hilft Ihnen dabei, Ihre eigenen Grenzen zu bestimmen und somit auch rechtzeitig einzugreifen, wenn diese überschritten werden könnten.

9.4.1 Der eigene unverhandelbare Rahmen

Können Sie *Nein* sagen? Oder auch *Stopp*? Gerade als Coach oder als Unterstützer anderer ist man oft verleitet, zu viel auf sich zu nehmen. Schließlich ist es doch die Aufgabe, anderen bei der Erreichung von Zielen zu helfen – oder? Das ist an sich schon richtig, allerdings nicht um jeden Preis, nicht zu jeder Tages- und Nachtzeit und auch nicht in jeder Situation. Damit sich Ihre Mitarbeiter, Kollegen oder Kunden orientieren können, ist es wichtig, dass sie Ihre Grenzen und wichtigsten Regeln für den Umgang mit Ihnen kennen. Dazu ist es sinnvoll, sich erst einmal selbst damit auseinanderzusetzen, was für Sie in Ordnung ist und was nicht.

Den eigenen unverhandelbaren Rahmen definieren

1. Zuallererst könnten Sie damit beginnen, all das aufzuschreiben, was andere im Umgang mit Ihnen beachten sollten. Machen Sie dazu eine lange Liste und nehmen Sie sich ausreichend Zeit dafür.
2. Finden Sie anschließend jene vier Punkte heraus, die absolut unumgänglich sind und deren Zuwiderhandlung Sie keinesfalls dulden würden. Diese vier Punkte bilden Ihren persönlichen *unverhandelbaren Rahmen.*
3. Beschreiben Sie ihn so konkret wie möglich und überlegen Sie auch, mit welchen Konsequenzen Sie für seine Einhaltung sorgen werden.

Für die Verteidigung Ihrer eigenen Grenzen sind nur Sie selbst verantwortlich. Diese Aufgabe nimmt Ihnen niemand ab. Je besser Sie sie kennen, desto klarer und einfacher wird es, sie zu kommunizieren. Ihre eigene Sicherheit in Bezug auf Ihren unverhandelbaren Rahmen führt auch zu mehr Sicherheit für andere im Umgang mit Ihnen.

9.4.2 Sorgen Sie zuallererst für sich selbst

> *»Sei dein eigener Chairman, sei der Chairman deiner selbst. Höre auf deine inneren Stimmen – deine verschiedenen Bedürfnisse, Wünsche, Motivationen und Ideen.«*
>
> *[Cohn 2009, S. 122 ff.]*

Um andere Menschen wirkungsvoll unterstützen zu können, muss es Ihnen selbst gut gehen. Achten Sie daher besonders auf Ihr eigenes Wohlbefinden.

Eine Ihrer vier Seiten des unverhandelbaren Rahmens könnte heißen: »Mir muss es gut gehen.« Damit ist gemeint, dass Sie dann ein guter Coach sind, wenn Sie darauf achten, dass Sie innerlich ausgeglichen, in Ihrer Situation sicher sind und sich selbst mit gutem Gewissen im Spiegel betrachten können. Weisen Sie konsequent jeden Auftrag von sich, den Sie ethisch nicht vertreten können [Weinberg 1986].

Sorgen Sie für Ihre eigene Gesundheit und ein privates Netzwerk, in dem Sie sich wohl und gut aufgehoben fühlen. Bewegen Sie sich regelmäßig, achten Sie auf ausreichend Schlaf und gesunde Ernährung. Treffen Sie Freunde und lesen Sie auch mal ein Buch, das nichts mit Ihrem Beruf zu tun hat – einfach so, zum Spaß. Suchen Sie auch immer wieder nach einer Möglichkeit, mit jemandem über Ihre eigenen Gedanken zu sprechen. Gerade als Führungskraft oder wenn Sie als Einzelunternehmer selbstständig sind, ist dieser Austausch oft nicht oder nur unzureichend gegeben.

All das sind Empfehlungen, die Sie kennen. Und vielleicht ergeht es Ihnen wie den meisten anderen Menschen auch: Sie wissen, dass Sie mehr für sich tun sollten. Nur im Moment ist es wirklich nicht möglich. Daher verschieben Sie die Sache mit dem *auf sich selbst Achten* auf später, wenn das Wetter draußen besser ist, das aktuelle zeitraubende Projekt beendet ist, oder auf den Sommer, wenn ganz allgemein weniger los ist.

Der einzige richtige Zeitpunkt, um damit zu beginnen, mehr auf sich selbst zu achten, ist *jetzt*. Machen Sie nur einen ganz kleinen Schritt – einen, der Sie nur wenig Aufwand kostet.

- Anstatt sich ab sofort gesund zu ernähren, könnten Sie damit beginnen, zwei Stück Obst oder Gemüse pro Tag zu essen.
- Anstatt ein aufwendiges Fitnessprogramm zu beginnen, könnten Sie einmal pro Tag die Treppe nehmen, anstatt den Fahrstuhl zu benutzen.
- Anstatt ein Treffen mit all Ihren Freunden zu arrangieren, könnten Sie einen Freund anrufen und zehn Minuten mit ihm plaudern.
- Sie könnten auch damit beginnen, das Handy beim Frühstück abzuschalten und stattdessen Musik zu hören oder ...
- ... Ihre Mittagspause tatsächlich jeden Tag für wenigstens 20 Minuten einzuhalten.
- Vielleicht gibt es in Ihrer To-do-Liste ja auch einige Punkte, die Sie ersatzlos streichen oder delegieren könnten?

Finden Sie eine kleine Sache, mit der Sie noch heute beginnen können, um mehr auf sich selbst zu achten. Der Lohn dafür ist ein Mehr an Zufriedenheit, an Ausgeglichenheit, an Energie und Freude bei der Erledigung der täglichen Arbeit. Ihre Gesundheit wird es Ihnen danken.

9.5 Der Scrum Master – eine spezielle Rolle

Wenn wir uns in ein Scrum-Umfeld begeben, dann ist der Scrum Master eine ganz besondere Rolle. Neben der Tatsache, dass er oft selbst auch noch Teammitglied ist, sind in seiner Rollenbeschreibung der Coach, der Moderator, der Problemlöser, der Ansprechpartner für den Product Owner und für Stakeholder angelegt. In manchen Firmenumgebungen fungiert er zusätzlich als verlängerter Arm des Managements. Der Scrum Master hat keine echte Entscheidungsbefugnis, sondern führt, indem er als Vorbild agiert, durch indirekte Beeinflussung. Viele Scrum Master kämpfen mit Rollenkonflikten und das raubt ihnen Kraft und Energie.

9.5.1 Rollenklarheit

Eine der wichtigsten Aufgaben ist es daher, seine eigene Rolle und seine Aufgabengebiete mit dem Team und allen Beteiligten im Umfeld immer wieder zu klären. Dabei sollte der Scrum Master sich seiner Fertigkeiten und Fähigkeiten, und vor allem auch seiner Grenzen bewusst sein. Immer wieder erleben wir, dass Aufgaben, die eigentlich vom Management ausgeführt werden müssten, an den Scrum Master abgewälzt werden. Situationen wie die folgende sind dabei leider eher die Regel als die Ausnahme:

Praxisbeispiel zum Thema »Nicht-Aufgaben des Scrum Master«

Ein Scrum Master wird immer wieder zu Managementmeetings eingeladen. Dabei wird er eines Tags auch gebeten, seinem Team mitzuteilen, dass demnächst mit Umstrukturierungen im Unternehmen zu rechnen ist. Der Scrum Master zerbricht sich nun darüber den Kopf, wie er diese Information am besten dem Team weitergeben kann. Ihm ist klar, dass es viele Fragen geben wird, die er nicht beantworten kann. Es wird Unsicherheiten geben und vielleicht sogar Unstimmigkeiten, die das Arbeitsklima und damit die Produktivität negativ beeinflussen könnten.

> *Wenn Sie über ein Problem so lange nachdenken, dass Sie Kopfschmerzen bekommen, dann ist es vielleicht nicht Ihr Problem, sondern das von jemand anderem.*
>
> *(Quelle unbekannt)*

Machen Sie sich als Scrum Master bewusst, dass es die Aufgabe des Managements ist, solche Informationen ans Team weiterzugeben. Deshalb sollten Sie solche Aufträge strikt ablehnen und Ihre Manager bitten, mit dem Team direkt zu reden. Bieten Sie an, beim Finden eines gemeinsamen Termins zu unterstützen.

Nicht nur das Management, auch so mancher Product Owner macht einem Scrum Master das Leben oft – und aus dessen Sicht immer aus gutem Grund – schwer. Die Ziele von Scrum Master und Product Owner stehen rollenbedingt oft im starken Widerspruch zueinander, wodurch Unstimmigkeiten leicht entstehen können. Während der Product Owner bestrebt ist, den Wünschen des Kunden möglichst zeitnah zu entsprechen, möchte der Scrum Master dafür sorgen, dass sein Team gut und ungestört im Sprint arbeiten kann.

Als Scrum Master sollten Sie lernen, sich abzugrenzen und »Nein« zu sagen. Wenn Sie diese direkte Art der Konfrontation vermeiden wollen, können Sie zum Beispiel Rückfragen stellen [Bungay Stanier 2010, S. 90 f.] oder auch Bitten formulieren wie:

- »Wie soll ich auftretende Rückfragen im Team beantworten?«
- »Bitte frage das Team direkt, ob das möglich ist.«
- »Bitte lass uns das für den nächsten Sprint einplanen.«
- »Welche von den bisherigen Aufgaben soll das Team nicht erledigen, damit dein Auftrag erfüllt werden kann?«

9.5.2 WWW – Wertschätzung, Wünsche und Weiterentwicklung

Abgesehen von Rollenklarheit braucht der Scrum Master auch immer wieder Rückmeldungen von seinen Teamkollegen bezüglich seiner Arbeit. Es hat sich dazu als hilfreich erwiesen, wenn es regelmäßig, etwa quartalsweise, eine Retrospektive gibt, die von einem teamexternen Scrum Master moderiert wird, sodass der Scrum Master des Teams selbst Teil der Diskussion werden kann. Dabei sollten dann die Zufriedenheit des Teams mit der Arbeit des Scrum Masters und Ideen zur Verbesserung und Veränderung dieser Arbeit als Punkte auf der Agenda stehen.

Der Scrum Master sollte dann seinerseits ebenfalls Gelegenheit bekommen, seine persönliche Wertschätzung und seine Wünsche an das Team zu richten. So kann er lernen, wie er für seine Kollegen hilfreich sein kann, und gleichzeitig die Zusammenarbeit positiv weiterentwickeln.

Wertschätzung für Ihre Leistung sollten Sie sich als Scrum Master auch jeden Tag selbst geben. Sie sollten am Ende des Tages wissen, was Sie geschafft haben. Dafür ist es förderlich, die Ziele für jeden Tag im Voraus zu planen. Das geschieht am besten direkt nach dem Standup Meeting. Viele Scrum Master eilen dann gleich los, um die aktuellen Hemmnisse abzuarbeiten. Stattdessen sollten Sie für einen Moment innehalten und überlegen, was Sie heute Abend erreicht haben möchten.

- Was ist wichtig? – Was würde uns am meisten unterstützen?
- Was ist dringend? – Was muss sofort erledigt werden?
- Was können andere tun, zum Beispiel auch das Team?
- Was kann heute auch liegen bleiben?

Und zum Schluss:

- Wenn ich heute am Ende des Tages nur eine einzige Sache geschafft hätte, welche sollte das sein?

Ein in dieser Art vorbereiteter Tag hilft bei der fokussierten Erledigung der anstehenden Aufgaben. Nehmen Sie sich auch am Abend noch zehn Minuten Zeit und machen Sie sich bewusst, was Sie geschafft haben. Dann sind Sie am nächsten Tag wieder für Höchstleistungen bereit und motiviert.

9.6 Selbstreflexion

- Welche Rollen haben Sie in Ihrem beruflichen Umfeld auszufüllen?
- Wie schaffen Sie es, diese Rollen miteinander in Einklang zu bringen?
- Was könnte Ihnen dabei helfen, das noch besser zu schaffen?
- Welche vier Themen bilden Ihren unverhandelbaren Rahmen?
- Was tun Sie schon, um auf sich selbst und Ihre Kraft zu achten?
- Welchen kleinen Schritt können Sie einfach umsetzen, um noch ein bisschen besser auf sich zu achten?
- Mit wem besprechen Sie Ihre Gedanken?
- Wen können Sie in Ihrem Unternehmen um Hilfe bei einer Moderation oder einem Coaching bitten, wenn Sie inhaltlich befangen sind?

9.7 Experimente und Übungen

- Finden Sie vier Punkte, die Ihnen so wichtig sind, dass Sie ein Zuwiderhandeln, ganz gleich von wem, nicht tolerieren würden. Auch nicht in Ausnahmesituationen.
- Stellen Sie sich vor einen Spiegel und teilen Sie sich selbst diese vier Punkte laut und bestimmt mit.
- Nehmen Sie als Coach oder Moderator immer wieder selbst an Wertschätzungsrunden mit Ihren Teams teil. Sammeln Sie beispielsweise Qualitätsspiegel oder Appreciation Cards (siehe Abschnitt 6.3), die Sie dabei bekommen. Diese Erinnerungen können dabei helfen, in schwierigen Zeiten den Mut und die Selbstsicherheit zu behalten.
- Schreiben Sie sich selbst einen Brief aus der Zukunft, in dem Sie sich dazu gratulieren, was Sie bisher schon alles für sich umsetzen konnten. Beginnen Sie zum Beispiel mit den Worten: »Heute ist der (heutiges Datum in einem Jahr).« Beschreiben Sie dann möglichst detailliert, was Sie bis dahin erreicht haben möchten und wie Ihnen das gelungen sein wird. Vielleicht sind ja auch einige Ideen aus diesem Buch dabei. Wenn Sie möchten, schicken Sie diesen Brief per E-Mail an sich selbst mit einer Sendeverzögerung von einem Jahr, sodass Sie diese dann wieder lesen können.
- Gratulieren Sie sich ab heute täglich vor dem Zubettgehen zu drei kleinen oder auch größeren Erfolgen, die Sie während des Tages erzielt haben. Wiederholen Sie diese Übung für mindestens 21 Tage.
- Alternativ können Sie dieselbe Übung auch durchführen, indem Sie sich überlegen, welchen drei Personen Sie am jeweiligen Tag dankbar sind und wofür.

- Schließen Sie jetzt sofort einen Pakt mit sich selbst: Welche ganz kleine schlechte Angewohnheit möchten Sie ab sofort in Ihrem Leben ändern, um damit ein wenig mehr auf sich selbst zu achten?
- Haben Sie etwas gefunden? Rufen Sie gleich jemanden an, der Ihnen wichtig ist, und erzählen Sie dieser Person von Ihrem Entschluss. Sollte es gerade spät nachts sein, ist es auch okay, eine E-Mail zu versenden.

Anhang

A Hokuspokus Lösungsfokus

Im Jahre 2014 waren wir auf der OOP-Konferenz in München. Wir wurden gefragt, ob wir an der PechaKucha-Session teilnehmen möchten. Ein PechaKucha ist eine Präsentationsform, bei der 20 Powerpoint Slides nach je 20 Sekunden automatisch weitergeblättert werden. So entsteht ein Kurzvortrag von 6 Minuten und 40 Sekunden [Klein & Dytham 2003].

Uns war schnell klar, dass wir über das Thema *Lösungsfokus* sprechen möchten. Doch wie sollte das ganze große Thema in die kurze Zeit gepackt werden? Veronika hatte dann die Idee, daraus ein Gedicht zu formen. Dieses Gedicht möchten wir zum Abschluss mit Ihnen teilen.[1]

Hokuspokus Lösungsfokus (Veronika Kotrba)

Die Welt ist voll von Missverstehen, Problemen und Gewalt.
Egal, wohin wir uns auch drehen – der Wind weht eisig kalt.
Auch wenn wir uns ganz ehrlich mühen, das Beste stets zu bringen
ist da doch meistens irgendeiner gegen das Gelingen.

Stell dir mal vor, es gäb' da einen, der wüsste, wie das geht –
ganz gleich – privat oder geschäftlich – dass man dich gut versteht.
Dass Widerstände gar nicht kommen – zumindest nicht so viel.
Stell dir mal vor, es gäb' da einen, der kennt den Lösungs-Stil!

Hör zu und lerne aus Geschichten, wie du sie vielleicht kennst,
wie man kann wirkungsvoll entrinnen dem Widerstands-Gespenst.
Wir woll'n erzählen von dem Weisen, von dem die Welt erzählt,
er wüsste stets, was wann zu tun ist und wie man sich verhält.

Meine Frau schätzt nicht an mir, dass ich so vieles kann.
Wenn sie mir eine Frage stellt, häng ich die Antwort dran.
Obwohl die oftmals ist genial, will sie sie niemals hören.
Sie sagt, ich würd' mit meiner Art statt helfen nur zerstören.

→

1. Sie können sich den Beitrag auf *www.sinnvoll-fuehren.com/der-pinguin/* ansehen.

Ich geh mal schnell zu diesem Weisen, von dem die Welt erzählt.
Er wüsste, wie in solch Momenten man sich geschickt verhält.
Hokuspokus Lösungsfokus – dreh doch mal um den Topf!
Was deine Frau tatsächlich braucht, ist nicht in deinem Kopf!

Anstatt zu sagen, sollst du fragen, was sie tatsächlich will –
und nimmst du ihre Antwort ernst, hast du den Lösungs-Stil!
Geh schnell nach Haus und übe täglich neugierig zu sein.
Und wisse, dass deine Ideen sind gut für dich allein.

Mein Team ist halt – wie soll ich's sagen – nicht ganz so sehr auf Zack.
Sie jammern viel und leisten wenig, sie führen ist 'ne Plag.
Ich hab ja echt schon viel probiert von liebevoll bis streng –
und doch – wenn ein Termin sich nähert, wird's immer wieder eng.

Ich geh mal schnell zu diesem Weisen, von dem die Welt erzählt.
Er wüsste, wie ne Führungskraft sich wirkungsvoll verhält.
Hokuspokus Lösungsfokus – sag, kennst du denn das Ziel?
Weißt du, was jeder Mitarbeiter einzeln erreichen will?

Anstatt zu sagen, sollst du fragen, was sie tatsächlich wollen.
Und wenn du ihre Wünsche ernst nimmst, dann schöpfst du aus dem Vollen!
Geh ins Büro und übe täglich Ziele zu fokussieren.
Und wisse, hast du das geschafft, kann dir nichts passieren!

Mein Unternehmen soll agil sein – jetzt red' ich schon so lange!
Seit Wochen stehen die besten Coaches und Trainer bei uns Schlange.
Doch meine steifen Führungskräfte sehen es nicht ein!
Sie weigern sich, was ich auch mache, endlich agil zu sein!

Ich geh mal schnell zu diesem Weisen, von dem die Welt erzählt.
Er wüsste, wie agiles Vorgehen in Firmen Einzug hält.
Hokuspokus Lösungsfokus – lass dir doch bitte Zeit.
Es sind die winzig kleinen Schritte, die führ'n zur Seligkeit.

Agil sein, das heißt auch vertrauen, dass jeder, wie er kann,
in seinem Tempo Bestes leistet – nur so kommt ihr voran!
Lehn dich zurück in deinem Sessel und übe dich zu freuen.
Bemerke jeden kleinen Fortschritt – du wirst es nicht bereuen!

Ja gut – nur weißt du, meine Leute, die machen alle nix!
Ich fürcht', dass ich da ganz schnell ansteh' mit diesen kleinen Tricks ...
Ich seh mich da im Sessel sitzen und warten ohne Ende,
was hilft das, wenn der Wille fehlt für die ganz große Wende?

→

Sag mir, du guter, alter Weiser, von dem die Welt erzählt,
du wüsstest, wie ich's richtig mache – wie krieg ich's umgestellt?
Hokuspokus Lösungsfokus – es ist so vieles da!
Ein jeder hat Potenziale und kennt sie wunderbar!

Sie rauszufinden und zu nutzen – das ist die wahre Kunst.
Das motiviert die Mitarbeiter, bringt dich in ihre Gunst!
Sprich offen stets mit deinen Leuten, frag, was sie gerne machen!
Denn nur wer im Job voll dabei ist, kann Feuer neu entfachen.

So hält der Weise für all jene, die suchend zu ihm kommen,
stets eine Antwort schon parat – und die wird mitgenommen.
Zum Beispiel soll man weitermachen, was schon gut funktioniert
und lernen aus alten Erfolgen, dann läuft es wie geschmiert.

Manchmal, da rät er zu Geduld – und dann zur Aktion –
stets soll man sagen, was man will – alleine das hilft schon!
Und ist der Weg zum Ziel verstellt, dann macht er sich nichts draus,
er sagt, dann wähl' von all den and'ren Wegen einen aus!

Wär das nicht schön, den alten Weisen tatsächlich gut zu kennen?
Sollen wir heute – im Geheimen – dir seine Nummer nennen?
Dann könntest du – was auch geschieht – den Weisen stets befragen.
Und er würde – so ist er halt – dir, was du brauchst, auch sagen.

Wir würden, doch – du ahnst es schon – so einfach ist das nicht,
weil auf der ganzen Welt nur einer kennt sein wahres *Ich*.
Du kannst allerdings selbst entscheiden – und das macht's gut zum Schluss –
wann du den Weisen willst befragen und wann du leiden musst.

Der Hokuspokus Lösungsfokus – wenn du das willst, ist hier!
Er schlummert, zaubert und er wirkt – wenn du ihn lässt – in dir!
Und dieser gute alte Weise, von dem die Welt erzählt,
er wüsste alles, bist du selber! Drum hör auf dich! Es zählt!

B Quellenverzeichnis

[Achor 2010] S. Achor. *The Happiness Advantage: The Seven Principles of Positive Psychology That Fuel Success and Performance at Work*. Crown Business, New York. 2010.

[Adkins 2010] L. Adkins. *Coaching Agile Teams: A Companion for ScrumMasters, Agile Coaches, and Project Managers in Transition*. Addison-Wesley, Boston, US. 2010.

[AgileAlliance 2013] Agile Alliance. *Daily Meeting*. 2013. *http://guide.agilealliance.org/guide/daily.html* (zuletzt geöffnet: 2018-11-22)

[AgileAlliance 2014] Agile Alliance. *Definition Of Ready*. 2014. *http://guide.agilealliance.org/guide/definition-of-ready.html* (zuletzt geöffnet: 2018-11-22)

[AgileManifesto 2001] Manifesto for Agile Software Development. 2001. *http://agilemanifesto.org/* und die deutsche Version: *http://agilemanifesto.org/iso/de/manifesto.html* (zuletzt geöffnet: 2018-11-22)

[Akers 2016] P. A. Akers. *2 Second Lean – How to Grow People and Build a Fun Lean Culture at Work and at Home*. 3. Auflage. Leanpub, Victoria, Kanada. 2016.

[Bamberger 2010] G. G. Bamberger. *Lösungsorientierte Beratung*. Beltz Verlag, Basel. 2010.

[Bandler & Grinder 1982] R. Bandler, J. Grinder. *Reframing: neuro-linguistic programming and the transformation of meaning*. Real People Press, Utah. 1982.

[Beck 1999] K. Beck. *Embracing Change with Extreme Programming*. IEEE Computer 32 (10). S. 70–77. 1999. *http://ivizlab.sfu.ca/arya/Papers/IEEE/Computer/1999/October/Embracing%20Change%20with%20Extreme%20Programming.pdf* (zuletzt geöffnet: 2018-11-22)

[Beck & Andres 2004] K. Beck, C. Andres. *Extreme Programming Explained: Embrace Change*. Addison-Wesley, Amsterdam. 2004.

[Berkel 2003] K. Berkel. *Konflikte in und zwischen Gruppen.* In: Führung von Mitarbeitern. Handbuch für erfolgreiches Personalmanagement. Herausgegeben von L. v. Rosenstiel, E. Regnet, M. Domsch. Band 5. S. 397–414. Schäffer-Poeschel, Stuttgart. 2003.

[Berndt 2009] A. Berndt. *Zwischenmenschliche Konflikte als Anstoß für Wandel in Organisationen.* Gabler, Wiesbaden. 2009.

[Besser 2010] R. Besser. *Interventionen, die etwas bewegen: Prozesse emotionalisieren, mit Konfrontation aktivieren, über Grenzen gehen, wirksame Rituale gestalten.* Beltz Weiterbildung. Beltz, Weinheim. 2010.

[Böckmann 1987] W. Böckmann. *Sinn-orientierte Führung als Kunst der Motivation.* Verlag Moderne Industrie, Landsberg/Lech. 1987.

[Brown+ 2001] J. Brown, D. Isaacs, T. W. C. Community. The World Café: *Living Knowledge Through Conversations That Matter.* The Systems Thinker 12 (5). 2001. *http://www.theworldcafe.com/articles/STCoverStory.pdf* (zuletzt geöffnet: 2018-11-22)

[Budiu & Anderson 2005] R. Budiu, J. R. Anderson. *Negation in Nonliteral Sentences.* Proceedings of the 27th Annual Conference of the Cognitive Science Society. Stresa, Italy. 2005. *http://act-r.psy.cmu.edu/wordpress/wp-content/uploads/2012/12/602p354.pdf* (zuletzt geöffnet: 2018-11-22)

[Bungay Stanier 2010] M. Bungay Stanier. *Do More Great Work.* Workman Publishing, New York. 2010.

[Burgstaller 2015] S. Burgstaller (Hrsg.). *Lösungsfokus in Organisationen – Zukunftsorientiert beraten und führen.* Carl-Auer Verlag, Heidelberg. 2015.

[Cain 2011] S. Cain. *Still: Die Bedeutung von Introvertierten in einer lauten Welt.* Riemann Verlag, München. 2011.

[Caroli 2009] P. Caroli. *The Retrospective of Retrospectives.* 2009. *http://agiletips.blogspot.co.at/2009/09/retrospective-of-retrospectives.html* (zuletzt geöffnet: 2018-11-22)

[Champion+ 1990] D. P. Champion, D. H. Kiel, J. A. McLendon. *Choosing a Consulting Role.* Training & Development Journal 44 (2). S. 66–69. 1990.

[Christiansen 2014] J. H. Christiansen. *Solution Focused Future Forum.* InterAction – The Journal of Solution Focus in Organisations 6 (1). S. 67–74. 2014. *https://www.ingentaconnect.com/content/sfct/inter/2014/00000006/00000001/art00007* (zuletzt geöffnet: 2018-11-22)

[Christiansen 2015] J. H. Christiansen. *Great Gatherings - A Model: The Basic Principles of Solution-Focus in Large Groups.* 2015. *https://greatgatherings.net/inspiration/a-model/* (zuletzt geöffnet: 2018-11-22)

[Clark & Chase 1972] H. H. Clark, W. G. Chase. *On the Process of Comparing Sentences Against Pictures*. Cognitive Psychology 3. S. 472–517. 1972. *http://web.stanford.edu/~clark/1970s/Clark.Chase.comparing.72.pdf* (zuletzt geöffnet: 2018-11-22)

[Cohn 2006] M. Cohn. *Agile Estimation and Planning*. Prentice Hall, Massachusetts. 2006.

[Cohn 2009] R. Cohn. *Von der Psychoanalyse zur themenzentrierten Interaktion: Von der Behandlung einzelner zu einer Pädagogik für alle*. 16. Auflage. Klett-Cotta, Stuttgart. 2009.

[Cooper & Castellino 2012] L. Cooper, M. Castellino. *The Five Minute Coach: Coaching Others to High Performance – In as Little as Five Minutes*. Crown House, Camarthen, Wales, UK. 2012.

[Coplien 1994] J. O. Coplien. Borland Software Craftsmanship: *A New Look at Process, Quality and Productivity*. 5th Annual Borland International Conference. Orlando, Florida. 1994. *http://citeseerx.ist.psu.edu/viewdoc/download?doi=10.1.1.38.6065&rep=rep1&type=pdf* (zuletzt geöffnet: 2018-11-22)

[Damian+ 2009] D. Damian, S. Marczak, M. Dascalu, M. Heiss, A. Liche. *Using a Real-Time Conferencing Tool in Distributed Collaboration: An Experience Report from Siemens IT Solutions and Services*. 4th IEEE International Conference on Global Software Engineering, ICGSE 2009. Limerick, Ireland. 2009.

[Davies & Sedley 2010] R. Davies, L. Sedley. *Agile Coaching*. The Pragmatic Bookshelf, Raleigh, North Carolina und Dallas, Texas. 2010.

[De Jong & Berg 2008] P. De Jong, I. K. Berg. *Lösungen (er-)finden: Das Werkstattbuch der lösungsorientierten Kurzzeittherapie*. 6. Auflage. Verlag Modernes Lernen, Dortmund. 2008.

[De Shazer 2006] S. De Shazer. *Das Spiel mit Unterschieden – Wie therapeutische Lösungen lösen*. 5. Auflage. Carl-Auer Verlag, Heidelberg. 2006.

[De Shazer 2010] S. De Shazer. *Der Dreh – Überraschende Wendungen und Lösungen in der Kurzzeittherapie*. 11. Auflage. Carl-Auer Verlag, Heidelberg. 2010.

[De Shazer & Dolan 2008] S. De Shazer, Y. Dolan. *Mehr als ein Wunder: Lösungsfokussierte Kurztherapie heute*. Carl-Auer Verlag, Heidelberg. 2008.

[Derby & Larsen 2006] E. Derby, D. Larsen. *Agile Retrospectives: Making Good Teams Great*. The Pragmatic Bookshelf, Raleigh, North Carolina und Dallas, Texas. 2006.

[Dierolf 2013] K. Dierolf. *Lösungsfokussiertes Teamcoaching*. SolutionsAcademy Verlag, Bad Homburg. 2013.

[Dixon+ 2010] P. Dixon, D. Rock, K. Ochsner. *Turn the 360 around*. NeuroLeadership Journal 3. S. 78–86. 2010. *http://www.academy-bbl.com/wp-content/uploads/2016/04/Turn_the_360_around.pdf* (zuletzt geöffnet: 2018-11-22)

[Dörner 2004] D. Dörner. *Emotion und Wissen*. In: Psychologie des Wissensmanagements. Herausgegeben von G. Reinmann, H. Mandl. S. 117–132. Hogrefe, Göttingen. 2004.

[Dörner 2010] D. Dörner. *Die Logik des Gelingens? (Vortrag)*. Institut für Theoretische Psychologie, Otto-Friedrich-Universität, Bamberg, Wien. 2010.

[Drucker 2005] P. F. Drucker. *Managing Oneself*. Harvard Business Review. 2005. *https://hbr.org/2005/01/managing-oneself* (zuletzt geöffnet: 2018-11-22)

[Dunnette+ 1963] M. D. Dunnette, J. Campbell, K. Jaastad. *The Effect of Group Participation on Brainstorming Effectiveness for Two Industrial Samples*. Journal of Applied Psychology 47 (1). S. 30–37. 1963.

[Dweck 2009] C. S. Dweck. *Mindset: The New Psychology of Success*. Ballantine Books, 2007.
[Deutsche Ausgabe: *Selbstbild: Wie unser Denken Erfolge oder Niederlagen bewirkt*. Piper Verlag GmbH, München/Berlin. 2009.]

[Eberling & Hargens 1996] W. Eberling, J. Hargens. *Einfach kurz und gut. Zur Praxis der lösungsorientierten Kurztherapie*. Borgmann Publishing, Dortmund. 1996.

[Eckstein 2012] J. Eckstein. *Agile Softwareentwicklung in großen Projekten*. 2., überarbeitete u. aktualisierte Auflage. dpunkt.verlag, Heidelberg. 2012.

[Frankl 2012] V. E. Frankl. *Der Wille zum Sinn*. 6. Auflage. Verlag Hans Huber, Bern. 2012.

[Fredrickson 2011] B. L. Fredrickson. *Die Macht der guten Gefühle – Wie eine positive Haltung Ihr Leben dauerhaft verändert*. Campus Verlag GmbH, Frankfurt/New York. 2011.

[Furnham 2000] A. Furnham. *The Brainstorming Myth*. Business Strategy Review 11 (4). S. 21–28. 2000. *https://criticalandcreativethinking.files.wordpress.com/2011/07/the-brainstorming-myth1.pdf* (zuletzt geöffnet: 2018-11-22)

[Geisbauer 2012] W. Geisbauer. *Reteaming: Methodenhandbuch zur lösungsorientierten Beratung*. 3. Auflage. Carl-Auer Verlag, Heidelberg. 2012.

[George 2012] E. George. *Team Coaching: a Solution Focused Approach (Training Material)*. BRIEF Vienna. 2012.

[Gerber & Gruner 1999] M. Gerber, H. Gruner. *FlowTeams – Selbstorganisation in Arbeitsgruppen*. Orientierung (108). 1999. *http://flowteam.com/doc/O_108_D-Gesamt.pdf* (zuletzt geöffnet: 2018-11-22)

[Ghul 2005] R. Ghul. *Moan, Moan, Moan*. In: Education and Training in Solution-Focused Brief Therapy. Herausgegeben von T. S. Nelson. S. 63–64. Haworth Press, New York. 2005.

[Gingerich & Peterson 2013] W. J. Gingerich, L. T. Peterson. *Effectiveness of Solution-Focused Brief Therapy: A Systematic Qualitative Review of Controlled Outcome Studies*. Research on Social Work Practice 23 (3). S. 266–283. 2013. *http://rsw.sagepub.com/content/23/3/266, http://gingerich.net/home/solution-focused-brief-therapy/* (zuletzt geöffnet: 2018-11-22)

[Glasl 1998] F. Glasl. *Selbsthilfe in Konflikten*. Verlag Freies Geistesleben, Stuttgart. 1998.

[Glen 2003] P. Glen. *Leading Geeks: How to Manage and Lead People Who Deliver Technology*. Jossey-Bass, San Francisco. 2003.

[Godat 2011] D. Godat. *Footsteps*. In: Solution Tools – Die 60 besten, sofort einsetzbaren Workshop-Interventionen mit dem Solution Focus. Herausgegeben von P. Röhrig. 3. Auflage. S. 290–293. managerSeminare Verlags GmbH, Bonn. 2011.

[Goethe 1812] J. W. v. Goethe. *Aus meinem Leben: Dichtung und Wahrheit, Bd 2, Buch IX*. J. G. Cottaische Buchhandlung, Tübingen. 1812. *http://www.deutschestextarchiv.de/book/view/goethe_leben02_1812?p=427* (zuletzt geöffnet: 2018-11-22)

[Grenning 2002] J. Grenning. *Planning Poker or How to avoid analysis paralysis while release planning*. 2002. *https://sewiki.iai.uni-bonn.de/_media/teaching/labs/xp/2005a/doc.planningpoker-v1.pdf* (zuletzt geöffnet: 2018-11-22)

[Grubert 2014] A. Grubert. *Lösungsfokussierte Timeline-Arbeit für Teams*. Workshop bei der SOLworldDACH-Konferenz, Friedrichsdorf (bei Frankfurt/M). 2014. *http://solworlddach.files.wordpress.com/2014/06/vb_lforganisationenmai.pdf* (zuletzt geöffnet: 2018-11-22)

[Hargens 2000] J. Hargens (Hrsg.). *Gastgeber hilfreicher Gespräche*. Borgmann Media, Dortmund. 2000.

[Hargens 2011] J. Hargens. *Aller Anfang ist ein Anfang – Gestaltungsmöglichkeiten hilfreicher systemischer Gespräche*. 4. Auflage. Vandenhoeck & Ruprecht, Göttingen. 2011.

[Hasson & Glucksberg 2006] U. Hasson, S. Glucksberg. *Does understanding negation entail affirmation? An examination of negated metaphors*. Journal of Pragmatics. 2006. *http://www.behaviometrix.com/public_html/Hasson.metneg.pdf* (zuletzt geöffnet: 2018-11-22)

[Hesse 1960] H. Hesse. *Aus einem Brief vom September 1960 an Wilhelm Gundert*. In: Mein Hermann Hesse – Ein Lesebuch. Herausgegeben von U. Lindenberg. S. 26. Suhrkamp Verlag, Berlin. 1960.

[Hirschhausen 2009] E. v. Hirschhausen. *Glück kommt selten allein ...* Rowohlt Verlag GmbH, Reinbek. 2009. *http://www.hirschhausen.com/glueck/die-pinguingeschichte.php*, *https://www.youtube.com/watch?v=Az7lJfNiSAs* (zuletzt geöffnet: 2018-11-22)

[Hochreiter 2012] G. Hochreiter. *Reteaming – lösungsorientierte Teamchoreographien gestalten: Lösungsspielräume für Teams im Kontext von Personen und von Organisation.* In: Reteaming: Methodenhandbuch zur lösungsorientierten Beratung. 3. Auflage. S. 119–132. Carl-Auer Verlag, Heidelberg. 2012.

[Hohmann 2006] L. Hohmann. *Innovation Games: Creating Breakthrough Products Through Collaborative Play.* Addison-Wesley Professional, 2006.

[Hufnagl 2014] B. Hufnagl. *Besser fix als fertig: Hirngerecht arbeiten in der Welt des Multitasking.* Molden Verlag, Wien. 2014.

[Iveson+ 2012] C. Iveson, E. George, H. Ratner. *Brief Coaching – A Solution Focused Approach.* Essential Coaching Skills and Knowledge. Hrsg. von G. McMahon, S. Palmer, A. Leimon. Routledge, London. 2012.

[Jackson & McKergow 2007] P. Z. Jackson, M. McKergow. *The Solutions Focus: Making Coaching and Change SIMPLE.* 2. Auflage. Nicholas Brealey International, London. 2007.

[Kahneman 2012] D. Kahneman. *Schnelles Denken, langsames Denken.* 4. Auflage. Siedler Verlag, München. 2012.

[Kaltenecker & Myllerup 2011] S. Kaltenecker, B. Myllerup. *Agile & Systemic Coaching.* 2011. *https://www.agile42.com/en/blog/2015/03/05/agile-and-systemic-coaching/* (zuletzt geöffnet: 2018-11-22)

[Kaup 2001] B. Kaup. *Negation and its impact on the accessibility of text information.* Memory & Cognition 29 (7). S. 960–967. 2001. *https://link.springer.com/content/pdf/10.3758/BF03195758.pdf* (zuletzt geöffnet: 2018-11-22)

[Kerth 2001] N. L. Kerth. *Project Retrospectives*: A Handbook for Team Reviews. Dorset House Publishing, New York. 2001.

[Kindl-Beilfuß 2011] C. Kindl-Beilfuß. *Fragen können wir Küsse schmecken – Systemische Fragetechniken für Anfänger und Fortgeschrittene.* 3. Auflage. Carl-Auer Verlag, Heidelberg. 2011.

[Klein 2007] S. Klein. *50 Praxistools für Trainer, Berater, Coachs: Überblick, Anwendungen, Kombinationen.* 3. Auflage. GABAL Verlag, Offenbach. 2007.

[Klein & Dytham 2003] A. Klein, M. Dytham. *PechaKucha.* 2003. *http://www.pechakucha.org/faq* (zuletzt geöffnet: 2018-11-22)

[Kline 1998] N. Kline. *Time To Think: Listening to Ignite the Human Mind.* Cassell Octopus, London. 1998.

[Kniberg 2009] H. Kniberg. *Cause-effect diagrams: A pragmatic way of doing root-cause analysis*. Version 1.1. Crisp, Stockholm. 2009. *https://www.crisp.se/file-uploads/cause-effect-diagrams.pdf* (zuletzt geöffnet: 2018-11-22)

[Koerner 2005] M. Koerner. *Scrum and Brief (Psycho-) Therapy – Traces of an emerging »systemic« paradigm in the applied sciences?* 2005.

[Kotrba 2006] V. Kotrba. *Solution Focused Rating – Evaluierung einer alternativen Methode für die Mitarbeiterbeurteilung*. Master Thesis. PEF Privatuniversität für Management, Wien. 2006.

[Lamarre 2005] J. Lamarre. *Complaining Exercise*. In: Education and Training in Solution-Focused Brief Therapy. Herausgegeben von T. S. Nelson. S. 65–66. Haworth Press, New York. 2005.

[Larman & Vodde 2008] C. Larman, B. Vodde. *Scaling Lean & Agile Development: Thinking and Organizational Tools for Large-Scale Scrum*. Addison-Wesley, Massachusetts. 2008.

[Larman & Vodde 2010] C. Larman, B. Vodde. *Practices for Scaling Lean & Agile Development – Large, Multisite, and Offshore Product Development with Large-Scale Scrum*. Addison-Wesley, 2010.

[Larman & Vodde 2015] C. Larman, B. Vodde. *Large-Scale Scrum: More with LeSS*. Addison-Wesley, 2015.
[Deutsche Ausgabe: *Large-Scale Scrum: Scrum erfolgreich skalieren mit LeSS*. dpunkt.verlag, Heidelberg. 2017.]

[Larsen & Nies 2011] D. Larsen, A. Nies. *Liftoff: Launching Agile Teams & Projects*. Onyx Neon Press, 2011.

[Lichtenberg 1796] G. C. Lichtenberg. *Aphorismen (Sudelbücher)*. Hrsg. von W. Promies, B. Promies. Carl Hanser Verlag, München. 1796. *http://gutenberg.spiegel.de/buch/6445/11* (zuletzt geöffnet: 2018-11-22)

[Lieberman & Eisenberger 2008] M. D. Lieberman, N. Eisenberger. *The pains and pleasures of social life: a social cognitive neuroscience approach*. NeuroLeadership Journal 1. S. 38–43. 2008. *http://www.scn.ucla.edu/pdf/Pains&Pleasures(2008).pdf* (zuletzt geöffnet: 2018-11-22)

[Löffler 2014] M. Löffler. *Retrospektiven in der Praxis – Veränderungsprozesse in IT-Unternehmen effektiv begleiten*. dpunkt.verlag, Heidelberg. 2014.

[Loftus 1998] E. F. Loftus. *Falsche Erinnerungen*. Spektrum der Wissenschaft 1. S. 63 ff. 1998. *http://www.spektrum.de/alias/dachzeile/falsche-erinnerungen/823559* (zuletzt geöffnet: 2018-11-22)

[Loftus & Palmer 1974] E. F. Loftus, J. C. Palmer. *Reconstruction of Automobile Destruction: An Example of the Interaction Between Language and Memory.* Journal of Verbal Learning and Verbal Behavior 13. S. 585–589. 1974. *https://webfiles.uci.edu/eloftus/LoftusPalmer74.pdf* (zuletzt geöffnet: 2018-11-22)

[Losada & Heaphy 2004] M. Losada, E. Heaphy. *The Role of Positivity and Connectivity in the Performance of Business Teams: A Nonlinear Dynamics Model.* American Behavioral Scientist 47 (6). S. 740–765. 2004. *http://www.factorhappiness.at/downloads/quellen/S8_Losada.pdf* (zuletzt geöffnet: 2018-11-22)

[Ludewig & Maturana 1992] K. Ludewig, H. R. Maturana. *Gespräche mit Humberto Maturana.* Ediciones Universidad de La Frontera, Temuco, Chile. 1992.

[Lueger 2006] G. Lueger. *Solution-Focused Assessment: New Ways of Developing HR-Instruments.* In: Solution-Focused Management. Herausgegeben von D. G. Lueger, H.-P. Korn. S. 203–212. Rainer Hampp Verlag, München und Mering. 2006.

[Lueger 2012] G. Lueger. *Leistungsbeurteilung – Die nächste Generation.* 2012. *http://solutionmanagement.at/fileadmin/downloads/pdf/2012_13/LoesungsfokussiertesPerformanceManagementErstesKapitel.pdf* (zuletzt geöffnet: 2018-11-22)

[Lueger 2014] G. Lueger. *Potenzial-fokussierte Schule.* Solution Management Center, Wien. 2014.

[Lueger & Korn 2006] G. Lueger, H.-P. Korn. *Solution-Focused-Management.* Band 1. Rainer Hampp Verlag, München und Mering. 2006.

[Lukas 1999] E. Lukas. *Lebensstil und Wohlbefinden: Logotherapie bei psychosomatischen Störungen.* Profil-Verlag, München. 1999.

[Lyubomirsky+ 2005] S. Lyubomirsky, L. King, E. Diener. *The Benefits of Frequent Positive Affect: Does Happiness Lead to Success?* Psychological Bulletin 131 (6). S. 803–855. 2005. *http://www.apa.org/pubs/journals/releases/bul-1316803.pdf* (zuletzt geöffnet: 2018-11-22)

[Mack & Snyder 1957] R. W. Mack, R. C. Snyder. *The analysis of social conflict – toward an overview and synthesis.* Journal of Conflict Resolution 1 (2). S. 212–248. 1957.

[Mackinnon 2005] T. Mackinnon. *Retrospectives ... and Futurespectives.* 2005. *https://www.planningcards.com/posts/papers/2005-03-02-introduction-to-futurespectives.html, https://www.slideshare.net/deimos/tim-mackinnon-agile-and-beyond* (zuletzt geöffnet: 2018-11-22)

[Mantsch 2014] T. Mantsch. *Focus your daily stand-up meeting on work and not on people.* 2014. *http://www.tmantsch.com/wordpress/2014/11/focus-your-daily-stand-up-meeting-on-work-and-not-on-people/* (zuletzt geöffnet: 2018-11-22)

[Mar 2008] K. Mar. *Scrum Trainers Gathering (4/4): Affinity Estimating*. 2008. *https://scrumology.com/affinity-estimating/* (zuletzt geöffnet: 2018-11-22)

[Mathis 2018] C. Mathis. *SAFe – Das Scaled Agile Framework: Lean und Agile in großen Unternehmen skalieren*. 2. Auflage. dpunkt.verlag, Heidelberg. 2018.

[Maturana & Varela 1987] H. R. Maturana, F. J. Varela. *The Tree of Knowledge: The Biological Roots of Human Understanding*. Shambhala Publications, Inc. 1987.

[McKergow 2011a] M. McKergow. *Brillante Momente*. In: Solution Tools – Die 60 besten, sofort einsetzbaren Workshop-Interventionen mit dem Solution Focus. Herausgegeben von P. Röhrig. 3. Auflage. S. 43–49. managerSeminare Verlags GmbH, Bonn. 2011.

[McKergow 2011b] M. McKergow. *Was müssen wir hinkriegen?* In: Solution Tools – Die 60 besten, sofort einsetzbaren Workshop-Interventionen mit dem Solution Focus. Herausgegeben von P. Röhrig. 3. Auflage. S. 90–92. managerSeminare Verlags GmbH, Bonn. 2011.

[McKergow & Bailey 2014] M. McKergow, H. Bailey. *Host: Six new roles of engagement for teams, organisations, communities and movements*. SolutionsBooks, London. 2014.

[Meier & Szabó 2008] D. Meier, P. Szabó. *Coaching – erfrischend einfach: Einführung ins lösungsorientierte Kurzzeitcoaching*. Solutionsurfers, Luzern. 2008.

[Merl 2012] H. Merl. *Lösungsorientiertes ökosystemisches Denken*. In: Reteaming: Methodenhandbuch zur lösungsorientierten Beratung. 3. Auflage. S. 62–70. Carl-Auer Verlag, Heidelberg. 2012.

[Milek 2006] A. Milek. *Konfliktmanagement: Eine Einführung in die Begrifflichkeiten*. Freie Universität Berlin, Berlin. 2006. *http://www.ewi-psy.fu-berlin.de/einrichtungen/arbeitsbereiche/arbpsych/media/lehre/ws0607/12577/praesentation_konflikte_25102006.pdf* (zuletzt geöffnet: 2018-11-22)

[Montada 2013] L. Montada. *Gerechtigkeitskonflikte und Möglichkeiten ihrer Lösung*. In: Soziale Gerechtigkeit. Herausgegeben von M. Gollwitzer, S. Lotz, T. Schlösser, B. Streicher. S. 35–54. Hogrefe, Göttingen. 2013.

[Montada & Kals 2001a] L. Montada, E. Kals. *Mediation – Lehrbuch für Psychologen und Juristen*. Psychologie Verlags Union, Verlagsgruppe Beltz, Weinheim. 2001.

[Montada & Kals 2001b] L. Montada, E. Kals. *Psychologie der Gerechtigkeit*. In: Mediation – Lehrbuch für Psychologen und Juristen. S. 99–132. Psychologie Verlags Union, Verlagsgruppe Beltz, Weinheim. 2001.

[Mullen+ 1991] B. Mullen, C. Johnson, E. Salas. *Productivity Loss in Brainstorming Groups: A Meta-Analytic Integration*. Basic and Applied Social Psychology 12 (1). S. 3–23. 1991.

[Nink 2017] M. Nink. *Engagement Index Deutschland*. Gallup GmbH, Berlin. 2017. *https://www.gallup.de/183104/engagement-index-deutschland.aspx* (zuletzt geöffnet: 2018-11-22)

[Osborn 1948] A. Osborn. *Your Creative Power*. Purdue University Press, Scribners, New York. 1948.

[Ostberg 2007] P. M. Ostberg. *Führung und Leistung brauchen Werte und Sinn*. Existenz und Logos. Zeitschrift für sinnzentrierte Therapie – Beratung – Bildung. 15 (17). S. 83–99. 2007.

[Owen 2008] H. Owen. *Open Space Technology: A User's Guide*. 3. Auflage. Berrett-Koehler Publishers, Inc., San Francisco. 2008.

[Pichler 2010] R. Pichler. *Agile Product Management with Scrum: Creating Products that Customers Love*. Addison-Wesley, Massachusetts. 2010.

[Pichler 2013] R. Pichler. *Agiles Produktmanagement mit Scrum: Erfolgreich als Product Owner arbeiten*. 2., korrigierte Auflage. dpunkt.verlag, Heidelberg. 2013.

[Prior 2009] M. Prior. *MiniMax-Interventionen*. Band 9. Carl-Auer Verlag, Heidelberg. 2009.

[Rasmusson 2009] J. Rasmusson. *The Drucker Exercise. 2009. https://agilewarrior.wordpress.com/2009/11/27/the-drucker-exercise/* (zuletzt geöffnet: 2018-11-22)

[Rising 2010] L. Rising. *Offer Appreciations*. Better Software Jan/Feb. S. 76–78. 2010. *http://lindarising.org/uploads/Offer_Appreciations.pdf* (zuletzt geöffnet: 2018-11-22)

[Rock 2008] D. Rock. *SCARF: a brain-based model for collaborating with and influencing others*. NeuroLeadership Journal 1. 2008. *https://www.epa.gov/sites/production/files/2015-09/documents/thurs_georgia_9_10_915_covello.pdf* (zuletzt geöffnet: 2018-11-22)

[Rock 2009] D. Rock. *Managing with the Brain in Mind*. strategy+business 56. 2009. *https://www.psychologytoday.com/files/attachments/31881/managingwbraininmind.pdf* (zuletzt geöffnet: 2018-11-22)

[Rock & Cox 2012] D. Rock, C. Cox. *SCARF in 2012: updating the social neuroscience of collaborating with others*. NeuroLeadership Journal 4. 2012. *https://www.saskatoonhealthregion.ca/about/PFMS/Documents/Change_Leadership_Module/SCARF%20Model%20-%20Updating%20the%20Social%20Neuroscience%20of%20Collaborating%20with%20Others.pdf* (zuletzt geöffnet: 2018-11-22)

[Röhrig 2011] P. Röhrig (Hrsg.). *Solution Tools – Die 60 besten, sofort einsetzbaren Workshop-Interventionen mit dem Solution Focus.* managerSeminare Verlags GmbH, Bonn. 2011.

[Rosenberg 2010] M. B. Rosenberg. *Gewaltfreie Kommunikation – Eine Sprache des Lebens.* 9. Auflage. Junfermann Verlag, Paderborn. 2010.

[Rüther 2010] C. Rüther: *Soziokratie. Ein Organisationsmodell. Grundlagen, Methoden und Praxis.* Seminarunterlage und Einführungstext, 2., korrigierte und leicht aktualisierte Auflage, 2010. *http://soziokratie.org/wp-content/uploads/2011/06/soziokratie-skript2.7.pdf* (zuletzt geöffnet: 2018-11-22)

[Scheel+ 2004] M. J. Scheel, W. E. Hanson, T. I. Razzhavaikina. *The Process of Recommending Homework in Psychotherapy: A Review of Therapist Delivery Methods, Client Acceptability, and Factors That Affect Compliance.* Faculty Publications. D. o. Psychology. University of Nebraska. 2004. *http://digitalcommons.unl.edu/psychfacpub/372/* (zuletzt geöffnet: 2018-11-22)

[Schenck 2011] K. Schenck. *»Wishbones«: Orientierungshilfe für Lösungen mit »Skalen« und »Gräten«* ... In: Solution Focus Home. Herausgegeben von H. Reisch. Band 1. S. 53–61. Books on Demand GmbH, Norderstedt. 2011. *https://sites.google.com/site/klausschenck/free-resources-articles/veroeffentlichungen-auf-deutsch* (zuletzt geöffnet: 2018-11-22)

[Schenck 2013] K. Schenck. *»SF-Espresso« – Kaffeegemisch als Lösungsmittel: Ein kurzes, lösungsfokussiertes »World Café«-Format.* Focus Five Coaching Solutions 2013. *https://sites.google.com/site/klausschenck/free-resources-articles/veroeffentlichungen-auf-deutsch* (zuletzt geöffnet: 2018-11-22)

[Schenck 2014] K. Schenck. *SF-Espresso.* Friedrichsdorf (im Taunus). 2014. *https://solworlddach.files.wordpress.com/2014/06/sf-espresso-flipchart-fotokoll-klaus-schenck-140517.pdf* (zuletzt geöffnet: 2018-11-22)

[Schirmer 2014] S. Schirmer. *Eine Frage der Haltung – Lösungsfokussierung im Testing.* Testing Experience DE 6. S. 5–7. 2014. *https://www.maibornwolff.de/sites/default/files/news/files/testingexperience_de_6_schirmer_maibornwolff.pdf* (zuletzt geöffnet: 2018-11-22)

[Schulz von Thun 2009] F. Schulz von Thun. *Miteinander reden, Band 3: Das »Innere Team« und situationsgerechte Kommunikation.* 18. Auflage. Rowohlt Taschenbuch Verlag, Hamburg. 2009.

[Schwaber & Sutherland 2017] K. Schwaber, J. Sutherland. *Der Scrum Guide.* 2017. *https://scrumguides.org/docs/scrumguide/v2017/2017-Scrum-Guide-German.pdf* (zuletzt geöffnet: 2018-11-22)

[Sheridan 2013] R. Sheridan. *Joy, Inc.: How We Built a Workplace People Love.* Portfolio/Penguin, New York. 2013.

[Simon & Rech-Simon 2009] F. B. Simon, C. Rech-Simon. *Zirkuläres Fragen – Systemische Therapie in Fallbeispielen: Ein Lehrbuch.* Carl-Auer Verlag, Heidelberg. 2009.

[Simon & Weber 1988] F. B. Simon, G. Weber. *Das Ding an sich: Wie man »Krankheit« erweicht, verflüssigt, entdinglicht …* Familiendynamik 13 (1). S. 57–61. 1988.

[Simon & Weber 2012] F. B. Simon, G. Weber. *Vom Navigieren beim Driften.* 4. Auflage. Carl-Auer Verlag, Heidelberg. 2012.

[Spaleck 2009] G. M. Spaleck. *Vom Profit zum Sinn – Gedanken zum notwendigen Paradigmenwechsel in unserem Wirtschaftssystem.* Existenz und Logos. Zeitschrift für sinnzentrierte Therapie – Beratung – Bildung 17 (17). S. 74–108. 2009. *http://logotherapie-gesellschaft.de/wp-content/uploads/2015/02/DGLE-2009_17.pdf* (zuletzt geöffnet: 2018-11-22)

[Sparrer & Varga von Kibéd 2009] I. Sparrer, M. Varga von Kibéd. *Ganz im Gegenteil, Tetralemmaarbeit und andere Grundformen Systemischer Strukturaufstellungen – für Querdenker und solche, die es werden wollen.* 6. Auflage. Carl Auer Verlag, Heidelberg. 2009.

[Sprenger 2012] R. K. Sprenger. *Radikal führen.* Campus Verlag, Frankfurt/Main. 2012.

[Stangl o.J.] W. Stangl. *Was ist ein Konflikt?* *http://arbeitsblaetter.stangl-taller.at/KOMMUNIKATION/Konflikte.shtml* (zuletzt geöffnet: 2018-11-22)

[Sterling 2008] C. Sterling. *Affinity Estimating: A How-To.* 2008. *http://www.gettingagile.com/2008/07/04/affinity-estimating-a-how-to/* (zuletzt geöffnet: 2018-11-22)

[Strauch & Reijmer 2016] B. Strauch, A. Reijmer. *Soziokratie – Das Ende der Streitgesellschaft.* Soziokratie Zentrum Österreich, Wien. 2016.

[Sullivan & Rees 2009] W. Sullivan, J. Rees. *Clean Language – Revealing Metaphors and Opening Minds.* Crown House Publishing Ltd, Bancyfelin, UK. 2009.

[Sutherland 2001] J. Sutherland. *Agile Can Scale: Inventing and Reinventing SCRUM in Five Companies.* Cutter IT Journal 14 (12). S. 5–11. 2001. *http://www.controlchaos.com/storage/scrum-articles/Sutherland%20200111%20proof.pdf* (zuletzt geöffnet: 2018-11-22)

[Sutherland 2013] J. Sutherland. *Labcast: Reaching Your Full Potential with Scrum.* 2013. *http://labs.openviewpartners.com/implementing-scrum-reaching-your-full-potential/* (zuletzt geöffnet: 2018-11-22)

[Sutherland 2014] J. Sutherland. *Scrum: The Art of Doing Twice the Work in Half the Time.* Crown Business, New York. 2014.

[Szabó 2007] P. Szabó. *Skalierungsfragen im Coaching: Ein einfaches und wirksames Instrument für die Praxis.* 2007. *http://www.solutionsurfers.ch/wp-content/uploads/2014/08/Skaleboard-Artikel_D1.pdf* (zuletzt geöffnet: 2018-11-22)

[Szabó 2017] P. Szabó. *Multi-Skalierung*. In: *Coaching-Tools II – Erfolgreiche Coaches präsentieren Interventionstechniken aus ihrer Coaching-Praxis*. Herausgegeben von C. Rauen. 4. Auflage. S. 316 ff. managerSeminare Verlags GmbH, Bonn. 2017.

[Szabó & Berg 2006] P. Szabó, I. K. Berg. *Kurz(zeit)coaching mit Langzeitwirkung*. Borgmann Media, Dortmund. 2006.

[Thomann 2014] C. Thomann. *Klärungshilfe 2 – Konflikte im Beruf: Methoden und Modelle klärender Gespräche*. 6. Auflage. Rowohlt Taschenbuch Verlag, Hamburg. 2014.

[Thomann & Prior 2013] C. Thomann, C. Prior. *Klärungshilfe 3 – Das Praxisbuch*. 3. Auflage. Rowohlt Taschenbuch Verlag, Hamburg. 2013.

[Thomsett 2002] R. Thomsett. *Radical Project Management*. Prentice Hall, NJ. 2002.

[Visotschnig+ 2016] E. Visotschnig, V. Visotschnig, U. Baumann, D. Berger, E. Hafner, S. Schrotta. *Einführung in Systemisches Konsensieren*. Institut für Systemisches Konsensieren ISYKONSENS International OG, Graz. 2016. *http://www.sk-prinzip.eu/* (zuletzt geöffnet: 2018-11-22)

[Wales & Grieve 1969] R. J. Wales, R. Grieve. *What is so difficult about negation?* Perception & Psychophysics 6 (6A). S. 327–332. 1969. *link.springer.com/article/10.3758%2FBF03212785* (zuletzt geöffnet: 2018-11-22)

[Weinberg 1986] G. M. Weinberg. *The Secrets of Consulting: A Guide to Giving and Getting Advice Successfully*. Dorset House Publishing, New York. 1986.

[Whitmore 2015] J. Whitmore. *Coaching for Performance: Potenziale erkennen und Ziele erreichen*. Coaching & Beratung. Junfermann Verlag, Paderborn. 2015.

[Wilhelm o.J.] J. Wilhelm. *Reframing: Der Rahmen macht's*. *http://www.froschkoenige.ch/sites/default/files/modelle/Refraiming_LR.PDF* (zuletzt geöffnet: 2018-11-22)

[Wiseman 2009] R. Wiseman. *59 Seconds: Think A Little, Change A Lot*. Pan Books, London. 2009.

[Wittgenstein 1922] L. Wittgenstein. *Tractatus Logico-Philosophicus*. 1922. *http://www.gutenberg.org/files/5740/5740-pdf.pdf* (zuletzt geöffnet: 2018-11-22)

[Wranke 2009] C. Wranke. *Der Einfluss von Emotionen auf das logische Denken*. Justus-Liebig-Universität, Gießen. 2009. *http://geb.uni-giessen.de/geb/volltexte/2010/7426/* (zuletzt geöffnet: 2018-11-22)

C Werkzeugverzeichnis

A

Aktionsplan 212
Appreciation Cards 120
Ärgerliche Momente 25
Ärger-Spaziergang 178

B

Brainstorming 209
Brillante Momente 24

D

Das soll so bleiben! 199

E

Experimenteplan 212

F

Fünf Wozus 205
Fußspuren 213

G

Geschafft-Buch 206
Great Gatherings 133
Große Listen 208

I

Ich danke dir! 199
Ideenwettbewerb 210
Impact Analysis 204

K

Kettenfrage 198
Konsent-Entscheid 179
Konsent-Entscheid 212

L

Lösungsfokussiertes Zukunftsforum 132

M

Mein persönlicher Stil 109
Mission Possible 122
Mist-Runde 176
Multiskalierung 43

P

Probleme sind verkleidete Ziele 202

Q

Qualitätsspiegel 120

R

Ressourcentratsch 118
Reteaming 121

S

Skalentanz 210
Solution Talk 203
Solution-Focused Espresso 131
Soziokratischer Konsent 179
Systemisches Konsensieren 178

T

Teambild 206
Team-Werbeprospekt 123
Tetralemma 180
Timeline-Arbeit 123

W

Was müssen wir hinkriegen? 203
Was wir haben – was wir brauchen 213
Wishbone 211
Wohlwollendes Hypothetisieren 128

Index

A

Absichtslosigkeit 227
Abwechslung 173
Agile Chartering 12
Agile Coach 8, 10
Agile Teams 7, 107
Agile Wertepaare 7
Aktionsplan 212
Aktives Einbeziehen 172
Aktives Zuhören 156
Allparteilichkeit 26, 228
Alltagsfragen 37
Appreciation Cards 120
Ärgerliche Momente 25
Ärger-Spaziergang 178
Aufstellung 42
Auftragsklärung 65, 87, 225–226
Ausnahmen 33, 47
Auswirkungen 70, 87, 158, 163, 200
Autonomie 146

B

Bedeutungsreframing 55
Bedürfnisse 97, 100
Beobachtung 95
Beobachtungsexperimente 60
Beschimpfungen 158
Bessere Zukunft 27
Beurteilung 52
Bewältigungsfrage 47
Bitten 98, 233
Brainstorming 209
Brillante Momente 24–25

C

Clean Language 68
Coach als Gastgeber 229
Coaching 11
Coaching-Fragen 40
Coaching-Haltungen 17, 35
Coaching-Resistenz 91

D

Dagegen 187
Daily Standup 190
Dankbarkeit 119
Das soll so bleiben! 199
Dauerredner 174
Definition of Ready (DoR) 186
Differenz 137
Dilemma 137

E

Eigene Rolle(n) 224, 233
Eigenverantwortung 231
Einflussbereich 68
Einwandbehandlung 182
Einwände 70, 178
Einzelcoaching 87
Emotion 53
ENDPUNKT 71, 201
Entscheidungen treffen 178
Entwicklungsgespräche 101
Ergebnisprüfung 76, 127, 165, 212
Erwünschte Beobachtung 99
Erwünschtes Gefühl 100
Experimente 60
Experimenteplan 212

Experte für sich selbst 18
Experte seiner Situation 192
E.R.F.O.L.G.-Modell 112

F

Fairness 148
Falsche Erinnerungen 33
Feedback 93
Fehler 31, 34, 113
Fokus 23, 27, 173
Folgegespräch 84
Fragen 20, 22, 37, 100, 156
freiwillig 91–92
Freiwilligkeit 88
Fünf Wozus 205
Funktionierendes 28, 41, 73, 119, 161, 208
Fußspuren 213
Futurespective 128

G

Gang-Gespräche 90
Geduld 22, 59, 88
Gefühle 95
Gerechtigkeit 149
Gerichtete Frage 38
Geschafft-Buch 206
Geschlossene Frage 38
Gesprächsbedürfnisse 78, 166
Gesprächsphasen 63
Gewissheit 146
Great Gatherings 133
Grenzen 32, 109, 230
Große Gruppen 131, 184
Große Listen 208
Growth Mindset 114

H

Haltung des Nicht-Wissens 17, 156
Handlungen initiieren 209
Handlungsexperimente 60
Hochleistungsteams 11, 107
Hypothesen 35
Hypothetische Frage 40

I

Ich danke dir! 199
Impact Analysis 204
Institutionelle Regeln 114
Interpretation 95

K

kaputt 34
Kettenfrage 198
Klärungsfrage 39
Klebende Namen 132
Kleine Schritte 30, 232
Kokosnuss-Modell 20
Konfliktbegriff 135
Konflikte 135
Konflikteskalation nach Glasl 137
Konsent 178–180
  Entscheid 179, 187, 212
Kontextreframing 54

L

Lösung 16, 19, 22, 31, 75
Lösungsfokussiert 15
Lösungsfokussierte Prinzipien 27, 35
Lösungsfokussierte Retrospektive 196
Lösungsfokussiertes Zukunftsforum 132
Lösungspyramide 63, 154, 186
Lösungssprache 32

M

Maßnahmen 76
Maßnahmenplan 102
Meetings 171
Merci-Runde 119
Metafragen 50
Metamonolog 57
Mission Possible 122
Misstrauen 27
Missverständnis 137
Mist-Runde 176
Moderator 171
Moderieren 171
Monotonie 173
Motivation 190
Multiskalierung 43, 195

N

Nachbereitung von Meetings 218
Nächste Schritte 74, 163
Nachvollziehbare Absicht 142
Negative Formulierung 58
Nein 98, 230, 233
nicht und kein 57
Normalisieren 53
Nutzen von Konflikten 140

O

Offene Frage 38
Offenheit 27
Ordnung 114
Ordnungsrahmen 114–116, 184

P

Paraphrasieren 52, 156
Pausen 59
Planungsmeeting 186
Positive Formulierung 58, 66
Potenzialfokussierte Kommunikation 99
Prime Directive 19, 197
Problem 16, 22, 31, 33, 52, 80, 137
Problembeschreibungen 56
Probleme sind verkleidete Ziele 202
Problemfokus 64
Problemsprache 32
Product Backlog 186

Q

Qualitätsspiegel 120
Querulanten 174

R

Ratschlag 18, 91
Reaktion 37
Reframing 54
Ressourcenfokus 23
Ressourcentratsch 118
Reteaming 121
Reviewmeeting 194
Ritualexperimente 60
Rückschläge 112

S

SCARF-Modell 143
Schätzmeetings 217
Schweiger 174
Scrum Master 232
Selbstbestimmtheit 146
Selbstbewertung 102
selbstorganisierend 7, 110
Setting 89, 203
Sinn 72, 97, 204
Sinn suchender Gesprächspartner 79
Sinn suchender Konfliktpartner 166
sinnvoll 71, 142, 173
Skalenkreuz 44
Skalentanz 210
Skalierungsfragen 40, 73, 75, 102, 162, 164, 194
Solution Focused Rating 101
Solution Talk 126, 203
Solution-Focused Espresso 131
Soziokratischer Konsent 179
Sprache 32–33, 67
Standup-Kurzreflexion 193
Stärken und Fähigkeiten 23, 118
Status 145
Stilles Ressourcengrüßen 132
Störungen 65, 176
Struktur 63
Success Slider 195
systemisch 65, 70
Systemisches Konsensieren 178

T

Teambild 206
Teamcoaching 11, 13, 26
Teamentwicklung 107, 117–118
Teamregeln 114
Teamübergreifende Abstimmung 193
Teamvisionsentwicklung 128
Team-Werbeprospekt 123
Terminvereinbarung 229
Tetralemma 180
Thema 63
Timeline-Arbeit 123
Tränen 157
Transparenz 88, 146

U

Umsetzungsplanung 188
Umsetzungswahrscheinlichkeit 75
und statt aber 58
Ungerichtete Frage 38
Unterstützung 228
Unverhandelbarer Rahmen 114, 230

V

Veränderungsprojekte 149
Verflüssigen 55, 156
Vergangenheit 33, 124
Vertrauen 27, 80, 87, 91, 117
Vertraulichkeit 27, 87
Vier Schritte der Gewaltfreien Kommunikation 91, 94
Virtuelles Reflecting-Team 57
Vorbereitung von Meetings 184
Vorwurf 95

W

Wahrnehmung 95
Warum? 143
Was müssen wir hinkriegen? 203
Was noch? 49, 160
Was stattdessen? 49, 58, 66, 135, 160
Was wir haben – was wir brauchen 213
Weg suchender Gesprächspartner 82
Weg suchender Konfliktpartner 167
Weiterentwicklung 101, 234
Wertschätzen 32, 51, 138
Wertschätzung 64, 88, 156
Widerstand 37, 92, 95
Wirklichkeit 32, 52
Wishbone 211
Wohlwollendes Hypothetisieren 128
Wozu? 49, 69, 71–72, 97, 143, 160
Wunderfrage 47, 126, 204

Z

Ziel 66, 74, 158, 200
Ziel suchender Gesprächspartner 80
Ziel suchender Konfliktpartner 167
Zielbild 28
Ziele formulieren 66
Zielfokus 64
Zirkuläre Fragen 48
Zugehörigkeit 148
Zukunft 124, 126, 128
Zuversicht 22, 77
Zuversichtsskala 46, 77, 166, 187, 213
Zweck 72, 128
Zweifel 76
Zwischenfragen 49
Zwischenziel 75